U0341169

国家科学技术学术著作出版基金资助出版

# 矿井避难硐室
# 热湿环境及空气品质保障技术

袁艳平　张祖敬
高祥骙　曹晓玲　　著

科学出版社

北　京

## 内 容 简 介

本书针对矿井避难硐室环境保障面临的难点与挑战，从地下空间传热过程和室内污染物形成基础理论出发，利用理论分析、数值计算与试验研究相结合的方法，系统研究了矿井避难硐室极端环境形成的机理、硐室围岩与空气的动态耦合传热特性，提出了一系列适用于矿井避难硐室热湿环境空气品质保障的新方法，从而实现井下无源且安全节能的避难硐室环境控制，并为其他地下受限空间建筑的环境控制设计提供理论参考。

本书可供从事煤矿安全和其他地下空间环境控制的科研工作者和工程技术人员参考。

**图书在版编目（CIP）数据**

矿井避难硐室热湿环境及空气品质保障技术 / 袁艳平等著. —北京：科学出版社，2021.7
ISBN 978-7-03-067535-4

Ⅰ.①矿… Ⅱ.①袁… Ⅲ.①硐室－室内环境－研究 ②硐室－空气品质－研究 Ⅳ.①TD264

中国版本图书馆CIP数据核字（2021）第006799号

责任编辑：王 钰 / 责任校对：王万红
责任印制：吕春珉 / 封面设计：东方人华平面设计部

科 学 出 版 社 出版
北京东黄城根北街16号
邮政编码：100717
http://www.sciencep.com
北京中科印刷有限公司 印刷

科学出版社发行 各地新华书店经销
*
2021年7月第 一 版 开本：787×1092 1/16
2021年7月第一次印刷 印张：17 1/4
字数：392 000

**定价：178.00元**

（如有印装质量问题，我社负责调换〈中科〉）
销售部电话 010-62136230 编辑部电话 010-62137026

# 作者简介

**袁艳平** 教授，博士研究生导师，西南交通大学机械工程学院党委书记，四川省绿色人居环境控制与建筑节能工程实验室常务副主任，四川省制冷学会秘书长。百千万人才工程国家级人选、国家有突出贡献中青年专家、享受国务院政府特殊津贴专家、入选"教育部新世纪优秀人才支持计划"、四川省学术和技术带头人，建筑环境与能源高效利用四川省青年科技创新团队和四川省建筑节能与绿色建筑 2011 协同创新中心负责人。主持了包括 9 项国家自然科学基金项目（1 个重点项目、4 个面上项目、4 个国际合作交流项目）在内的 20 余项国家级、省部级科研项目，主编国家标准 1 部、行业标准 1 部。发表学术论文 283 篇，近 5 年以第一作者或通讯作者身份发表 SCI 收录论文 85 篇、ESI 高被引论文 7 篇、ESI 热点论文 1 篇。担任 *Energy and Built Environment* 主编、*Journal of Thermal Science* 领域主编、4 本 SCI 收录国际期刊的副主编或编委、10 本 SCI 特刊的客座编辑。发起组织了国际性学术会议 2 次、全国性会议 1 次。先后获得四川省科技进步一等奖 2 项（均排名第 1）。

**张祖敬** 博士，贵州大学特聘教授，硕士研究生导师。主要从事地下空间热湿环境调控及安全技术、数据中心冷却节能技术研究。主持国家自然科学基金地区项目 1 项、省部级项目 2 项、国家重点实验室开放课题 1 项、贵州大学自然科学专项（特岗）科研基金项目 1 项，参与完成国家级项目 3 项、中国煤炭科工集团重点项目 2 项、横向项目 10 余项。发表学术论文 20 余篇，近 5 年以第一作者发表 SCI 收录论文 5 篇、核心论文 1 篇。获省部级科技奖励 3 项。

**高祥骙** 博士，中国矿业大学副教授。主要从事于地下空间热湿环境控制研究。主持国家自然科学基金青年项目 1 项、中国博士后科学基金面上项目 1 项，主研国家自然科学基金面上项目 1 项。发表学术论文 10 余篇，近 5 年以第一作者发表 SCI 收录论文 6 篇，其中 ESI 高被引论文 1 篇。

**曹晓玲** 博士，高级工程师，西南交通大学机械工程学院建筑环境与能源应用工程系副主任兼热工与建筑环境实验室主任。主要从事相变储能技术及其在建筑节能领域的应用研究。主持国家自然科学基金青年项目 1 项、省部级科研项目 4 项，参与国家自然科学基金项目 3 项、横向项目数十项。发表学术论文 20 余篇，近 5 年以第一作者或通讯作者发表 SCI 收录论文 12 篇，其中 ESI 高被引论文 1 篇。获四川省科技进步一等奖 1 项（排名第 3）。

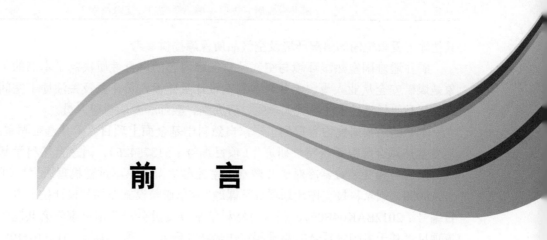

# 前　言

　　能源是人类生产活动和社会发展的动力。尽管世界各国均在大力发掘可再生能源，但短期内难以摆脱对传统化石能源的依赖。由于我国"富煤、贫油、少气"的资源赋存特点，在未来的几十年里，煤炭在我国能源消费结构中仍将占据主导地位。目前，我国煤矿数量与煤炭产量均远多于其他国家，开采的煤炭约 90% 来自井工矿，平均开采深度已超过 400m。受煤炭地质条件复杂、开采深度大、先进采煤技术与安全装备推广应用水平参差不齐等因素影响，我国煤矿爆炸、顶板、透水等灾害情况非常严重，煤矿安全形势较其他采煤发达国家更为严峻。据统计，在极易造成群体伤亡的煤矿爆炸、火灾事故中，80% 以上的遇难人员死于 CO 中毒和缺氧窒息。

　　矿井避难硐室是沿井下逃生路线设置在采区车场附近或主要运输、行人巷道附近，为遇险人员提供不少于 96h 生存安全环境的避难场所。它被视为保障井下矿工生命安全的最后一道屏障。矿井避难硐室的环境保障是一项系统性的工程，它包含室内人员供氧、有毒有害气体去除与室内温湿度控制等。矿井电气设备应具有较高的防爆等级，而且在发挥避难功能期间避难硐室内部缺乏可靠的电力供应，因此相对于地面或其他地下建筑，矿井避难硐室的环境保障更加充满技术挑战。我国煤矿开采深度较大、地温较高，国外的矿井避难硐室系统环境保障技术难以完全适用于我国煤矿井下。自2010 年 6 月我国推广矿山"安全避险"六大系统以来，国内已针对矿井避难硐室开发了一系列的降温除湿、空气净化、动力保障等设施，但技术难度大、成本高、系统可靠性差等因素使得避难硐室建设投资与运行成本较高、推广应用性较差。另外，由于我国矿井避难硐室系统技术与理论研究起步较晚，设计方法及理论依据欠缺，目前尚未发布矿井避难硐室建设与验收的相关标准或规范。许多煤矿企业管理者受长期以来"重生产、轻安全"思想的影响，为追求经济效益而缩减安全投入成本，部分煤矿企业在建设矿井避难硐室过程中未通过合理分析而对其环境保障系统配置进行最大程度的简化，忽视了系统在热湿环境与空气品质控制方面的要求，这极大地增加了避险人员的安全隐患，使建成的矿井避难硐室仅"有其形而无其神"。

　　为了解决矿井避难硐室环境保障面临的技术挑战，本书从建筑热物理和污染物控制的基础理论入手，结合避难硐室围护结构传热特性、通风、蓄冰降温及相变蓄热等技术，提出了一系列矿井避难硐室热湿环境及空气品质保障技术，为矿井避难硐室及其他地下受限空间的热湿环境及空气品质保障提供参考。

矿井避难硐室热湿环境与空气品质保障内容的自身性质决定了本书的主要读者对象是煤矿安全从业人员、矿井避难硐室设计及建设人员，以及关注地下空间热湿环境及空气品质保障技术的各类大学生、研究生、教师和专职科研人员。

本书的主要研究内容得到了国家自然科学基金面上项目"矿井避难硐室围岩蓄冷–相变蓄热耦合降温系统特性研究"（项目编号：51378426）、国家自然科学基金青年项目"围岩与相变装置蓄冷对矿井避难硐室控温除湿的热湿过程机理研究"（项目编号：51908080）、国家科技支撑计划项目子课题"紧急避险设施布局与设计技术方法研究"（项目编号：2012BAK04B09）、国家自然科学基金委员会与英国皇家学会共同资助合作交流项目"基于多因素耦合的避难硐室传热特性研究"（项目编号：5141101198）的资助，同时还获得了国家科学技术学术著作出版基金的资助。

作　者<br>2019 年 7 月于成都

# 目　　录

# 第1章 绪 论

## 1.1 煤炭能源地位与开采情况

随着社会经济发展与人民生活水平的提高，全球能源需求呈现不断增长的态势。为了满足日益增长的能源需求，风能、太阳能、水能等可再生能源的开发越来越受到社会关注。然而，目前国内外能源消耗仍主要依赖于石油、天然气、煤炭等不可再生能源[1]。由于中国"富煤、贫油、少气"的资源禀赋特点[2]，煤炭能源在我国能源消费结构中长期占据了主导地位。近年来，我国经济的快速发展使煤炭能源的需求不断增长，从而使我国成了一个煤炭能源大国[3]。在英、美、德等西方国家完成了"煤炭、石油、天然气—水电—核能"的能源结构转型后[4]，我国逐渐成为煤炭产量与消耗量世界第一的能源大国。图 1.1 展示了 2008 ~ 2015 年我国煤炭产量、产量和消耗量占世界比重的变化趋势。

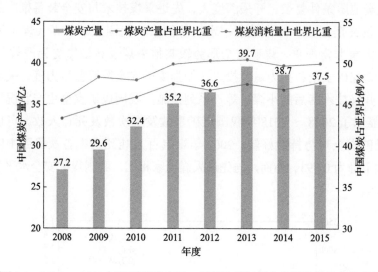

图 1.1　2008 ~ 2015 年我国煤炭产量、产量和消耗量占世界比重的变化趋势

《中国能源革命十年展望（2021—2030）》指出，到 2030 年我国一次能源消费不超过 60 亿 t 标准煤，煤炭需求占比降至 40% 左右。在 2017 年第四届全国低品位矿采选技术交流会上，蔡美峰院士认为，"50 年之内煤炭在中国一定是主体能源，其他能源 50 年之内无法取代煤炭的主体地位"。

我国煤矿数量及煤炭产量都远远多于其他主要产煤国家，但煤矿开采以井工矿为主，露天煤矿数量占比不到 5%，露天开采煤炭产量占比不足 15%。而美国、澳大利亚、俄罗斯、印度等国家露天开采煤炭产量占比达 70% 以上，南非露天开采煤炭产量占比也接近 50%。在井工开采煤矿中，我国煤矿平均开采深度已超过 400m[5,6]，而美国、南非、澳大利亚等国家煤矿开采深度普遍在 200 ~ 300m 范围内[7,8]。随着近年来我国实行去产能化政策，严格控制煤炭生产，关闭一大批小型的、环境不友好的、效率低的矿井，进行资源整合，截至 2018 年年底，全国共有煤矿总数 5800 余处。

## 1.2　煤矿安全生产事故分析

### 1.2.1　国内外煤矿安全形势

进入 21 世纪以来，煤矿安全越来越受各国政府重视与社会关注。美国近 10 年煤炭百万吨死亡率为 0.028[9,10]。澳大利亚在煤炭安全领域处于全球领先水平，曾在 2002 年、2004 年、2007 年与 2012 年未出现人员死亡事故，在 2006 ～ 2010 年期间的平均百万吨死亡率仅为 0.0036[11]。南非煤炭百万吨死亡率在进入 21 世纪前就已下降为 0.2，近年来保持在 0.1 以内 [12]。印度的煤矿安全形势也在逐步改善，近年来百万吨死亡率从 0.5 下降到 0.2[13]。俄罗斯煤矿安全形势在 2008 年后持续好转，到 2012 年百万吨死亡率下降为 0.1[14,15]。

由于煤炭地质条件复杂、开采深度大、先进采煤技术与安全装备推广应用水平参差不齐，以及瓦斯涌出、冲击地压、水压等因素，我国煤矿瓦斯（煤尘）爆炸、顶板、透水等灾害非常严重，煤矿安全形势较其他采煤发达国家更为严峻[16]。近十余年，通过加大煤矿安全科技力量的投入、加强煤矿安全监管监察力度、关闭煤层赋存条件复杂与开采技术落后的小煤矿等一系列措施，我国煤矿安全生产状况取得明显好转。图 1.2 显示了 2008 ～ 2018 年我国煤矿事故发生次数及死亡人数。可以看出，近年来我国煤矿安全形势持续好转。2009 年煤炭百万吨死亡率首次降到 1 以下，并在 2018 年首次下降为 0.093。然而，与先进采煤国家相比，我国煤矿安全水平仍存在一定差距。

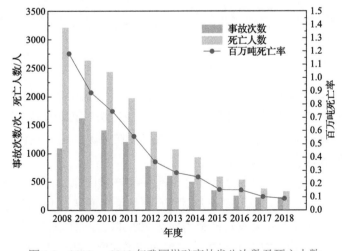

图 1.2　2008 ～ 2018 年我国煤矿事故发生次数及死亡人数

### 1.2.2 矿井事故中人员伤亡与逃生可能性

#### 1. 煤矿事故种类及危险性

煤矿事故按伤亡事故的性质可分为顶板、瓦斯、机电、运输、放炮、火灾、水灾和其他等 8 类事故。图 1.3 比较了 2011 年度与 2012 年度我国不同类型煤矿事故发生次数及造成的死亡人数。可以看出，煤矿井下易发事故数量依次为顶板、运输、瓦斯、机电、水灾、放炮、火灾，而易造成群体性死亡的事故主要为顶板、瓦斯、运输 3 类事故，瓦斯事故的死亡人数仅次于顶板事故。

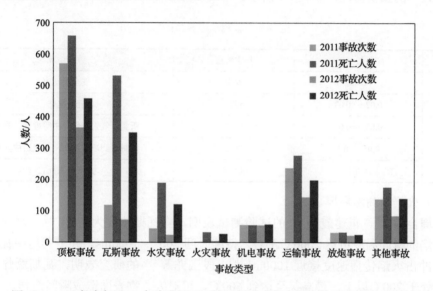

图 1.3　2011 年度与 2012 年度我国不同类型煤矿事故发生次数及造成的死亡人数

我国近十几年的煤矿事故统计结果表明，在 10 人及以上群体伤亡的矿井事故中，90% 以上为爆炸、透水、煤与瓦斯突出、火灾，其中瓦斯爆炸造成的死亡人数超过60%，且绝大部分爆炸与火灾发生在采掘工作面与采区巷道[17,18]。

#### 2. 矿井事故中人员伤亡原因

根据世界各国对矿井事故的调查，有相当一部分遇难矿工是由于在矿井透水或火灾、爆炸后不能及时升井或逃离高温、有毒有害气体现场而溺水、窒息或中毒死亡的[19]。在煤矿瓦斯（煤尘）爆炸、火灾事故中，80% 以上遇难人员死于 CO 中毒和缺氧窒息[20-27]，而直接创伤和烧伤致死的约占 20%[28]。例如，英国黑里顿矿发生的煤尘爆炸事故死亡的 346 名矿工中，81% 的人因 CO 中毒而死[29]。

瓦斯事故主要包括瓦斯（煤尘）爆炸、瓦斯突出、瓦斯燃烧，其对人体造成的伤害主要表现在以下几个方面。

（1）冲击波

瓦斯爆炸后气体压力骤然增大，将形成强大的冲击波，其会以每秒几百米或几千米的速度向前冲击，造成设备损坏、巷道围岩垮塌和人员伤亡。试验表明，瓦斯爆炸后冲击波峰值压力可达 1MPa 以上[30]。在长度为 900m、断面积为 7.2m² 的拱形爆炸试验巷道内，王海燕等[31] 进行瓦斯浓度为 9.5%、聚集体积分别为 100m³ 和 200m³ 的纯瓦斯爆炸试验，测得的爆炸冲击波最大值分别为 0.46MPa 与 0.65MPa；蔡周全等[32] 测试了瓦斯浓度为 9.5%、体积为 200m³、煤尘浓度为 200～300g/m³ 的瓦斯煤尘爆炸，结果表明在煤尘参与瓦斯爆炸时，最大爆炸超压为 0.82MPa，爆炸冲击波最大速度约为 710m/s。

王新建[33] 对爆炸空气冲击波危害、安全距离进行了初步研究，得到了空气冲击波超压对人体的损伤情况，如表 1.1 所示。

表 1.1  空气冲击波超压对人体的损伤情况[33]

| 序号 | 超压值 /MPa | 伤害程度 | 致伤情况 |
|---|---|---|---|
| 1 | <0.002 | 安全 | 安全无伤害 |
| 2 | 0.02～0.03 | 轻微 | 轻微挫伤 |
| 3 | 0.03～0.05 | 中等 | 听觉、气管损伤，中等挫伤，骨折 |
| 4 | 0.05～0.1 | 严重 | 内脏受到严重挫伤，可能造成死亡 |
| 5 | >0.1 | 极严重 | 大部分人死亡 |

（2）火焰与高温环境

蔡周全等[32]、崔建霞等[34] 的试验测试表明，当瓦斯浓度为 9.5% 时，爆炸产生的高温火焰的瞬间温度可达 2000℃ 左右，持续时间 200～1000ms。井下巷道中瓦斯爆炸产生的冲击火焰传播速度接近 1000m/s[30]。段玉龙等[35] 的研究表明，瓦斯爆炸后的空气温度处于 200℃ 以上，最高甚至达到 600℃，可对人、物表面造成瞬间灼伤。

司荣军[36] 的测试表明，100m³、200m³ 瓦斯空气混合气爆炸时，火焰传播最大速度分别为 379.7m/s、285.7m/s，火焰区长度可以达到原始瓦斯积聚区长度的 3～6 倍，而瓦斯煤尘爆炸时火焰区长度为煤尘区的 2 倍左右。

宇德明等[37] 在热辐射伤害概率公式的基础上，假定人员死亡、重伤、轻伤概率都为 0.5，作用时间为 40s，推导出热剂量伤害准则，如表 1.2 所示。

表 1.2  瞬态火灾作用下热剂量伤害准则[37]

| 热剂量 /（kJ/m³） | 伤害效应 |
|---|---|
| 592 | 死亡 |
| 392 | 重伤 |
| 172 | 轻伤 |
| 1030 | 引燃木材 |

（3）CO 中毒与缺氧窒息

瓦斯爆炸后不仅氧气浓度会大幅度减少，而且会产生大量有害气体。不同浓度的瓦斯空气混合物爆炸产生的有害气体浓度不同。表 1.3 给出了 3 种不同瓦斯浓度下爆炸产生的气体成分。可以看出，当瓦斯浓度大于 9% 时，爆炸产生的 CO 气体显著增加。试验证明，瓦斯煤尘爆炸时 CO 产生量可达 4% ～ 8%[30]。

表 1.3 瓦斯爆炸后的气体成分 [30] 　　　　　　　　　单位：%

| 瓦斯浓度 | 爆炸后的气体成分 | | | | | | |
|---|---|---|---|---|---|---|---|
| | CO | $CO_2$ | $H_2$ | $CH_4$ | $O_2$ | $N_2$ | Ar |
| 8 | 0 | 9.2 | 0 | 0.03 | 3.8 | 86 | 1.0 |
| 9 | 0.5 | 10.7 | 0.3 | 0.2 | 0.5 | 86.8 | 1.0 |
| 10 | 8.0 | 5.9 | 8.5 | 0.4 | 0.5 | 75.8 | 0.9 |

考虑到煤矿井下受限空间毒害气体扩散的特点及爆炸瞬时泄放等特点，采用毒物浓度 – 时间伤害准则来建立伤害模型[38,39]。人体中毒程度和快慢与 CO 的浓度有关，结合接触时间，井下灾区环境中 CO 致死区浓度阈值为 6.4g/m³，重伤区浓度阈值为 3.2g/m³，轻伤区浓度阈值为 0.24g/m³[40]。CO 浓度对人体健康的影响如表 1.4 所示。

表 1.4 CO 浓度对人体健康的影响 [40]

| CO 浓度 /ppm | 暴露时间 | 影响人体健康的生理特征或症状 |
|---|---|---|
| 400 | 1h | 头痛、恶心 |
| 800 | 45min | 头晕、头痛、恶心 |
| 1600 | 30min | 头痛、头晕、恶心 |
| | 2h | 死亡 |
| 2000 | 1h | 危险或引起死亡 |
| 3200 | 5 ～ 10min | 头痛、头晕 |
| | 30min | 死亡 |
| 6400 | 10min | 死亡 |
| >10000 | 3min | 死亡 |

注：1ppm=1×10⁻⁶。

### 3. 矿井事故影响范围

井下巷道中瓦斯爆炸冲击波阵面的传播速度和冲击波超压随传播距离的衰减计算公式分别如下[31]：

$$D_P = \left[ \frac{k(k-1)E_P}{S\rho_0} \right]^{\frac{1}{2}} X^{\frac{1}{2}} \quad (1\text{-}1)$$

$$\Delta P = \frac{4kP_0}{(k+1)c_0} \left[ \frac{k(k-1)E_P}{S\rho_0} \right]^{\frac{1}{2}} X^{-\frac{1}{2}} \quad (1\text{-}2)$$

式中，$D_P$——冲击波阵面的传播速度，m/s；

$\Delta P$——冲击波超压，kPa；

$k$——气体压缩系数，可取 1.4；

$c_0$——音速，m/s；

$P_0$——波前压力，kPa；

$\rho_0$——波前空气密度，kg/m³；

$X$——冲击波传播距离，m；

$S$——巷道的横断面积，m²；

$E_P$——爆炸释放总能量，J。

王海燕等[31]的试验中，瓦斯聚集体积分别为 100m³ 和 200m³ 的纯瓦斯爆炸试验有两种工况，冲击波压力传播 300m 后分别衰减到 0.1MPa 与 0.18MPa 以下；蔡周全等[32]的试验中，瓦斯煤尘爆炸后传播 200～300m 时爆炸冲击波压力仍有 0.1MPa；司荣军[36]开展了 5 次瓦斯煤尘爆炸试验，结果表明局部瓦斯爆炸传播距离为 110～230m，煤尘参与，且当传播距离达到 300m 时冲击波压力仍有 0.11MPa。

瓦斯爆炸时工作面的通风设备已遭到严重破坏，工作面没有风流，瓦斯爆炸瞬间巷道即充满了有害气体。此时，巷道中污染物体积浓度计算如下[41]：

$$C\left(x,y,H\right) = \frac{2M}{(2\pi)^{3/2}\sigma_z\sigma_h^2}\exp\left[-\frac{1}{2}\left(\frac{x^2+y^2}{\sigma_h^2}+\frac{H^2}{\sigma_z^2}\right)\right] \qquad (1\text{-}3)$$

式中，$C$——气体体积浓度；

$x$、$y$——该点坐标，m；

$H$——高度，m；

$M$——气体或污染物的泄放总量，m³；

$\sigma_h$、$\sigma_z$——水平与垂直方向的扩散系数。

煤尘爆炸后巷道中毒害气体浓度随距离变化的计算式[42]：

$$C_{\max} = 0.035Mr_0^{-\frac{1}{2}}f^{-\frac{1}{4}}x^{-\frac{1}{2}} \qquad (1\text{-}4)$$

式中，$r_0$——巷道半径，非圆形井巷时为当量半径，m；

$f$——井巷摩擦阻力系数，N·s²/m⁴；

$x$——距爆炸点距离，m。

*Refuge Alternatives in Underground Coal Mines* 报告[43]中选取 1970～2007 年造成致命伤害的 32 起美国煤矿爆炸事故（含火灾后引起的爆炸事故 3 起）与 4 起火灾事故，分析了爆炸与火灾的发生地点与影响范围，结果表明：

1）瓦斯爆炸（原始）主要发生在工作面及距离工作面 300m 以内的范围，而瓦斯突出与矿井火灾后导致的爆炸或瓦斯连续爆炸则可能发生在采区以外的其他区域。

2）绝大多数矿井纯瓦斯爆炸事故中冲击波影响范围主要在 300m 内，传播 300m 后爆炸压力小于 0.1MPa，传爆到 600m 以外的爆炸压力小于 0.05MPa。

3）爆炸火焰影响范围大多数情况下小于 300m，600m 以外基本没有影响。

4）瓦斯煤尘爆炸时，冲击波影响范围大于 600m，但火焰影响范围仍在 600m 内。

5）矿井火灾事故主要发生在工作面外 500m 以上的其他范围，火灾产生的有害气体可蔓延至井下所有巷道。

4. 人员逃生可能性分析

*Refuge alternatives in underground coal mines* 报告[43] 通过 9 起爆炸事故（含火灾后引起的爆炸事故 1 起）与 3 起火灾事故，分析井下爆炸与火灾中人员逃生的可能性，结果表明：

1）矿井瓦斯事故发生在采区内工作面以外的范围时，遇害人员主要分布在爆炸冲击波波及范围与爆炸点以内的工作面范围。

2）从 32 起瓦斯爆炸事故中可以看出，瓦斯爆炸事故中，工作面区域内冲击波影响范围内涉及人员当即死亡的概率较大，人员逃生的可能性小于 40%。其中，瓦斯爆炸事故发生在工作面时，波及区内人员当即死亡的概率在 70% 以上，逃生可能性较低；爆炸发生在工作面以外时，波及区内人员逃生的可能性较高，逃生可能性在 40% 以上，如图 1.4 所示。

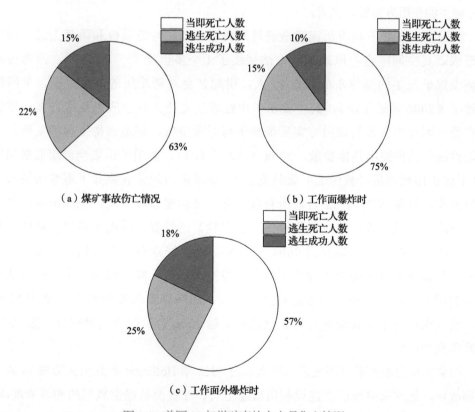

（a）煤矿事故伤亡情况　　　　　　（b）工作面爆炸时

（c）工作面外爆炸时

图 1.4　美国 32 起煤矿事故中人员伤亡情况

3）矿井火灾事故发生在工作面时，工作面人员伤亡较少，死亡主要发生在逃生过程中；火灾发生在工作面以外的范围时，死亡人员主要分布在工作面至燃烧区。

4）矿井火灾事故中遇难人员主要是在逃生过程中因浓烟中毒或窒息死亡。火灾发生在工作面时，人员逃生的可能性较大，火灾发生在工作面以外的范围而工作面人员被困在火区以内时，逃生的可能性较小。

5）从救援情况看，矿井瓦斯爆炸、火灾事故后，绝大部分情况下 48h 内救护队员能与灾区被困人员取得联系，而如果火灾、爆炸引发巷道被堵，救护队员与被困人员取得联系的时间可能大于 96h。

文献 [44] 对我国部分煤矿事故救援过程进行分析，发现 44% 的煤矿爆炸事故救援时间超过 2d。

# 1.3　矿井紧急避险系统发展、建设及应用情况

## 1.3.1　矿井紧急避险系统发展现状

世界主要采矿国家使用井下避难所已经有较长历史，取得了诸多有益的经验，在避难硐室的使用方面较为完善。

美国初期在井下利用水泥建造避难隔离墙，或在巷道顶板和两帮上悬挂隔离屏障形成隔离空间，这一原始避险方法持续了 1 个多世纪 [45]。2006 年，西弗吉尼亚州萨戈煤矿发生的爆炸事故死亡 12 人，引起社会对避难所的高度重视，美国国会通过了《2006 年矿工法》，其中要求矿山经营者完善并执行应急反应方案，规定对所有处于困境中人员的疏散方案应能提供可呼吸空气、创造维持生存的条件，并对避险设施的维护提出具体要求。2008 年 12 月 31 日，美国矿山安全健康监察局发布《地下煤矿用避难所（救生舱）最终规定》，要求矿山经营者将井下避难所纳入应急反应方案，且在 2009 年 12 月前所有煤矿井下必须建设避难所，保证所有入井人员在井下均有避险位置，并对避险设施（救生舱）的设置、功能和维修管理做出具体规定，将额定防护时间提高到 96h。近几年，随着民众对安全问题的重视，美国矿山安全与健康监察局提出 3 种井下紧急避险技术标准，突出避难硐室和应急通信在避险救援中的作用，要求加强避难技能培训，提高矿工的救助率 [46]。据 2012 年统计，美国煤矿井下安装配备有可充气式救生舱 1000 台、硬体式钢制救生舱 123 台、避难硐室 70 个。

加拿大使用避难硐室历史最为悠久，自 1928 年 Hollinger 矿井火灾造成 39 人死亡的事故后，就立法要求矿井建设利用压缩空气和呼吸面具提供氧气的初级避难硐室。初期避难硐室利用压缩空气通过面罩提供氧气，但并没有 $CO_2$ 的吸收系统，在密闭硐

室内，不到 10h，$CO_2$ 浓度就会达到 25%，导致人员死亡。之后避难硐室的空气净化、降温除湿等功能逐步扩充和完善。到 20 世纪 80 年代，在立法的支持下，避难硐室的应用已经覆盖了加拿大的大部分矿井[47,48]。

2000 年以来，澳大利亚一直在金属矿井采用可移动式安全硐室，煤矿较多使用"空气呼吸器＋加气站"方式的可移动式救生舱来提高续航能力。灾害事故发生后，遇险人员迅速佩戴随身携带的自救器至呼吸器存放点，换佩后逃生。澳大利亚生产救生舱的公司主要为迈安科公司和斯特塔澳大利亚分公司，其中迈安科公司生产硬体式救生舱。关于救生舱电源，澳大利亚倾向无源。在供氧方面，澳大利亚较多采用压缩氧[49,50]。

南非从 20 世纪 70 年代就出现了避难硐室，尤其是在 1986 年的 Kinross 金矿矿难发生后，南非政府以立法形式规定所有矿井必须设立避难硐室。南非《矿产法》规定，矿主应保证井下设有避险设施或其他安全地点，保证矿工在容易到达避险设施或者有自救器保护的条件下工作，以在发生爆炸、火灾等紧急情况下保障矿工的生命安全。由于南非的煤矿开采深度较浅，一般不超过 300m，一般采用垂直地面钻孔的方式直达硐室内，提供新鲜空气、饮用水和食物等。井下避险硐室已是南非矿山应急救援中一项成熟而有效的安全设施，取得了多次成功营救的经验。而南非矿山救生舱的使用相对较少，生产救生舱的厂家也很少，布鲁克鲁工业有限公司是南非唯一生产救生舱的厂家[47,48]。

此外，印度、英国、日本、新西兰、德国、法国、俄罗斯、智利等国也在研究和使用避难硐室[47,48]。

我国 1974 年版《煤矿救护规程》，在矿山救护专业用语解释中，虽提到了避灾硐室，但没有对其设计提出具体要求。2003 年由张荣立、何国维等编写的《采矿工程设计手册》虽提到在井底车场设计井下救援硐室，但未提及采区避难硐室[49,50]。2005 年以来，随着国外矿井避难硐室在事故避险中取得的重大成就，我国对建设煤矿井下紧急避险系统的呼声越来越高。2006 年，在由科技部批准立项的国家"十一五"国家科技支撑计划"矿井重大灾害应急救援关键技术研究"项目中，设置了"遇险人员快速救护关键技术与装备的研究"专题，重点研究移动式救生舱。2007 年，隋鹏程[51-53]根据人体呼吸生理特性与环境空气的关系，对避难硐室内空气净化与供风关系进行理论方面的研究。2010 年 5 月 19 日，国家安全生产监督管理总局副局长、国家煤矿安全监察局局长赵铁锤在山西长治表示，我国将在全国煤矿建立完善的包括井下紧急避险系统在内的六大系统，达到"设施完备、系统可靠、管理到位、运转有序"。2010 年9 月，王克全等[54]在全国煤炭紧急避险系统推进会上对避难硐室成套技术进行了重点介绍。

### 1.3.2　矿井紧急避险系统建设情况

1. 我国矿山紧急避险系统建设的相关要求

2010年7月，国务院印发《国务院关于进一步加强企业安全生产工作的通知》（国发〔2010〕23号），将紧急避险系统的研发和制造作为安全产业加以培育，纳入国家振兴装备制造业的政策支持范畴，并要求2013年前建设六大系统。

2010年8月，国家安全生产监督管理总局、国家煤矿安全监察局下发了《关于建设完善煤矿井下安全避险"六大系统"的通知》（安监总煤装〔2010〕146号），明确提出到2013年6月底，我国将完成六大系统的建设。同时指出，煤与瓦斯突出矿井应建设采区避难硐室，突出煤层的掘进巷道长度及采煤工作面走向长度超过500m时，必须在距离工作面500m范围内建设避难硐室或设置救生舱。煤与瓦斯突出矿井以外的其他矿井，从采掘工作面步行，凡在自救器所能提供的额定防护时间内不能安全撤到地面的，必须在距离采掘工作面1000m范围内建设避难硐室或救生舱。

2011年1月25日，国家安全生产监督管理总局、国家煤矿安全监察局印发了《煤矿井下紧急避险系统建设管理暂行规定》（安监总煤装〔2011〕15号，以下简称《暂行规定》），要求紧急避险设施应具备安全防护、氧气供给保障、有害气体去除、环境监测、通信、照明、人员生存保障等基本功能，在无任何外界支持的情况下额定防护时间不低于96h。紧急避险设施应能保证在20min内将CO浓度由0.04%降到0.0024%以下。在整个额定防护时间内，紧急避险设施内部环境中$O_2$含量应为18.5%～23.0%，$CO_2$浓度不大于1.0%，$CH_4$浓度不大于1.0%，CO浓度不大于0.0024%，温度不高于35℃，相对湿度不大于85%。避难硐室过渡室设有压缩空气幕和压气喷淋装置。永久避难硐室生存室的净高不低于2.0m，每人应有不低于1.0m²的有效使用面积。

《关于煤矿井下紧急避险系统建设管理有关事项的通知》（安监总煤装〔2012〕15号）中指出，煤矿企业可在设计计算和测试的基础上，对避难硐室利用钻孔或管路进行氧气（空气）供给、有害气体去除、温湿度调节、通信联络、动力供应等能力进行评估。如用钻孔或专用管路不能保证可靠实现相关功能，应当合理设计、选择自备氧气（空气）供给、有害气体去除、温湿度调节、大容量后备电源等设备设施。

《关于加快推进煤矿井下紧急避险系统建设的通知》（安监总煤装〔2013〕10号）要求优先建设避难硐室。避难硐室应当优先选择专用钻孔、专用管路供氧（风）等方式，为避险人员提供可靠的生存保障；采用井下压风管路作为避难硐室专用管路供风的，应当对压风系统采取必要的防护措施，以防止灾变时压风系统被破坏；采用专用钻孔或专用管路为避难硐室供氧（风）的，在满足人员避险需求的前提下，可以简化或不再配置避难硐室高压氧气瓶、有毒有害气体去除和温湿度调节装置。

《关于加强煤矿井下安全避险"六大系统"监管监察工作的通知》（安监总煤装〔2013〕78 号）要求，对 2013 年 6 月底前未完成"六大系统"建设完善任务的生产矿井，要责令其限期整改；到 2014 年 6 月底仍未完成建设完善任务的，要依法责令其停产整顿，并暂扣其安全生产许可证、生产许可证。

2016 版《煤矿安全规程》中对矿井避难硐室系统建设做如下规定：第六百八十九条，"突出矿井必须建设采区避难硐室，采区避难硐室必须接入矿井压风管路和供水管路，满足避险人员的避险需要，额定防护时间不低于 96h。突出煤层的掘进巷道长度及采煤工作面推进长度超过 500m 时，应当在距离工作面 500m 范围内建设临时避难硐室或者其他临时避险设施。临时避难硐室必须设置向外开启的密闭门，接入矿井压风管路，设置与矿调度室直通的电话，配备足量的饮用水及自救器。"第六百九十条，"其他矿井应当建设采区避难硐室，或者在距离采掘工作面 1000m 范围内建设临时避难硐室或者其他临时避险设施"。

### 2. 我国煤矿紧急避险系统建设阶段

我国矿山紧急避险系统主要经历了以下 3 个阶段。

1）在第一阶段（2010～2012 年），由于我国紧急避险系统建设多借鉴美国、澳大利亚的建设经验，采用"避难硐室＋矿用移动式救生舱"的模式，在工作面区域附近多采用可移动式救生舱，在井底车场及采区车场附近建设避难硐室。

2）在第二阶段（2012～2013 年），随着对我国采煤状况与其他采矿国家采矿技术水平及煤层赋存条件差异认识的深入，形成了"避难硐室为主，救生舱为辅"的建设理念。煤矿井下避险设施主要以避难硐室为主，救生舱仅在部分大型煤矿继续推广应用。

3）在第三阶段（2013 年至今），随着避险设施研究的成熟及"先逃生，后避险"理念的提出，形成了"采区避难硐室或补给站＋采区外永久避难硐室"的模式。

### 3. 煤矿紧急避险系统建设情况

根据国家煤矿安全监察局对全国煤矿紧急避险系统建设的普查，截至 2013 年 12 月底，全国 12157 个井工煤矿中，仅有 4293 个煤矿建成了井下避险设施，4944 个煤矿正在建设，总完成率仅为 35.3%。截至 2013 年 12 月全国煤矿井下紧急避险系统建设情况汇总如表 1.5 所示。

表 1.5 截至 2013 年 12 月全国煤矿矿井下紧急避险系统建设情况汇总表

| 序号 | 行政区域 | 总矿井情况 | | | | | 生产矿井情况 | | | | | 其他类（新、改、扩、停） | | | 备注 |
|---|---|---|---|---|---|---|---|---|---|---|---|---|---|---|---|
| | | 矿井总数/个 | 总完成量/个 | 总完成率/% | 总在建量/个 | 总在建率/% | 生产矿井数/个 | 生产矿井完成量/个 | 生产矿井完成率/% | 生产矿井在建量/个 | 生产矿井在建率/% | 总数/个 | 完成量/个 | 在建量/个 | |
| 1 | 北京 | 4 | 4 | 100.0 | 0 | 0.0 | 4 | 4 | 100.0 | 0 | 0.0 | 0 | 0 | 0 | — |
| 2 | 山西 | 1061 | 318 | 30.0 | 402 | 37.9 | 351 | 272 | 77.5 | 61 | 17.4 | 710 | 46 | 341 | 上半年数据 |
| 3 | 重庆 | 738 | 495 | 67.1 | 128 | 17.3 | 309 | 309 | 100.0 | 0 | 0.0 | 429 | 186 | 128 | — |
| 4 | 宁夏 | 100 | 19 | 19.0 | 8 | 8.0 | 40 | 19 | 47.5 | 8 | 20.0 | 60 | 0 | 0 | 13 个露天 |
| 5 | 江西 | 570 | 209 | 36.7 | 121 | 21.2 | 320 | 199 | 62.2 | 121 | 37.8 | 250 | 10 | 240 | — |
| 6 | 四川 | 891 | 141 | 15.8 | 750 | 84.2 | 436 | 124 | 28.4 | 312 | 71.6 | 455 | 17 | 438 | — |
| 7 | 广西 | 118 | 8 | 6.8 | 19 | 16.1 | 26 | 8 | 30.8 | 14 | 53.8 | 92 | 0 | 5 | — |
| 8 | 陕西 | 626 | 108 | 17.3 | 453 | 72.4 | 197 | 61 | 31.0 | 136 | 69.0 | 429 | 47 | 317 | — |
| 9 | 河北 | 289 | 91 | 31.5 | 18 | 6.2 | 74 | 70 | 94.6 | 3 | 4.1 | 215 | 21 | 15 | 9 月份数据 |
| 10 | 吉林 | 176 | 39 | 22.2 | 35 | 19.9 | 32 | 32 | 100.0 | 0 | 0.0 | 144 | 7 | 30 | — |
| 11 | 新疆 | 285 | 75 | 26.3 | 67 | 23.5 | 148 | 70 | 47.3 | 46 | 31.1 | 137 | 5 | 21 | — |
| 12 | 新疆生产建设兵团 | 57 | 14 | 24.6 | 32 | 56.1 | 28 | 14 | 50.0 | 14 | 50.0 | 29 | 0 | 18 | — |
| 13 | 辽宁 | 439 | 47 | 10.7 | 84 | 19.1 | 159 | 35 | 22.0 | 59 | 37.1 | 280 | 12 | 14 | 上半年数据 |
| 14 | 湖南 | 981 | 423 | 43.1 | 131 | 13.4 | 358 | 152 | 42.5 | 35 | 9.8 | 623 | 271 | 96 | — |
| 15 | 河南 | 567 | 226 | 39.9 | 129 | 22.8 | 206 | 196 | 95.1 | 10 | 4.9 | 361 | 30 | 119 | — |
| 16 | 甘肃 | 258 | 23 | 8.9 | 235 | 91.1 | 41 | 23 | 56.1 | 18 | 43.9 | 217 | 0 | 217 | — |
| 17 | 内蒙古 | 295 | 145 | 49.2 | 102 | 34.6 | 205 | 145 | 70.7 | 39 | 19.0 | 90 | 0 | 4 | — |
| 18 | 黑龙江 | 893 | 37 | 4.1 | 360 | 40.3 | 198 | 34 | 17.2 | 157 | 79.3 | 695 | 3 | 68 | 7 个露天 |
| 19 | 青海 | 26 | 3 | 11.5 | 11 | 42.3 | 14 | 3 | 21.4 | 10 | 71.4 | 12 | 0 | 11 | — |
| 20 | 湖北 | 394 | 113 | 28.7 | 255 | 64.7 | 227 | 89 | 39.2 | 124 | 54.6 | 167 | 24 | 134 | — |
| 21 | 山东 | 207 | 185 | 89.4 | 8 | 3.9 | 194 | 185 | 95.4 | 0 | 0.0 | 13 | 0 | 8 | — |
| 22 | 江苏 | 20 | 20 | 100.0 | 0 | 0.0 | 20 | 20 | 100.0 | 0 | 0.0 | 0 | 0 | 0 | — |
| 23 | 福建 | 297 | 277 | 93.3 | 10 | 3.4 | 256 | 251 | 98.0 | 5 | 2.0 | 41 | 26 | 5 | — |
| 24 | 安徽 | 100 | 74 | 74.0 | 3 | 3.0 | 72 | 68 | 94.4 | 0 | 0.0 | 28 | 6 | 3 | — |
| 25 | 贵州 | 1692 | 984 | 58.2 | 90 | 5.3 | 864 | 738 | 85.4 | 0 | 0.0 | 828 | 246 | 90 | — |
| 26 | 云南 | 1073 | 215 | 20.0 | 489 | 45.6 | 847 | 173 | 20.4 | 429 | 50.6 | 226 | 42 | 60 | — |
| | 总计 | 12157 | 4293 | 35.3 | 3940 | 32.4 | 5626 | 3294 | 58.5 | 1601 | 28.5 | 6531 | 999 | 2382 | — |

### 1.3.3　矿井紧急避险系统的典型应用

由于可靠性高、救援能力强、价格相对低廉等，避难硐室已成为矿山紧急避险系统的主要设施并取得了一定的成效。例如，在加拿大 2006 年萨斯喀彻温省的钾矿火灾中，避难硐室成功挽救了井下 70 名矿工的生命 [55]；在 2010 年 8 月智利圣何塞铜矿矿难中，33 名被困矿工在避难硐室内生存 69d 后全部生还 [56]；在 2017 年 4 月发生的陕西板定梁塔煤矿透水事故中，6 名工友在避难硐室 76h 后成功获救；在 2017 年 5 月发生的山西东于煤矿透水事故中，4 名矿工在避难硐室获救。1990 ～ 2017 年，与矿井避难硐室应用相关的报道主要包括表 1.6 所示的 16 起矿山事故，这充分体现了矿山井下设置避难硐室系统的重要性。

表 1.6　矿井避难硐室成功应用的 16 起矿山事故

| 序号 | 年份 | 事故类型 | 应用情况 |
|---|---|---|---|
| 1 | 1990 | 加拿大北马尼托巴湖某矿皮带火灾事故 | 38 名工人进入避难硐室 4.5h 后获救 |
| 2 | 1990 | 加拿大一座铜矿机车着火事故 | 当班工人在避难硐室被救护队员安全救出 |
| 3 | 2003 | 南非一座金矿停电事故 | 从井下各个避难硐室救出 280 人 |
| 4 | 2004 | 南非一座金矿火灾事故 | 52 人被困井下避难硐室 2d 后全部被救出 |
| 5 | 2005 | 澳大利亚一座金矿装运机火灾事故 | 9 人被困躲避至救生舱后成功获救 |
| 6 | 2006 | 澳大利亚某 1000m 深井发生矿难 | 2 名矿工被困 13d 后获救，原因是其在救生舱里得到了维持生命的必需品 |
| 7 | 2006 | 加拿大萨斯喀彻温省的钾矿火灾事故 | 72 名矿工分散困于避难硐室 26h 后获救 |
| 8 | 2007 | 南非一座金矿断裂坠落的钢管砸坏提升系统电力供应 | 3200 余名矿工被困井下避难硐室 30 多小时后全部获救 |
| 9 | 2008 | 河南平禹煤电有限责任公司瓦斯突出事故 | 2 名矿工躲进 20m 外避难硐室成功获救 |
| 10 | 2009 | 澳大利亚必和必拓公司帕赛佛伦斯镍矿顶冒顶事故 | 1 人躲入救生舱 16h 后成功获救 |
| 11 | 2010 | 智利一座铜矿塌方事故 | 33 名矿工被困避难硐室 69d 后全部生还 |
| 12 | 2011 | 湖南霞流冲煤矿瓦斯爆炸事故 | 1 名人员通过避难硐室获救 |
| 13 | 2012 | 河南煤层气裕隆源通煤业公司煤矿突水事故 | 2 名矿工被困小绞车硐室 30h 后获救 |
| 14 | 2014 | 河南长虹煤矿瓦斯突出事故 | 4 名遇难矿工遗体在 410m 的避难硐室被发现 |
| 15 | 2017 | 陕西神木市板定梁塔煤矿透水事故 | 6 名工友被困避难硐室 76h 后成功获救 |
| 16 | 2017 | 山西清徐县东于煤矿井下透水事故 | 4 名矿工在避难硐室获救 |

## 1.4　国内外避难硐室环境保障技术研究综述及展望

矿井发生事故时，井下供电系统极有可能遭受破坏造成避难硐室外部供电受阻；避难硐室将可能面临无外部电源的孤立环境，室内的净化、降温、除湿等设备需采用无源技术措施或依靠备用电源实现低功耗运行的环境保障措施。事故发生后，井下巷道充满的有毒有害气体将可能随人员涌入避难硐室，井下供电保证和矿井设备的防爆要求，使巷道温度调控、有害气体阻隔与空气净化技术成为避难硐室难以解决的关键技术。

### 1.4.1 避难硐室热湿环境保障技术研究现状

热湿环境是避难硐室的重要控制指标之一。避难硐室内热湿环境不仅与室内热源相关，还与围岩的热物性及初始温度相关。从传热过程来看，避难硐室内热湿环境是由围护结构传热及室内空气动态传热共同决定的。

#### 1. 深埋地下建筑围护结构传热

按工程埋深分类[57,58]，可将地下建筑分为深埋地下建筑和浅埋地下建筑。由于地层的蓄热作用，温度波在向地层深处传递时，其振幅会发生衰减。当达到一定深度时，年温度波幅数值已经衰减到接近零值，在一般工程中可以忽略不计，即地层温度达到了一个近似的恒定值，此处称为恒温层。位于恒温层以下的建筑称为深埋地下建筑，地面温度及其年周期性变化对硐室内温度状况的影响可以忽略不计。位于恒温层以上的建筑称为浅埋地下建筑，其传热特性受到地表温度波动的影响。

土壤或岩石的导温系数一般在（$7.22\times10^{-7}$）～（$1.11\times10^{-6}$）$m^2/s$ 范围内，地面温度年周期性波动通过深度为 12 ～ 16m 的地层厚度，其波幅衰减为原来的 1/100 ～ 1/50。因此一般认为，覆盖层厚度大于 12m 的建筑可视为深埋地下建筑[58]。矿井避难硐室一般建设在煤矿井下开采水平，距离地面深度达几百到上千米，因此，可将矿井避难硐室视为深埋地下建筑的一种，其围岩传热机理同深埋地下工程类似，所见研究文献均按照深埋地下工程处理，解析、数值和试验方法为分析硐室围岩传热的主要方法。根据时间划分，地下工程围岩传热的研究大致经历了实测、基于测试的工程计算推导、理论计算、数值计算及综合理论计算与数值计算的半解析计算几个过程。

（1）试验研究

Houghten 等[59]于 1942 年对某个地下室围护结构传热进行了试验研究。通过一年对岩土温度分布、壁面热流变化的观测，验证了当时一种导热简化算法高估了热损失。Ship[60]对美国 Minnesota 大学内的大型浅埋地下建筑的壁温及热流密度进行了检测，并对监测数据进行了归纳总结。结果显示，地表覆盖物对浅埋地下建筑的传热特性影响非常大，甚至通过含湿量影响土壤的热物性。黄福其是我国较早研究地下热工传热特性的学者，在他与有关研究人员共同撰写的《地下工程热工计算方法》一书中介绍了 3 个不同几何形状地下建筑的传热过程测试试验[58]：①于 1966 年在"西南实验洞"进行的长通道深埋地下建筑传热过程试验，其结果显示深埋长通道地下建筑的传热过程同圆柱体类似；②于 1963 年在北京西郊进行为期 3 年的浅埋地下建筑传热过程监测试验，其结果显示围岩传热主要受地表温度及地表建筑影响；③于 1975 年对秦京输油管部分管段进行了监测，分析了地下输油管的传热特性。忻尚杰等[61]通过对南京市地下旅社进行现场实测，研究了浅埋地下建筑围护结构的传热动态规律。张源[62]自主设计研制了高地温巷道热环境相似模拟试验，开展了深埋巷道围岩温度场的试验研究，揭示了巷道围岩温度分布特征及其变化规律。深埋巷道模拟实验台如图 1.5 所示。

（2）解析方法

避难硐室属于深埋地下建筑，即地面温度及其年周期变化温度对硐室内温度几乎无影响，这是能对其进行解析求解的前提条件。

黄福其等[58]在恒热条件下对地下建筑围岩传热传湿问题进行了研究，结果表明蒸汽渗透对围岩温度的变化影响很小。因此在对围岩传热进行解析

图 1.5 深埋巷道模拟实验台[62]

计算时，可以不考虑蒸汽渗透的影响。接着，他们利用拉普拉斯变换给出了深埋地下建筑围岩恒热流边界条件和恒温边界条件下传热定解问题的解及热工计算方法，并对长通道式深埋地下建筑进行了传热试验测试。结果表明，长通道式深埋地下建筑的传热过程受硐室几何条件影响较小，其传热过程和对称圆柱体相似。因此，根据传热学理论，在假定均匀的边界条件下，长洞的传热过程可近似采用圆柱体的热传导方程式，简化为

$$\frac{\partial T(r,\tau)}{\partial \tau} = a\left(\frac{\partial^2 T(r,\tau)}{\partial r^2} + \frac{1}{r}\frac{\partial T(r,\tau)}{\partial \tau}\right) \qquad (1\text{-}5)$$

无通风烘烤边界条件为

$$-\lambda \frac{\partial T(r_0,\tau)}{\partial \tau} = q = \text{const}, \quad (r = r_0) \qquad (1\text{-}6)$$

通风换气加热烘烤边界条件为

$$-\lambda \frac{\partial T(r,\tau)}{\partial \tau} + h\big[T(0,\tau) - T(r_i,\tau)\big] = 0, \quad (r = r_0) \qquad (1\text{-}7)$$

式中，$T(r,\tau)$——围岩温度，K；

$\quad T(0,\tau)$——室内温度，K；

$\quad \tau$——时间，s；

$\quad a$——导温系数，$m^2/s$；

$\quad r_i$——硐室当量半径，m；

$\quad \lambda$——围岩导热系数，$W/(m \cdot K)$；

$\quad q$——热流密度，$J/(m^2 \cdot s)$；

$\quad h$——对流换热系数，$W/(m \cdot K)$。

由于解析解太过复杂而无法应用于工程中，此处引用的解均为热工计算解，而热工计算解是在解析过程中，对式中复杂函数部分与无限大平壁传热公式对比后做出的简化处理，属近似解。

下式为利用拉普拉斯变换求得的恒定热流边界条件（无通风）下围护结构通风内表面传热问题的解：

$$\Delta T\left(r_{i},\tau\right)=\frac{r_i q}{\lambda}\frac{1.13\sqrt{Fo}}{1+0.38\sqrt{Fo}}\tag{1-8}$$

恒温边界条件（通风换气）下维护结构传热问题的解为

$$\Delta T\left(r_{i},\tau\right)=\left(T_{q}-T_{0}\right)f_{b}\tag{1-9}$$

式中，$\Delta T$ ——壁面温升，K；

　　　$Fo$ ——傅里叶数，表达式为 $Fo=a\tau/r_i^2$；

　　　$f_b$ ——关于 $Bi$ 和 $Fo$ 的函数；

　　　$T_q$ ——室内温度，K；

　　　$T_0$ ——室内初始温度，K。

忻尚杰等[63]也利用该方法给出了类似的解析解。后来学者大多根据拉氏变换法对避难硐室围岩传热进行解析求解[64-67]。

反应系数法或函数传递法通常应用于地面建筑围护结构动态传热的计算，其核心思想是反应系数表征了系统的热特性，与外扰无关。宋翀芳等[68,69]在对地下建筑围护结构传热的处理上引入了反应系数。其求解思路为，以单位脉冲代替室内起始温度，根据热传导公式和恒热流边界条件求出单位脉冲室温下壁温值，单位脉冲下的热流密度称为反应系数。通过得到的反应系数和已知的室内温度就可以求得热流密度和下一时刻的室内温度，并据此编制计算机程序。以地下厂房为例进行模拟计算，给出了空调负荷值。

肖益民等[70,71]在反应系数法或函数传递法上进一步研究，提出一种确定地下建筑围护结构非稳态传热时远边界的方法——频率特性分析法，其主要计算式为

$$\frac{G_Y\left(jw\right)}{G_Z\left(jw\right)}\leqslant\varepsilon\tag{1-10}$$

式中，$G_Y\left(jw\right)$ ——远边界向外传的热传递函数；

　　　$G_Z\left(jw\right)$ ——硐室内表面吸热的传递函数；

　　　$\varepsilon$ ——足够小的值，在工程应用中 $\varepsilon=0.005\sim0.01$ 是满足精度要求的。

通过式（1-10）可以看出，频率特性分析法是对反应系数法或函数传递法在远边界范围的修正，其思想是在反应系数法或函数传递法中引入调热圈概念。

（3）数值法

解析法虽然计算快速，但是简化条件太多，无法对较复杂的情况进行分析，相比之下数值分析就具有对较复杂环境进行模拟分析的能力。数值法按照离散方式主要分为有限容积法、有限差分法及有限元法。数值法计算结果与实际是否相符主要取决于模型建立是否正确、求解方式是否恰当，如若满足，一般能得到较好的结果。因此，该方法普遍用来解决解析方法难以求解或试验难以进行的问题。

Davies[72]于 1979 年运用二维差分算法求解了某地下工程的非稳态热流，其离散域为轴对称的圆柱体，他通过对比计算结果与解析计算结果发现了该模型的缺陷。袁艳平等[73-75]借鉴 Krarti 的 ITPE（interzone temperature profile estimation）技术建立了浅埋

工程围护结构的数学传热模型，并给出了周期性传热问题的半解析解。以某浅埋工程为例，他们利用有限元分析软件 ANSYS 进行二次开发，并对影响围护结构传热的主要因素进行了定量分析。朱培根等[76]考虑了地表空气环境参数等对浅埋地下建筑围护结构传热的动态影响，用边界元法对浅埋地下建筑围护结构二维不稳定传热过程进行动态模拟，推导出相应的传热边界元公式。刘军等[77]建立了地下建筑围护结构的非稳态传热数学模型，选用有限体积法建立了离散方程，采用附加源项法来处理第三类边界条件，利用 MATLAB 软件求解离散方程进行动态模拟，并通过试验验证了模型及方法的正确性。张树光[78]建立了深埋巷道围岩的热传导数学模型，并采用 MATLAB 软件对其进行数值求解。结果表明，风流速度对温度分布影响明显，但不改变其对称分布状态；渗流改变温度对称分布的状态。

为了方便计算，许多学者采用商业化的 CFD（computational fluid dynamics）软件对深埋围岩传热进行求解。目前常见的商业化 CFD 软件有 ANSYS Fluent、Airpak、CFX、Phoenics、Star-CD 等。

曹利波等[79]通过建立围岩的导热微分方程，采用解析法和一维传热数值法，并利用 ANSYS Fluent 软件三维数值法对硐室围岩传热进行了计算。一维计算与三维计算的结果对比表明，一维传热数值精度可运用于工程上硐室围岩的计算。王琴等[80]对于间歇加热状况，采用了整场求解方法，耦合固体导热与流体对流换热的边界条件，并采用计算软件 Phoenics 进行求解，还具体分析了风速和室内热源等因素对温度分布的影响。欧阳钰山等[81]以热舒适方程及 PMV-PPD 评价指标为依据，采用 Airpak 软件对某深埋地下房间的热环境进行模拟，分析了壁面辐射对热舒适的影响，并提出了改进意见。

### 2. 矿井避难硐室降温技术

目前，适用于矿井避难硐室的降温方式主要有 5 种，根据运行是否需要电能支持可分为有源和无源两类。有源系统包括分体式空调系统及通风降温系统；无源系统包括 $CO_2$ 开式空调系统、蓄冰降温系统及相变降温系统。

（1）$CO_2$ 开式空调系统

$CO_2$ 开式空调系统利用高压液态 $CO_2$ 流经节流阀或膨胀阀气化过程中的相变潜热制冷，原理如图 1.6 所示。具体工作过程如下[82]：液态 $CO_2$ 储存在储液瓶中，流经节流阀或膨胀阀后压力降低，部分 $CO_2$ 气化，过程伴随有闪蒸现象，气液两相 $CO_2$ 随后进入蒸发器，并在蒸发器内完全气化，吸收流经盘管的空气热量。此时的 $CO_2$ 气体还有动力，可以驱动气动马达让风扇工作。最后过热 $CO_2$ 气体可排出避难硐室。$CO_2$ 开式空调系统主要应用于澳大利亚、美国等国家。

Yang 等[82]在研究了 $CO_2$ 开式空调系统的基础上，对 3 种不同类型蒸发换热器（不锈钢制、铜制、带翅片铜制）的换热性能做了试验与模拟的对比，发现其换热能力基本一致，但不锈钢制具有防爆压力高、便宜的特点，更适合作为蒸发换热器材料。周年勇[83]在研究中针对一次节流的缺点，提出二次节流的方式，即 $CO_2$ 液体经过一级节

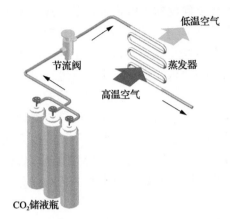

图 1.6 $CO_2$ 开式空调系统原理图

流阀节流降压及一级蒸发器充分换热后，变为中温中压的气体，再通过二级节流阀节流降压，变为低温低压的气体，最后通过二级蒸发器进一步换热。两级蒸发器的换热温度都高于 0℃，从而从根本上解决了换热器结霜、冰堵的问题。吴玮等[84]对换热器的换热方式也进行了深入分析，研究了两种不同换热方式的热力性能。采用毛细管节流换热具有结构简单、稳定性能好的优点；采用膨胀换热提高了能量利用效率，但技术难度大，且膨胀换热设计复杂，系统稳定性不高。因此，在综合节流换热和膨胀换热的基础上，设计了单级膨胀换热方式。对比这

3 种换热方式，认为对于矿井救生舱空调可采用多级毛细管节流换热或单级膨胀换热方式。余阳梓[85]也分别做过 $CO_2$ 开式空调系统的设计和试验，测试结果都满足国家标准。陈于金[86]研制了可应用于避难硐室降温的两级节流蒸发的液态 $CO_2$ 降温系统，并通过在 12 人救生舱内进行 96h 测试表明其制冷量满足 12 人的热负荷需要。

文献 [87] ～文献 [90] 分析了 $CO_2$ 开式空调系统的优缺点。总体来说，$CO_2$ 开式空调系统的优点是无须耗电，属于无源系统，同时还可以驱动风扇工作，达到除湿的目的。其缺点是 $CO_2$ 的临界温度为 31.2℃，当环境温度高于该温度时，$CO_2$ 开式空调系统的制冷能力大幅下降甚至消失；$CO_2$ 三相点压力介于大气压力和工作压力之间，因此在管道内可能会出现固态 $CO_2$ 即干冰，形成冰堵现象，造成严重后果；由于 $CO_2$ 系统操作压力高，要特别注意管道连接的密闭性和整个系统的抗压能力，以免引起泄漏或爆炸；$CO_2$ 用量大，因而需要大量的 $CO_2$ 储瓶，占用大量体积。

（2）分体式空调系统

运用于井下的分体式空调系统的运行原理同地表空调系统类似，但其室外机部分需要做防爆处理，因此又可称之为防爆空调系统。分体式空调由蒸发器、压缩机、冷凝器和节流阀或膨胀阀构成，如图 1.7 所示。其原理是制冷剂通过压缩机加压升温，然后流经室外机（冷凝器）将热量排放到室外，再经过节流阀或膨胀阀减压降温，流经室内机（蒸发器）吸收硐室内热量，最后返回压缩机继续循环完成制冷过程。分体式空调系统具有制冷效果好、方便调节、稳定的优点，主要应用于南非等国家，美国也有运用。

Piao 等[88]指出分体式空调系统不依赖于内部和外部环境，可以正常工作，方便调节；压缩机设置在硐室外，因此要注意对其进行保护，同时要注意蓄电池的使用量。Li 等[91]

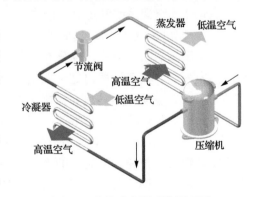

图 1.7 分体式空调系统原理图

在对避难硐室各种降温方式的对比中总结出蒸汽压缩制冷机具有效果好、稳定的优点。Rick 等[92]指出由于突发事故，井下可能面临断电的情况，必须配备大容量本质安全电源为系统运行提供能源备用电源。他们通过相关研究表明，可选用铅酸蓄电池加交流逆变器供电，这对于小型避难硐室是可以满足需求的。桑岱等[93]指出由于铅对环境的危害，能量密度较高的新型环保电池正逐步取代铅酸电池，其质量和体积将明显降低，从而有利于分体式空调制冷系统在避难硐室内的应用。张祖敬[87]认为大容量防爆电池的安全性没有得到充分论证，蓄电量在反复充、放电过程中的安全性也很难保障，当采用钻孔供电需要有较好的钻孔条件，并且外部环境存在瓦斯爆炸危险时，不能供电使用。孙继平[28]也认为当煤矿井下发生矿难时，外接的大功率电源将会断电，分体式空调制冷系统不满足无大功率电源、无安全隐患等要求。

（3）通风降温系统

通风降温是指利用通风管道向硐室内通入空气进行降温的方式，通风管道可以是预先埋置，也可以现场采取地面钻孔的方式。其优点是在降温的同时也能达到净化室内空气的目的，无须配置额外的空气净化装置。

通风降温在浅埋矿井中具有较多运用，如南非等国家的矿井深度多为 200 ~ 300m，地面钻孔可以直达避难硐室，但对于我国等矿井埋深主要分布在 450 ~ 500m 的国家，使用通风降温则不合适，原因主要有以下 3 点：①埋深越大，地面钻孔越难以达到矿井深度；②埋深越大，矿井中的通风管道在事故中损坏的概率也越大；③我国有许多中高温矿井，其围岩温度高，由于岩壁的对流换热作用，通入的冷空气会逐渐升温，难以达到降温目的。

李芳玮等[94]为了确定避难硐室在采用压风供风时的通风量，通过 $CO_2$ 平衡方程、$O_2$ 平衡方程、有害气体稀释方程、通风降温方程分别计算各自所需的最小通风量，发现通风降温所需的通风量最大，确定了理论上人均最小供风量，并通过 100 人载人试验进行了验证。结果表明，最小供风量同避难硐室内人数有关，与硐室大小无关；100人型避难硐室最小供风量为 $600m^3/h$。张政等[95]通过涡流管内部能量转换将高压空气分成冷、热两股，然后将冷空气通入避难硐室进行降温。对于低温矿井，在壁面不能完全满足自然降温的条件下，应考虑采用压风管道或地面钻孔进行压风降温；高温矿井由于岩壁对流换热作用不宜采用压风降温[87]。Piao 等[88]提到避难硐室内运用通风降温必须满足两个前提条件：一是在事故发生时必须要有电源，因为压缩泵的功率非常大，蓄电池很难满足要求；二是通风管道在事故中没有损坏。

（4）蓄冰降温系统

蓄冰降温是指平时利用制冷机制取冰块储存在蓄冰室内，并采用间歇制冷保证冰不融化，矿难发生时，通过风机强制引导室内空气流经蓄冰室与冰块发生对流换热，带走冷量并返还室内，对室内进行降温，此时制冷机停止工作[96]。为保证室内安全，将制冷机单独隔开，因而其组成主要包括设备区（制冷机）和蓄冰室，如图 1.8所示。

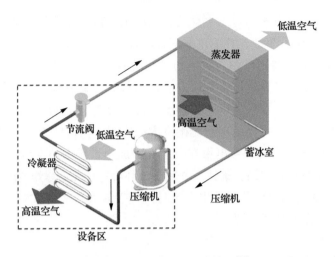

图 1.8　蓄冰降温系统原理图[96]

　　Jia 等[96]研究了蓄冰降温系统在救生舱中应用的控制策略，并通过 24h 的测试验证了控制策略的准确性。茅靳丰等[97]研究了矿井避难硐室内蓄冰柜降温除湿特性及环境温湿度和进风速度对蓄冰柜传热传质的影响。由世俊等[98]通过数值模拟研究蓄冰板应急释冷在避难硐室降温中的应用，模拟结果显示：蓄冰板的厚度对其释冷效果影响很大，50mm 厚的蓄冰板释冷效果最好；蓄冰板太厚不利于释冷，而蓄冰板太薄，释冷太快，导致避难硐室温度偏低。Xu 等[99]通过数值模拟与试验研究了蓄冰块在救生舱中的制冷应用，研究得出在满足救生舱降温要求的情况下，每 14.3W 的热源需要匹配一块 600mm×320mm×50mm 的蓄冰板。赵红红等[100]通过搭建小尺寸避难硐室模拟实验舱，研究冰块在避难硐室降温中的应用。Wang 等[101]设计了一种应用于避难硐室的蓄冰制冷降温系统，并分析得出在 50 人型避难硐室内，该系统的有效工作时间为 64.57h。刘鹏程[102]通过数值模拟研究得出在 40 人型避难硐室内蓄冰降温装置不同布局条件下的风速和温度分布云图，认为在避难硐室布局时应将座椅尽量布局在风场内，并且靠近冰柜位置；条件许可下，采用多台装置分散降温效果更明显。Rick 等[92]认为蓄冰降温有安全性好、制冷效率高等优点，但占用体积大和维护成本高等原因限制了其发展。董仲恒等[89]认为蓄冰降温方式思路清晰、设备简单、安全可靠，并针对平时维护费用高的缺点提出了加强蓄冰室保温效果的意见。

　　整体来看，蓄冰降温有安全性好、制冷效率高、适用性广泛等优点，主要应用于中国等国家。但蓄冰降温系统经过长时间运行后存在压缩机易损坏的问题，这是由于矿井环境中粉尘浓度高、湿度大，压缩机长期不用或存放后容易被损坏和侵蚀。除此以外，蓄冰降温还存在以下缺陷：①以水作为相变材料，其相变温度低，需要大量冷量才能维持蓄冰状态；②需要专门的大型蓄冰室，占用宝贵的生存空间；③人员避难时，室内仍然需要风机将冷量输送到人员避难区域，并非真正意义上的"无源"；④释放的冷量会有相当一部分被避难硐室围护结构（即围岩）所吸收，造成冷量的浪费。

　　（5）相变降温系统

　　相变降温是指在硐室环境温度达到相变材料相变温度时，相变材料熔化并吸收大量潜热,以此来控制避难硐室内温度的方式。因此,选择具有合适的相变温度、蓄放热特性及潜热量大的相变材料是相变降温系统设计的关键。

毕昌虎[103]认为避难硐室中运用相变制冷技术相较于其他技术而言,具有无专门设备、不消耗能源的优点,缺点也很明显,即需求的相变材料量大,而且不能除湿。Wu 等[104]研究了避难硐室内的热源,分析了某种水合结晶盐类无机相变材料的性能及参数,并进行了 96h 的试验仿真模拟。试验结果表明,相变降温装置在 96h 内有效地将温度控制在 34℃ 以下,其中前 76h 内将温度控制在 30℃ 以内,后 20h 温度有上涨趋势,说明相变装置吸热能力在下降。郜富平[90]认为相变材料可以免维护,若制成内壁面铺在墙壁上既可以增加传热面积,又不占用体积,但需要独立除湿系统配合,并以低温矿井为例,选择相变温度为 25℃ 的无机盐类相变材料,通过模拟试验方式验证了可以将避难硐室内温度控制在 30℃ 以内。王子雷[105]研究了相变材料在避难硐室降温中的应用,在 30 人型永久硐室应用了降温模块,验证了相变材料应用于硐室降温系统的可行性及实用性。

通过上述文献可以看出,相变降温有一定的优势,如无须维护、安全可靠,但是其缺陷也十分明显:一是仅适用于低温矿井避难硐室;二是相变材料的需求量大。综上所述,现有降温方法在实际运用中都有各自的优缺点,将 5 种降温方法的优缺点及适用环境进行了汇总,如表 1.7 所示。

表 1.7 5 种降温方法的优缺点及适用环境

| 降温方法 | 优点 | 缺点 | 适用环境 |
| --- | --- | --- | --- |
| $CO_2$ 开式空调 | 1) 无须任何电源;<br>2) 系统稳定 | 1) 存在泄漏危险,具有安全隐患;<br>2) 需要定期检查、更换,难以维护;<br>3) $CO_2$ 储液罐占用较大体积 | 环境温度低于 31℃ |
| 分体式空调 | 1) 制冷效果好;<br>2) 系统稳定;<br>3) 便于调节 | 1) 发生瓦斯爆炸时有损坏室外机的危险;<br>2) 需要配备大功率本质安全电源 | 非煤矿井 |
| 通风降温 | 1) 无安全隐患;<br>2) 具备空气净化功能 | 1) 通风管道可能在事故中被损坏;<br>2) 高温环境时通风降温效果差 | 浅埋矿井 |
| 蓄冰降温 | 1) 无安全隐患;<br>2) 系统稳定 | 1) 压缩机在潮湿环境中易损坏;<br>2) 维护成本高;<br>3) 占用大量体积;<br>4) 需要风机输送冷量 | 任何环境 |
| 相变降温 | 1) 无安全隐患;<br>2) 系统稳定 | 1) 使用的相变材料量大;<br>2) 无法运用于中高温矿井 | 低温矿井 |

## 1.4.2 避难硐室空气品质保障技术研究现状

### 1. 空气幕阻隔系统

空气幕的应用研究主要集中于隔热[106-108]、隔尘[109,110]、隔烟[111-113]这 3 个方面。其中,空气幕隔烟系统主要应用于建筑火灾中烟流控制。Hu 等[114]通过试验与 FDS 数值模拟方式，证明了空气幕可有效控制火灾烟流与温度在疏散通道中的传播。Luo 等[115,116]通过试验与数值模拟研究了一种用于高层建筑的反向双喷式空气幕，研究表明：与传统的空气幕相比，相反的双射流风幕不仅阻止了烟气和 CO 气体进入楼梯，同时也加快了火灾中烟气与 CO 的枯竭。在矿井中，空气幕的应用研究主用集中于采掘工作面粉尘控制。Wang 等[117]通过现场应用研究表明，空气幕安装在采煤机上具有显著的隔尘效果，对呼吸性粉尘的分离效率达 70% 以上。

在避难硐室建设中，空气幕系统被用来阻挡巷道内的毒害气体随人员涌入避难硐室。针对矿山紧急避险设施（避难硐室和救生舱）的空气幕结构主要有管道空气幕和气刀两种[118]，如图 1.9 所示。

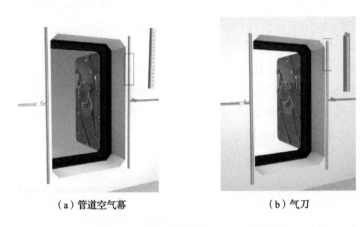

(a) 管道空气幕　　　　　　　　　　(b) 气刀

图 1.9　两种不同结构的空气幕[118]

马冬娟等[119]通过数值模拟研究了空气幕在救生舱中的应用，研究结果表明空气幕出口速度为 10m/s 才能有效阻隔舱外有害气体，且气流喷射角度为 15° 时隔离效率最佳。汪澍等[120]与张丽荣等[121]通过试验分别研究了救生舱空气幕对 CO 气体与 $CO_2$ 气体的阻隔效果，研究表明气幕管的阻隔性能与开孔直径和孔间距均有关系，通过优化开孔直径与孔间距，在 1min 内空气幕对有害气体的阻隔率可达 65% ～ 70%。刘俊利等[122]通过 Fluent 模拟分析救生舱空气幕的阻隔作用，其结果表明：空气幕射流的送风角度为 10°、送风速度为 20m/s、喷口宽度为 0.5mm 时，空气幕系统的封闭性能达到最佳状态。金龙哲等[123]通过研究得出，对尺寸为 1550mm×1000mm 的硐室门框，气幕管的最佳孔径为 1.2mm，最佳孔间距为 40mm，并通过试验研究得出，在 $CO_2$ 浓度为 1%的外部环境中，1min 内空气幕阻隔效率达 80% 以上。金龙哲等[124]通过 Fluent 模拟分析气刀在不同风速下的气幕阻隔效果，认为在单侧送风 15m/s 或者双侧送风 10m/s 时，气刀的有效覆盖率大于 85%，阻隔效果明显。Wang 等[125]通过数值计算与试验研究了安装于门框两侧的气刀空气幕，其试验环境如图 1.10 所示。试验结果表明，在 0.1MPa 的供风压力下，空气幕在 0.35min 内对巷道有害气体的阻隔效率为 41.6%。

1—空气压缩机；2—空气储罐；3—空气过滤器；4—压力表；5—玻璃浮子流量计；6—球阀；

7—模拟舱；8—均匀弥散管（$CO_2$ 入口）；9—矿用多参数气体测量仪；10—空气幕。

图 1.10　空气幕系统阻隔效率测试的试验环境[125]

**2. 避难硐室内空气品质保障措施**

人体代谢是避难硐室内有害气体的主要来源。人体代谢产生的有害气体主要为 $CO_2$，同时伴随着 CO、$H_2S$、$NH_3$ 等微量有害气体[126]。张祖敬等[127]结合人体对有害气体环境的耐受能力，通过理论分析与试验研究，认为在避难硐室内对人体代谢产生的 CO、$H_2S$ 等微量有害气体无须采取净化措施，应重点考虑对 $CO_2$ 气体的去除。

利用地面钻孔将由地面空气压缩机产生的新鲜空气直接通往避难硐室是最直接、可靠的空气品质控制措施。例如，美国大部分矿井避难硐室采用地面钻孔供风，钻孔最大深度约为 280m，室内人均供风量为 0.35$m^3$/min[128]。在我国，由于煤矿埋深较大、地面形貌与煤炭赋存条件复杂，考虑到钻孔难度、成本、钻孔维护等因素，采用地面钻孔直通避难硐室的应用较少，绝大部分煤矿在原有矿井压风管的基础上，通过支管将矿井压风接入避难硐室。

高娜等[129]推导了避难硐室压风量计算式，并算出满足室内 $CO_2$ 与 $O_2$ 浓度控制的人均供风量分别为 90L/min 与 17L/min。金龙哲等[130-132]在山西常村煤矿井下 80 人型避难硐室内开展了压风状态下的真人避难试验，试验场景如图 1.11 所示。试验结果表明：人均供风量为 100L/min 可满足避难硐室空气品质控制要求，试验进行 10h 后硐室内 $CO_2$ 浓度稳定在 0.3%～0.34%，$O_2$ 浓度稳定在 19.6%～19.8%，相对湿度控制在 65%～70%。

在试验基础上，金龙哲等[133]通过 CFD 软件研究了采用压风净化时在两种不同的进风口工况下避难硐室内 CO 和 $CO_2$ 的流场分布。研究结果表明：以 9 个布气孔弥散式均匀布气的管道布置及尺寸设计方案最优。汪澍等[134]通过数值分析研究了 100 人型避难硐室在压风状态下 4 种不同风口布局与 6 种不同供风量下的室内空气品质分布。结果表明：供风量越大、散流器布置越多，污染物净化越快，硐室内供风

图 1.11　常村煤矿 80 人型避难硐室压风保障试验[130]

量应不低于 0.1m³/（min·人），并建议配合使用净化药剂尽快去除室内 CO 气体。Shao 等[135]通过数值分析研究了在仅有一个进风口与一个出风口时，避难硐室内 $CO_2$ 浓度随人均供风量的变化。研究结果显示：在人均供风量为 42L/min 时，室内 $CO_2$ 浓度稳定在 0.84%，$O_2$ 浓度稳定在 20.2%。何廷梅[136]通过利用 $CO_2$ 气瓶与弥散管模拟 50 人型硐室内人均 $CO_2$ 释放速率为 0.5L/min 时的压风净化试验，试验结果表明满足避难硐室内 $CO_2$ 浓度控制要求的人均供风量最小值为 84L/min。施勇等[137]通过建立二维数值模型研究了压风供氧下不同进风速度时避难硐室拱形断面的空气分布规律，认为 1.2 ~ 1.75m 高度为避险人员有利的活动区域，压风入口速度为 6m/s、8m/s 时，比较适合避险人员活动范围的区域是硐室的中间。

为了确保压风管路受矿山事故毁坏时室内空气品质保障的可靠性，在无有效管路保护措施的条件下，通常需在避难硐室内自备供氧措施与空气净化措施。其中，自备氧供氧方式主要有利用氧气瓶直接供氧或利用固体过氧化物（如氧烛、板状超氧化钾等）进行化学制氧[138-140]。其中，氧烛的主要成分为氯酸盐（如 $MClO_3$ 等），具有产氧能力大、产氧平衡、容易储存、安全性好、无须安装、免维护、储存时限长等优点[141]。图 1.12 给出了 3 种自备氧方式在避难硐室内的应用结构。

（a）氧气瓶　　　　　　　　（b）氧烛　　　　　　　（c）板状超氧化钾

图 1.12　3 种自备氧方式在避难硐室内的应用结构[146]

美国的矿井避难硐室允许避难硐室内自备压缩氧气瓶供氧（实际均使用地面钻孔供风），澳大利亚矿井避难硐室备用压缩氧气瓶供氧，南非的矿井避难硐室广泛配备固体化学氧发生器（氧烛）[19,141]。在我国，采用压缩氧气瓶供氧是最常见的避难硐室自备氧供氧方式。金龙哲等[140]通过计算表明，避难硐室内采用压缩氧气瓶供氧时，96h 内平均每人需要配 0.6 瓶 40L、15MPa 的氧气瓶。除此之外，金龙哲等[140]还通过试验测试表明，在相对湿度恒为 90% 的气密箱内，一块超氧化钾药板的产氧速率为 1.71L/min，$CO_2$ 吸收速率为 0.37L/min。Gao 等[142]将超氧化钾挤压形成板状后应用于避难硐室内供氧与 $CO_2$ 气体吸收，研究结果表明：15g 的超氧化钾固体板（挤压力 10kN）的平均产氧速率为 $11.88 \times 10^{-3}$L/min，产氧效率为 80.3%，平均 $CO_2$ 吸收速率为 $11.0 \times 10^{-3}$L/min。我国大屯孔庄煤矿和山西新元煤矿分别利用超氧化钾再生氧装置，在永久避难硐室进行了 100 人 19h 和 100 人 48h 载人试验，均取得理想的供氧效果[19]。

自备 $CO_2$ 净化方式主要为悬挂 $CO_2$ 吸附剂药帘分散去除 $CO_2$，或采用充填 $CO_2$ 吸附剂颗粒的空气净化装置[91,143]集中处理室内有害气体，如图 1.13 所示。

（a）LiOH 药帘　　　　　　　（b）净化装置

图 1.13　避难硐室内采用的净化方法 [143]

Li 等 [144] 研究了一种应用在避难硐室内的 JS-1 型 $CO_2$ 吸收剂。Jia 等 [145] 对 $Ca(OH)_2$、LiOH 与 NaOH 这 3 种碱性材料作为避难硐室内的 $CO_2$ 吸收剂进行了试验比较，研究得出这 3 种材料与 $CO_2$ 气体的反应速率依次为 NaOH>LiOH>$Ca(OH)_2$。考虑到使用时供电中断的情况，针对避难硐室应用开发的空气净化装置一般利用气动马达风机、人力风机或低功耗的矿用防爆型风机（功率为 30 ~ 115W）[19]，将室内污染空气引流过 $CO_2$ 吸收剂药层净化后再释放到硐室环境。葛亮 [146] 与伯志革 [147] 研究了一种集电动、气动、脚踏 3 种驱动方式于一体可满足 20 人净化需要的避难硐室用空气净化装置。陈于金等 [148,149] 研制了一种集成空气净化与降温功能的降温净化装置，并通过试验证明 3 台该装置可满足 50 人型避难硐室内空气净化的需要。图 1.14 列出了两种避难硐室常见的空气净化装置。

（a）气动 + 手摇　　　　　（b）气动 + 脚踏 + 电动

图 1.14　两种避难硐室常见的空气净化装置 [146]

何廷梅 [150] 采用数值模拟分析了长通道式避难硐室内空气净化装置的布局，认为两台净化装置可将室内 $CO_2$ 体积分数控制在 0.50% 以下。邓元媛等 [151] 采用数值模拟分析了长通道式与转角式避难硐室内空气净化装置的布局，结果表明：长通道式避难硐室净化装置宜分布在硐室两端，转角式避难硐室净化装置宜分布在两翼靠近壁面的中部。

### 1.4.3　避难硐室环境保障技术的研究展望

避难硐室环境保障是一个系统性的工程，它包含硐室内的温湿度控制、有毒有害气体的控制及氧气供给。与地面或地下其他建筑不同的是，硐室内部缺乏电力供应，因此避难硐室内的环境保障更加困难。未来避难硐室环境保障技术应在以下几个方面取得突破。

（1）无源控温技术

目前，硐室内的温度控制仍然是最难以保障的问题，这是由于传统的控温技术主要依赖电力设备进行制冷降温，如电力空调系统和吸收式制冷系统。尽管目前救生舱可利用蓄电池提供电力进行制冷，但现有的本质安全蓄电池的容量均不足以满足中型及以上避难硐室的温度控制。另外，由于蓄电池技术尚未出现突破，采用电力进行降温的方法暂时无法运用在避难硐室中，因此包括相变储能技术在内的无源降温方法成为最佳选择。但是，直接使用单一的无源降温方式也存在诸多问题。那么，如何运用无源降温方式是解决避难硐室降温问题的关键。采用组合式的无源降温方式可能会是一个较好的思路，通过多种无源降温方式的组合和改进，能有效地在保留各降温方式优点的基础上弥补缺点，并且能够为避难硐室降温方式的选择提供更多思路。

（2）综合储能技术

如前述，能量的供给是避难硐室环境保障的瓶颈。除利用相变储能进行热量的存储以达到控制温度的目的外，还可研究机械能的存储。机械能可为矿难时通风净化及降温提供宝贵的能量。因此，机械能、热能的综合存储与释放的相关研究也是未来避难硐室环境保障技术发展的重要基础。

（3）基于压风的避难硐室环境保障

在避难硐室环境保障方面，矿井压风无疑是避难硐室内供氧、空气净化、除湿的最直接有效的措施，同时压风还可作为避难硐室空气幕的有效气源，并在一定条件下起到为避难硐室降温的效果。然而，矿井压风在实际应用过程中存在不少问题。例如，压风供风量还存在争议，满足人员供氧与代谢、气体净化、硐室除湿的风量较小，而满足快速净化 CO 的风量较大，即使将供风量增大到人均 $0.3m^3/min$，仍然不能满足在20min 内将室内 CO 气体从 400ppm 下降到 24ppm 的快速净化要求。又如，对于围岩初始温度过高的矿井避难硐室，原始压风由于与井下管道的热交换作用温度会升高，也难以满足避难硐室内的降温需要，只能在一定程度上带走室内的部分热量。再如，基于压风供风的空气幕阻隔系统，如何才能更好达到阻隔巷道有害气体的效果尚有待进一步研究。因此，如何解决好矿井压风在避难硐室的应用，研究一种合理的矿井压风形式及具体的应用方法，对避难硐室空间内的环境保障问题具有十分重要的现实意义。

（4）避难硐室环境综合保障的系统性研究

在避难硐室内环境保障方面尚缺乏全方位的研究。如前综述，目前关于避难硐室环境保障方面的研究很多，有专门研究温度控制、湿度控制、有毒有害气体排除及氧气补给的，但是硐室内的环境保障问题是一个具有整体性的耦合的问题，许多因素之间存在相互影响、相互制约的关系，因此有必要从全局出发，全方面地考虑避难硐室内的环境保障问题。

综上所述，避难硐室内的环境保障问题有其自身的特殊性，需要更多地进行技术和应用创新。我国目前避难硐室的建设也才处于起步阶段，避难硐室内环境保障技术的系统研究更是缺乏，从而导致目前避难硐室环境保障手段不够完善，无法为矿难时的避灾人员提供安全环境。因此，系统地开展避难硐室环境保障技术研究是一个重要而紧迫的任务。

## 参 考 文 献

[1] 李运强, 黄海辉. 世界主要产煤国家煤矿安全生产现状及发展趋势 [J]. 中国安全科学学报, 2010, 20(6): 158-165.

[2] 王茂林. 推动能源生产和消费革命的研判和把握 [J]. 经济研究参考, 2016(52): 3-12,37.

[3] 周玉, 宋宏伟, 万援朝. 矿山井下应急避难技术的发展现状与重点 [J]. 煤炭技术, 2011, 30(12): 1-2.

[4] 裴广强. 近代以来西方主要国家能源转型的历程考察: 以英荷美德四国为中心 [J]. 史学集刊, 2017(4): 75-88.

[5] 鞠文君, 付玉凯. 我国煤矿巷道支护的难题与对策 [J]. 煤矿开采, 2015, 20(6): 1-5.

[6] 吕荣昌. 煤矿开采的几个安全问题 [J]. 科技与企业, 2014(11): 54-54.

[7] 祁海莹. 产煤发达国家生产现状及安全形势分析 [J]. 中国煤炭, 2015, 41(8): 140-143.

[8] 王韶辉, 才庆祥, 刘福明. 中国露天采煤发展现状与建议 [J]. 中国矿业, 2014(7): 83-87.

[9] 刘文革. 世界煤炭工业发展趋势和展望 [J]. 中国煤炭, 2013, 39(3): 119-123.

[10] 张斌. 美国煤矿安全生产分析及对我国的启示 [J]. 西部探矿工程, 2013, 25(10): 195-198.

[11] LIU Q L, LI X C, HASSALL M. Regulatory regime on coal mine safety in China and Australia: Comparative analysis and overall findings[J]. Resources Policy, https://doi.org/10.1016/j.resourpol.2019.101454.

[12] 蔡忠. 南非煤矿安全生产概况 [J]. 劳动保护, 2010(4): 10-11.

[13] 常进海, 王福生, 肖藏岩. 中印煤矿安全状况对比分析及对我国的启示 [J]. 中国矿业, 2011, 20(2): 39-42.

[14] 康丽华. 俄罗斯煤矿安全生产状况 [J]. 中国煤炭, 2004, 30(8): 60-61.

[15] 袁显平, 严永胜, 张金锁. 我国煤矿矿难特征及演变趋势 [J]. 中国安全科学学报, 2014, 24(6): 135-140.

[16] SALEH J H, CUMMINGS A M. Safety in the mining industry and the unfinished legacy of mining accidents: safety levers and defense-in-depth for addressing mining hazards[J]. Safety science, 2011, 49(6): 764-777.

[17] WANG L, CHENG Y P, LIU H Y. An analysis of fatal gas accidents in Chinese coal mines[J]. Safety science, 2014, 62: 107-113.

[18] ZHU Y F, WANG D M, SHAO Z L, et al. A statistical analysis of coalmine fires and explosions in China[J]. Process safety and environmental protection, 2019, 121: 357-366.

[19] 杨大明. 煤矿井下紧急避险系统的建设与发展 [J]. 煤炭科学技术, 2010, 38(11): 6-9.

[20] MENG L, JIANG Y D, ZHAO Y X, et al. Probing into design of refuge chamber system in coal mine[J]. Proceeding engineering, 2011, 26: 2334-2341.

[21] ROWLAND J H, VERAKIS H, HOCKENBERRY M A, et al. Effect of air velocity on conveyor belt fire suppression systems[J]. Transactions of the society for mining metallurgy and exploration, 2011, 328: 493-501.

[22] CHARLES D L, INOKA E P. Evaluation of criteria for the detection of fires in underground conveyor belt haulage ways[J]. Fire safety journal, 2010, 51: 110-119.

[23] LITTON C D, PERERA I E. Evaluation of criteria for the detection of fires in underground conveyor belt haulageways[J]. Fire safety journal, 2012, 51: 110-119.

[24] YUAN L M, ZHOU L H, SMITH A C. Modeling carbon monoxide spread in underground mine fires[J]. Applied thermal engineering, 2016, 100: 1319-1326.

[25] HANSEN R, INGASON H. Heat release rate measurements of burning mining vehicles in an underground mine[J]. Fire safety journal, 2013, 61: 12-25.

[26] KOBEK M, JANKOWSKI Z, CHOWANIEC C Z, et al. Assessment of the cause and mode of death of victims of a mass industrial accident in the Halemba coal mine[J]. Forensic science international supplement series, 2009, 1(1): 83-87.

[27] 吕玉芝, 吴茂胜. 基于外因火灾事故实例对矿井反风等避灾关键事项的研究分析 [J]. 中国煤炭工业, 2016 (1): 64-65.

[28] 孙继平. 煤矿井下紧急避险系统研究 [J]. 煤炭科学技术, 2011, 39(1): 69-71.

[29] 王克全. 煤尘与矿井特大爆炸伤亡事故的关系 [J]. 工业安全与防尘, 1988(1): 25-29.

[30] 周心权, 吴兵, 徐景德. 煤矿井下瓦斯爆炸的基本特性 [J]. 中国煤炭, 2002, 28(9): 8-11.

[31] 王海燕, 曹涛, 周心权, 等. 煤矿瓦斯爆炸冲击波衰减规律研究与应用 [J]. 煤炭学报, 2009, 34(6): 778-782.

[32] 蔡周全, 罗振敏, 程方明. 瓦斯煤尘爆炸传播特性的实验研究 [J]. 煤炭学报, 2009, 34(7): 938-941.

[33] 王新建. 爆破空气冲击波及其预防 [J]. 中国人民公安大学学报 ( 自然科学版 ), 2003, 9(4): 41-43.

[34] 崔建霞, 陈烁, 史彭涛. 瓦斯爆炸动态特性测试系统及应用 [J]. 煤矿安全, 2017, 48(6): 97-100.

[35] 段玉龙, 余明高, 姚新友, 等. 后空间温度分布及热危害区域分析研究 [J]. 中国安全生产科学技术, 2018, 14(1): 56-62.

[36] 司荣军. 矿井瓦斯煤尘爆炸传播规律研究 [D]. 青岛: 山东科技大学, 2007.

[37] 宇德明, 冯长根, 徐志胜, 等. 炸药爆炸事故冲击波、热辐射和房屋倒塌的伤害效应 [J]. 兵工学报, 1998, 19(1): 33-37.

[38] 崔辉, 徐志胜, 宋文华, 等. 有毒气体危害区域划分之临界浓度标准研究 [J]. 灾害学, 2008, 23(3): 80-84.

[39] 贾齐林, 吴蒸, 沈虎, 等. 基于瓦斯煤尘爆炸的矿井紧急避险系统研究 [J]. 西安科技大学学报, 2016, 36(6): 787-792.

[40] 安永林, 杨高尚, 彭立敏. 隧道火灾中 CO 对人员危害机理的调研 [J]. 采矿技术, 2006, 6(3): 412-414.

[41] 刘永立, 陈海波. 矿井瓦斯爆炸毒害气体传播规律 [J]. 煤炭学报, 2009, 34(6): 788-791.

[42] 景国勋, 程磊, 杨书召. 受限空间煤尘爆炸毒害气体传播伤害研究 [J]. 中国安全科学学报, 2010, 20(4): 55-58.

[43] OUNANIAN D. Refuge alternatives for underground coal mines[R]. NIOSH Office of Mine Safety and Health Research Contract No. 200-2007-20276. Waltham, MA: Foster-Miller Inc., 2007.

[44] HE Z, WU Q, WEN L J, et al. A process mining approach to improve emergency rescue processes of fatal gas explosion accidents in Chinese coal mines[J]. Safety science, 2019,111: 154-166.

[45] National Research Council of National Academies. Facing hazards and disasters: Understanding human dimensions[M]. Washington: The National Academies Press, 2006.

[46] KOWALSKI-TRAKOFLER K M, ALEXANDER D W, BRNICH M J, et al. Underground coal mining disasters and fatalities: united states, 1900—2006[J]. MMWR morbidity and mortality weekly report, 2009, 57(51): 1379-1383.

[47] 赵利安, 王铁力. 国外井工矿避灾硐室的应用及启示 [J]. 矿业安全, 2008, 39(2):88-91.

[48] 赵利安, 孟庆华. 矿业发达国家安全硐室的发展及经验借鉴 [J]. 矿业安全与环保, 2008, 35(2): 73-74.

[49] 张为, 赵宏伟, 杨明, 等. 煤矿避难硐室设计研究 [J]. 建井技术, 2011, 32(4): 26-29.

[50] 王丽. 煤矿井下避灾硐室研究 [D]. 西安: 西安科技大学, 2009.

[51] 隋鹏程. 矿工自救与避难硐室一 [J]. 现代职业安全, 2007(6): 82-83.

[52] 隋鹏程. 矿工自救与避难硐室二 [J]. 现代职业安全, 2007(7): 86-88.

[53] 隋鹏程. 矿工自救与避难硐室三 [J]. 现代职业安全, 2007(8): 94-97.

[54] 王克全, 赵善扬, 余秀清, 等. 煤矿井下避难所研制 [J]. 采矿技术, 2010, 10(S1): 135-137.

[55] ZHANG S Z, WU Z Z, ZHANG R, et al. Dynamic numerical simulation of coal mine fire for escape capsule installation[J]. Safety science, 2012, 50(4): 600-606.

[56] MEJÍAS C, JIMÉNEZ D, MUÑOZ A, et al. Clinical response of 20 people in a mining refuge: Study and analysis of functional parameters[J]. Safety science, 2014, 63: 204-210.

[57] 茅靳丰, 韩旭. 地下工程热湿理论与应用 [M]. 北京: 中国建筑工业出版社, 2009.

[58] 黄福其, 张家猷, 谢守穆, 等. 地下工程热工计算方法 [M]. 北京: 中国建筑工业出版社, 1981.

[59] HOUGHTEN F C, TAIMUTY S I, GUTBERLET C, et al. Heat loss through basement walls and floors[J]. ASHVE transactions, 1941, 48: 369-384.

[60] SHIP P H. The thermal charateristics of large earth-sheltered structures[D]. Minnesota: University of Minnesota, 1979.

[61] 忻尚杰, 朱培根. 浅层地下建筑围护结构传热模拟的一种新方法 [J]. 暖通空调, 1997, 27(S): 15-18, 30.

[62] 张源. 高地温巷道围岩非稳态温度场及隔热降温机理研究 [D]. 徐州: 中国矿业大学, 2013.

[63] 忻尚杰, 黄祥夔, 张秀茂. 地下工程围护结构热工计算 [D]. 南京: 解放军理工大学工程兵工程学院, 1981.

[64] 江亿. 地下空间自然环境温差利用的热物理基础研究 [D]. 北京: 清华大学, 1985.

[65] 缪小平, 王利军, 王瑞海. 地下工程围护结构动态热负荷仿真研究 [J]. 暖通空调, 2012, 42(9): 43-46.

[66] 肖光华. 地下建筑热湿负荷计算方法研究 [D]. 哈尔滨: 哈尔滨工业大学, 2009.

[67] 胡铁山. 地下建筑热湿环境与热湿耦合对流传递模型研究 [D]. 重庆: 重庆大学, 2006.

[68] 宋翀芳, 赵敬源, 赵秉文. 地下建筑壁面动态传热的数值分析研究 [J]. 西北建筑工程学院学报 (自然科学版), 2001, 18(2): 32-35.

[69] 宋翀芳. 地下建筑动态热工环境数值分析研究 [D]. 西安: 西安建筑科技大学, 2001.

[70] 肖益民, 付祥钊. 地下空间维护结构传热热力系统划分的频率特性分析法 [C]// 中国建筑学会暖通空调专业委员会, 中国制冷学会空调热泵专业委员会. 全国暖通空调制冷 2006 年学术年会文集. 北京: 中国建筑工业出版社, 2006.

[71] 肖益民. 水电站地下洞室群自然通风网络模拟及应用研究 [D]. 重庆: 重庆大学, 2005.

[72] DAVIES G R. Thermal analysis of earth covered buildings[C]//Fourth National Passive Solar Conference, Kansas, 1979: 744-748.

[73] 袁艳平, 程宝义, 茅靳丰. ANSYS 在浅埋工程围护结构传热模拟中的运用 [J]. 解放军理工大学学报, 2004, 5(2):52-56.

[74] YUAN Y, CHENG B, MAO J, et al. Effect of the thermal conductivity of building materials on the steady-state thermal

behaviour of underground building envelopes[J]. Building and environment, 2006, 41(3): 330-335.

[75] YUAN Y, JI H, DU Y, et al. Semi-analytical solution for steady-periodic heat transfer of attached underground engineering envelope[J]. Building and environment, 2008, 43(6): 1147-1152.

[76] 朱培根, 忻尚杰. 浅埋地下建筑围护结构传热动态模拟 [J]. 工程兵工程学院学报, 1989, 4: 36-46.

[77] 刘军, 姚杨, 王清勤. 地下建筑围护结构传热的模拟与分析 [C]// 中国建筑学会暖通空调专业委员会, 中国制冷学会空调热泵专业委员会. 全国暖通空调制冷 2004 年学术年会文集. 北京: 中国建筑工业出版社, 2004: 350-356.

[78] 张树光. 深埋巷道围岩温度场的数值模拟分析 [J]. 科学技术与工程, 2006, 6(14): 2194-2196.

[79] 曹利波, 蔡玉飞, 付建涛, 等. 矿井避难硐室的热负荷计算与分析 [J]. 煤炭科学技术, 2012, 40(1): 62-65.

[80] 王琴, 程宝义, 缪小平. 基于 PHOENICS 的地下工程岩土耦合传热动态模拟 [J]. 建筑热能通风空调, 2005, 24(4): 19-23,77.

[81] 欧阳钰山, 吴兴平, 杨军. 深埋地下工程空调房间热环境的 CFD 模拟研究 [J]. 制冷空调与电力机械, 2009, 30(4): 52-56.

[82] YANG J, YANG L, WEI J, et al. Study on open cycle carbon dioxide refrigerator for movable mine refuge chamber[J]. Applied thermal engineering, 2013, 52(2): 304-312.

[83] 周年勇. 密闭空间无源环境控制系统的设计与研究 [D]. 南京: 南京航空航天大学, 2011.

[84] 吴玮, 林用满, 高日新, 等. 矿井救生舱 $CO_2$ 开式空调换热研究 [J]. 煤炭工程, 2012(4): 120-122.

[85] 佘阳梓. 矿用移动式救生舱环境控制系统设计研究 [D]. 南京: 南京航空航天大学, 2010.

[86] 陈于金. 空气净化制冷一体机的研制 [J]. 煤矿机械, 2014, 35(3): 131-133.

[87] 张祖敬. 煤矿地质条件对避难硐室降温的影响分析 [J]. 矿业安全与环保, 2013, 40(1): 101-104.

[88] PIAO M, MAO J, WANG T. Status quo and prospect of the development for underground coal mine refuge chamber[J]. Journal of coal science and engineering, 2013, 19(1):38-45.

[89] 董仲恒, 袁文正, 丁飞, 等. 煤矿移动式救生舱冷却方案分析比较 [J]. 电气防爆, 2011(4): 4-7.

[90] 邸富平. 浅析煤矿避难硐室的主要控温方法 [J]. 山西煤炭, 2012, 32(8): 58-59.

[91] LI F, JIN L, HAN H, et al. Study on new emergency refuge chamber of coalmine underground[J]. Research journal of applied sciences, engineering and technology, 2013, 5(19): 4762-4768.

[92] RICK B, GRAHAM B. Criteria for the design of emergency refuge stations for an underground metal mine[J]. AusIMM Proceedings, 1999, 304(2):1-12.

[93] 桑岱, 孙淑凤, 胡洋, 等. 煤矿救生舱空调技术发展应用现状及热力学分析 [J]. 煤矿安全, 2012, 43(4):161-164.

[94] 李芳玮, 金龙哲, 韩海荣, 等. 矿井避难硐室压风供风量及其载人实验 [J]. 辽宁工程技术大学学报 (自然科学版), 2013, 32(1):55-58.

[95] 张政, 蔡玉龙, 刘明. 压风空调在煤矿井下避难硐室中的应用 [J]. 山东煤炭科技, 2015(4): 69-70,72.

[96] JIA Y, LIU Y, SUN S, et al. Refrigerating characteristics of ice storage capsule for temperature control of coal mine refuge chamber[J]. Applied thermal engineering, 2015, 75: 756-762.

[97] 茅靳丰, 吉少杰, 李永, 等. 应急避难场所蓄冰柜降温除湿特性研究 [J]. 制冷与空调, 2014, 28(5): 521-523.

[98] 由世俊, 冯彬, 王津利, 等. 避难硐室蓄冰板应急释冷方案的数值模拟 [J]. 天津大学学报 (自然科学与工程技术版), 2016, 49(8): 841-847.

[99] XU X, YOU S, ZHENG X, et al. Cooling performance of encapsulated ice plates used for the underground refuge chamber[J]. Applied thermal engineering, 2017, 112: 259-272.

[100] 赵红红, 蒋曙光, 苗梦露. 永久避难硐室蓄冰制冷降温实验研究 [J]. 矿业研究与开发, 2015, 35(8): 84-88.

[101] WANG S, JIN L, HAN Z, et al. Discharging performance of a forced-circulation ice thermal storage system for a permanent refuge chamber in an underground mine[J]. Applied thermal engineering, 2017, 110: 703-709.

[102] 刘鹏程. 避难硐室储冰降温装置布局研究 [J]. 煤炭技术, 2015, 34(6): 195-198.

[103] 毕昌虎. 煤矿井下紧急避险系统降温方式 [J]. 煤矿安全, 2013, 44(6): 110-111,116.

[104] WU B, LEI B, ZHOU C, et al. Experimental study of phase change material's application in refuge chamber of coal mine. 2012 International Symposium on Safety Science and Technology[J]. Procedia engineering, 2012, 45: 936-941.

[105] 王子雷. 超能相变材料在避难硐室降温中的应用 [J]. 煤炭科学技术, 2013, 41(8):192-193.

[106] FOSTER A M, SWAIN M J, BARRETT R, et al. Effectiveness and optimum jet velocity for a plane jet air curtain used to restrict cold room infiltration[J]. International journal of refrigeration-revue internationale du froid, 2006, 29: 692-699.

[107] FOSTER A M, SWAIN M J, BARRETT R, et al. Three dimensional effects of an air curtain used to restrict cold room infiltration[J]. Appl math model, 2007, 31: 1109-1123.

[108] ELICER-CORTÉS J C, DEMARCO R, VALENCIA A, et al. Heat confinement in tunnels between two double-stream twin-jet

air curtains[J]. Int commun heat mass transfer, 2009, 36: 438-444.

[109] LIU R H, SHI S L, LI X B, et al. Influence of outlet velocity of air curtain on effectiveness of dust-isolating[C]//International Conference on Bioinformatics and Biomedical Engineering-ICBBE, 2010: 1-6.

[110] WANG P F, FENG T, LIU R H. Numerical simulation of dust distribution at a fully mechanized ace under the barrier effect of an air curtain[J]. Mining sci technol (China), 2011, 21: 65-69.

[111] GUPTA S, PAVAGEAU M, ELICER-CORTÉS J C. Cellular confinement of tunnel sections between two air curtains[J]. Build environ, 2007, 42: 3352-3365.

[112] GUYONNAUD L, SOLLIEC C, VIREL M D D, et al. Design of air curtains used for area confinement in tunnels[J]. Experiments in fluids, 2000, 28: 377-384.

[113] RIVERA J, ELICER-CORTÉS J C, PAVAGEAU M. Turbulent heat and mass transfer through air curtains devices for the confinement of heat inside tunnels[J]. Int commun heat mass transfer, 2011, 38: 688-695.

[114] HU L H, ZHOU J W, HUO R, et al. Confinement of fire-induced smoke and carbon monoxide transportation by air curtain in channels[J]. J hazard mater 2008, 156: 327-334.

[115] LUO N, LI A G, GAO R, et al. An experiment and simulation of smoke confinement and exhaust efficiency utilizing a modified opposite double-jet air curtain[J]. Safety science, 2013, 55: 17-25.

[116] LUO N, LI A G, GAO R, et al. An experiment and simulation of smoke confinement utilizing an air curtain[J]. Safety science, 2013, 59: 10-18.

[117] WANG S, JIN L Z, LI Q. A study on the barrier effect of air curtains for rescue capsules against CO[J]. Mine construction technology, 2011, Z1: 55-57.

[118] ZHANG Z J, YUAN Y P, WANG K Q, et al. Experimental investigation on influencing factors of air curtain systems barrier efficiency for mine refuge chamber[J]. Process safety and environmental protection, 2016, 102: 534-546.

[119] 马冬娟, 唐一博, 蓝美娟. 空气幕应用于救生舱气体阻隔研究 [J]. 煤矿安全, 2012, 10: 45-48.

[120] 汪澍, 金龙哲, 栗婧, 等. 救生舱空气幕一氧化碳阻隔性能研究 [J]. 建井技术, 2011, 32(2): 55-57, 92.

[121] 张丽荣, 金龙哲, 张俊燕, 等. 救生舱空气幕对二氧化碳的阻隔性能研究 [J]. 安全, 2014, 35(4): 11-14.

[122] 刘俊利, 霍佳伟, 靳宇辉. 救生舱舱门空气幕系统优化设计与试验分析 [J]. 河南理工大学学报 ( 自然科学版 ), 2012, 31(5): 561-566.

[123] 金龙哲, 高娜, 王磊, 等. 矿井避难硐室气幕隔绝系统试验研究 [J]. 中国安全生产科学技术, 2011, 7(12): 5-10.

[124] 金龙哲, 孟楠, 汪澍, 等. 避灾硐室刀型空气幕数值模拟研究 [J]. 中国安全生产科学技术, 2013, 9(12): 23-29.

[125] WANG S, JIN L Z, OU S N, et al. Experimental air curtain solution for refuge alternatives in underground mines[J]. Tunnelling and underground space technology, 2017, 68: 74-81.

[126] 郭莉华, 徐国鑫, 何新星. 密闭环境中人体代谢微量污染物的释放行为研究 [J]. 载人航天, 2013, 19(1): 71-76.

[127] 张祖敬, 王克全. 矿井避难硐室环境有害气体浓度控制技术 [J]. 煤炭科学技术, 2014, 43(3): 59-63.

[128] NIOSH. Facilitating the use of built-in-place refuge alternatives in mines[R]//TRACKEMAS J D, THIMONS E D, BAUER E R, et al. Department of health and human services, centers for disease control and prevention. DHHS (NIOSH) Publication No. 2015-114, RI9698. Pittsburgh, PA: National Institute for Occupational Safety and Health, USA, 2015.

[129] 高娜, 金龙哲, 王磊, 等. 常村煤矿避难硐室供氧系统研究与应用 [J]. 煤炭学报, 2012, 37(6): 1021-1025.

[130] 金龙哲. 避难硐室供风量的研究与试验 [C]// 中国职业安全健康协会 2013 年学术年会论文集. 福建 : 2013, 10: 946-952.

[131] 尤飞, 金龙哲, 韩海荣, 等. 避难硐室压风供氧系统压风量研究 [J]. 中国安全科学学报, 2012, 22(7): 116-120.

[132] 李芳玮, 金龙哲, 韩海荣, 等. 矿井避难硐室压风供风量及其载人实验 [J]. 辽宁工程技术大学学报 ( 自然科学版 ), 2013, 32(1): 55-58.

[133] 金龙哲, 王奕, 汪澍, 等. 井下避难硐室压风供氧分布规律研究 [J]. 北京科技大学学报, 2014, 36(8): 1007-1012.

[134] 汪澍, 金龙哲, 杨喆, 等. 压风供氧状态下避难硐室污染物分布特性及热舒适性研究 [J]. 煤炭学报, 2014, 39(7): 1321-1326.

[135] SHAO H, JIANG S G, TAO W Y, et al. Theoretical and numerical simulation of critical gas supply of refuge chamber[J]. International journal of mining science and technology, 2016, 26: 389-393.

[136] 何廷梅. 煤矿避难硐室压风净化试验研究 [J]. 工矿自动化, 2015, 41(8): 68-71.

[137] 施勇, 张明清, 杨庆, 等. 数值模拟压风供氧下避难硐室内空气流场分布规律 [J]. 煤炭技术, 2015, 34(3): 140-142.

[138] 熊云威. 矿井避难硐室自备氧供氧方式的应用分析 [J]. 矿业安全与环保, 2013, 40(6): 101-103.

[139] 刘峰, 何春杰, 金玉明. 避难硐室供氧系统的研究 [J]. 煤矿安全, 2012, 43(10): 49-51.

[140] 金龙哲 , 赵岩 , 高娜 , 等 . 矿井避难硐室供氧系统研究 [J]. 中国安全生产科学技术 , 2012, 8(11): 21-26.

[141] 杨大明 . 南非矿井的井下避难所 [N]. 中国能源报 , 2010-11-01(23).

[142] GAO N, JIN L Z, HU H H, et al. Potassium superoxide oxygen generation rate and carbon dioxide absorption rate in coal mine refuge chambers[J]. International journal of mining science and technology, 2015, 25(1): 151-155.

[143] BAUER E R, KOHLER J L. Update on refuge alternatives: research, recommendations and underground deployment[J]. Mining engineering, 2009, 61(12): 51-57.

[144] LI J, JIN L Z, WANG S, et al. Purification characteristic research of carbon dioxide in mine refuge chamber[J]. Procedia earth and planetary science, 2011, 2(1): 189-196.

[145] JIA Y X, LIU Y S, LIU W H, et al. Study on purification characteristic of $CO_2$ and CO within closed environment of coal mine refuge chamber[J]. Separation and purification technology, 2014,130(10): 65-73.

[146] 葛亮 . 多功能组合式紧急避险系统用气体净化装置的研制 [J]. 煤炭技术 , 2014, 33(5): 173-175.

[147] 伯志革 . 紧急避险系统气体净化装置的研制及性能分析 [J]. 煤炭科学技术 , 2014, 42(7): 69-72, 64.

[148] 陈于金 , 许凯 . 避难硐室气体净化理论分析与试验研究 [J]. 矿业安全与环保 , 2014, 41(3): 24-26, 30.

[149] 陈于金 . 空气净化制冷一体机的研制 [J]. 煤矿机械 , 2014, 35(3): 131-133.

[150] 何廷梅 . 煤矿避难硐室空气净化装置布局研究 [J]. 矿业安全与环保 , 2014, 41(6): 29-32.

[151] 邓元媛 , 张祖敬 , 袁艳平 . 矿井避难硐室净化装置布局数值模拟研究 [J]. 中国煤炭 , 2017, 43(7): 126-130.

# 第2章 矿井避难硐室极端环境形成与人体耐受能力分析

矿井避难硐室作为孤立密闭的人员活动场所，其良好的室内空气品质与适宜的热湿环境是人员安全生存的基础前提，而人体代谢产生的废气与热量是室内极端环境形成的主要原因。本章主要介绍矿井避难硐室内环境控制的要求和环境保障面临的技术难题，分析硐室内极端环境形成机理与人体在极端环境中的耐受能力，为矿井避难硐室环境保障控制奠定基础。

## 2.1 避难硐室简介

### 2.1.1 紧急避险设备设施分类

矿山紧急避险系统是"安全避险"六大系统的重要组成之一，是在发生矿山事故后幸存人员逃生路径被阻和逃生不能的情况下，为避灾人员安全避险提供生命保障，由避灾路线以及紧急避险设施、设备和措施组成的有机整体。煤矿井下紧急避险设施主要分为避难硐室、可移动式救生舱和过渡站（补给站）3 种 [1,2]，详细分类如图 2.1 所示，不同设施的主要形状如图 2.2 所示。

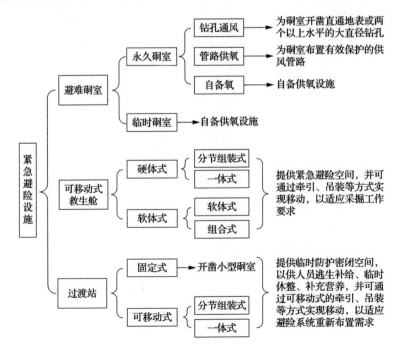

图 2.1　紧急避险设施的基本类型

（a）硬体式救生舱　　（b）软体式救生舱　　（c）避难硐室　　（d）过渡站

图 2.2　紧急避险设施的形状

我国绝大多数煤矿井下作业人员较多，如果采用可移动式救生舱，一是常见的救生舱额定可容纳人数为 8 人、12 人、16 人共 3 种，容纳人数相对较少，需要数量众多的救生舱才能满足所有井下人员安全避险的空间要求，投资费用较高，人均成本 4 万～6 万元，经济不合理；二是井下巷道断面较小，特别是长距离单巷布置的，安装、移动比较困难；三是救生舱内部空间狭窄，人均使用面积为 $0.5m^2$、使用空间体积不足 $1m^3$，超出 96h 的额定避险时间后，不适合长时间避险需要。因此，我国多数矿井更适合以避难硐室为主的矿山紧急避险系统建设模式。相关规定提出紧急避险设施的建设方案应综合考虑所服务区域的特征和巷道布置、可能发生的灾害类型及特点、人员分布等因素，优先建设避难硐室。

### 2.1.2　避难硐室结构与布局

（1）避难硐室的定义

避难硐室是指在矿井避灾路线上的井巷两侧地层中直接挖掘洞穴或利用两条巷道之间的联络巷构成的、具有紧急避险功能的矿山井下专用巷道硐室，它是矿山紧急避险系统的重要组成部分。当井下发生灾害事故时，避难硐室可为无法及时撤离灾区的遇险人员提供不少于 96h 的生命保障，其对外能够抵御高温烟气、隔绝有毒有害气体，对内能够提供氧气、食物、饮用水，去除有毒有害气体，创造生存基本条件，并为应急救援创造条件、赢得时间。图 2.3 展示了避难硐室三维效果图。

（2）避难硐室的分类

根据服务年限，可将避难硐室分为永久避难硐室和临时避难硐室。永久避难硐室设

图 2.3　避难硐室三维效果图

置在矿井大巷或采（盘）区避灾路线上，服务于整个矿井、水平或采区，服务年限一般不低于 5a。临时避难硐室设置在采掘区域或采区避灾路线上，主要服务于采掘工作面及其附近区域，服务年限一般不高于 5a。

按设计额定容量，可将避难硐室分为大型避难硐室、中型避难硐室和小型避难硐室。大型避难硐室的额定避险人数在 60 人以上，不宜超过 100 人；中型避难硐室的额定避险人数为 30～60 人；小型避难硐室的额定避险人数在 10 人以上，30 人以下。

永久避难硐室需设置不少于两个安全出入口，临时避难硐室可设置一个安全出入口和一个直径大于 0.6m 的安全逃生出口。按照两个安全出口设置位置的不同，将矿井避难硐室分为单巷布置和双巷布置两种（图 2.4），即两个安全出口布置在同一巷道内

称为单巷布置避难硐室，两个安全出口间距不得小于 20m；两个安全出口分别布置在不同巷道称为双巷布置避难硐室。

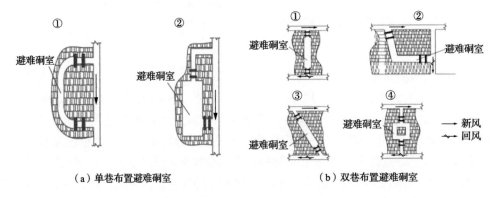

（a）单巷布置避难硐室　　　　　　　（b）双巷布置避难硐室

图 2.4　按安全出口划分的避难硐室

（3）避难硐室的空间划分与要求

《暂行规定》第 18 条要求：避难硐室应采用向外开启的两道门结构。外侧第一道门采用既能抵挡一定强度的冲击波，又能阻挡有毒有害气体的防护密闭门；第二道门采用能阻挡有毒有害气体的密闭门。两道门之间为过渡室，密闭门之内为避险生存室。过渡室内应设压缩空气幕和压气喷淋装置。

针对过渡室的净面积，《暂行规定》第 18 条要求：永久避难硐室过渡室的净面积应不小于 3.0m²；临时避难硐室不小于 2.0m²。生存室的宽度不得小于 2.0m，长度根据设计的额定避险人数以及内配装备情况确定。永久避难硐室生存室的净高不低于 2.0m，每人应有不低于 1.0m² 的有效使用面积，设计额定避险人数不少于 20 人，宜不多于 100 人。临时避难硐室生存室的净高不低于 1.85m，每人应有不低于 0.9m² 的有效使用面积，设计额定避险人数不少于 10 人，不多于 40 人。

避难硐室内部空间划分如图 2.5 所示。

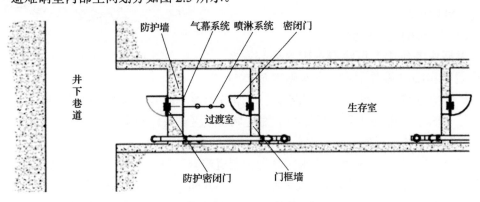

图 2.5　避难硐室内部空间划分

（4）避难硐室内的人员与设施布局

避难硐室过渡室内设有作为空气幕备用气源的压缩空气瓶，为保持生存室内空气品质，部分避难硐室将集便器、洗手台置于过渡室。

　　人员避灾时主要均匀分布于避难硐室生存室中央。避难硐室内设有人员生存所必需的食物、自备氧气设备、空气净化设备及吸收剂、降温除湿设备等。为了保证生存室内整齐，部分避难硐室将备用氧气瓶、应急电源、吸收剂和降温辅助设备等置于专用的设备室内。生存室内设置不少于两趟单向排气管和一趟单向排水管，排水管和排气管应加装手动阀门。另外，避难硐室配有矿井压风、供水、监测监控、人员定位、通信和供电系统。避难硐室结构及内部设施布局情况如图 2.6 和图 2.7 所示。

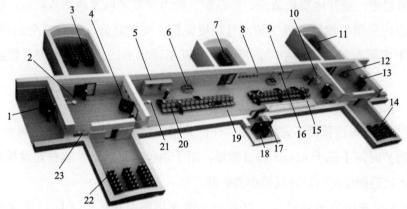

1—防爆密闭门；2—空气喷淋；3—空气钢瓶；4—密闭门；5—储物柜；6—空气净化装置；7—后备电源；8—传感器组；

9—人员识别器；10—供氧控制箱；11—氧气钢瓶；12—排水阀；13—空气幕；14—气幕喷淋钢瓶；15—蓄冰装置；

16—调度电话；17—供水控制箱；18—坐便器；19—布气管道；20—座椅；21—单向排气阀；

22—气幕喷淋钢瓶；23—三级过滤器。

图 2.6　避难硐室布局示意图（一）

1—防爆密闭门；2—密闭门；3—三级过滤器；4—氧气控制箱；5—氧气瓶；6—灭火箱；7—空气净化柜；8—不锈钢储物凳；

9—不锈钢柜；10—传感器组；11—气幕喷淋钢瓶；12—排气管；13—蓄冰装置；14—空调外机。

图 2.7　避难硐室布局示意图（二）

（5）避难硐室的位置布局

针对矿井避难硐室的建设地点，《暂行规定》第 11 条要求：煤与瓦斯突出矿井应建设采区避难硐室。突出煤层的掘进巷道长度及采煤工作面推进长度超过 500m 时，应在距离工作面 500m 范围内建设临时避难硐室或设置可移动式救生舱。其他矿井应在距离采掘工作面 1000m 范围内建设避难硐室或设置可移动式救生舱。

针对矿井避难硐室选址与保护要求，《暂行规定》第 17 条要求：避难硐室应布置在稳定的岩层中，避开地质构造带、高温带、应力异常区以及透水危险区。前后 20m 范围内巷道应采用不燃性材料支护，且顶板完整、支护完好，符合安全出口的要求。特殊情况下确需布置在煤层中时，应有控制瓦斯涌出和防止瓦斯积聚、煤层自燃的措施。

目前，我国煤矿紧急避险系统主要存在以下 3 种建设模式。

1）避难硐室 + 自救器 + 避灾措施。在矿井采区设置临时或永久避难硐室，避难硐室内配备防护时间不低于 45min 的自救器，用于遇险人员防护。这种建设模式主要应用于采区距离地面安全出口较近的小型矿井。

2）永久避难硐室 + 补给站 + 自救器 + 避灾措施。在矿井采区设置永久避难硐室，在避难硐室以外的逃生路线设置逃生补给站，为遇险人员逃生提供暂时休息与更换自救器的安全环境。这种建设模式主要应用于中、小型煤矿，布局案例如图 2.8 所示。

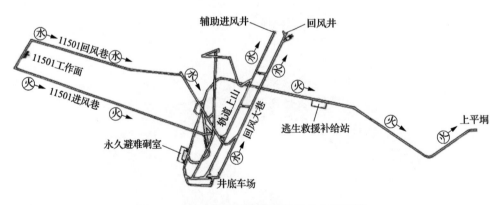

图 2.8　中、小型煤矿紧急避险系统布局案例

3）临时避难硐室（救生舱）+ 永久避难硐室 + 补给站 + 自救器 + 避灾措施。即在采掘区域设置临时避难硐室或救生舱，在采区或大巷建设永久避难硐室，在避难硐室以外依靠自救器不能达到地面安全出口的逃生路线间隔设置补给站。这种建设模式主要应用于大、中型煤矿，布局案例如图 2.9 所示。

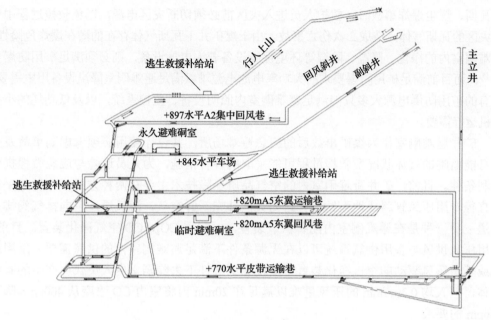

图 2.9　大、中型煤矿紧急避险系统布局案例

### 2.1.3　避难硐室环境保障要求与技术难点

（1）环境保障要求

《暂行规定》第 8 条要求：紧急避险设施应具备安全防护、氧气供给保障、有害气体去除、环境监测、通讯、照明、人员生存保障等基本功能，在无任何外界支持的情况下额定防护时间不低于 96h。具备自备氧供氧系统和有害气体去除设施。供氧量不低于 0.5L/（min·人），处理 $CO_2$ 的能力不低于 0.5L/（min·人），处理 CO 的能力应能保证在 20min 内将 CO 浓度由 0.04% 降到 0.0024% 以下。在整个额定防护时间内，紧急避险设施内部环境中 $O_2$ 含量应在 18.5% ～ 23.0% 之间，$CO_2$ 浓度不大于 1.0%，$CH_4$ 浓度不大于 1.0%，CO 浓度不大于 0.0024%，温度不高于 35℃，湿度不大于 85%，并保证紧急避险设施内始终处于不低于 100Pa 的正压状态。

《暂行规定》第 21 条要求：避难硐室还应配备自备氧供氧系统，供氧量不小于 24h。

（2）环境保障技术难点

避难硐室内人员分布集中且空间相对狭窄，室内人员代谢产生的有害气体与温湿度负荷较大。对围岩初始温度较高的避难硐室，不仅人体代谢产生的热量难以通过热交换带出硐室，而且围岩的热传递作用将加大室内的热负荷，硐室降温面临巨大的挑战。

矿山发生火灾、瓦斯（粉尘）爆炸时，巷道内可能充满高浓度 CO、$CO_2$、$SO_2$、$CH_4$ 等有毒有害气体。在无有效阻隔措施的情况下，巷道有毒有害气体将可能涌入硐室内，从而增加避难初期硐室内处理有毒有害气体的负荷。

矿井事故发生后，井下供电系统极有可能遭受破坏，避难硐室内供电受阻[3]。另外，为了保障救护人员井下救援的安全性，《矿山救护规程（2010 版）》第 10.2.6 条要求在处理瓦斯、煤尘爆炸事故时，救护人员进入灾区前必须切断灾区电源，以免救援过程中引爆灾区的瓦斯气体，造成二次伤亡事故。由于煤矿井下瓦斯气体存在的潜在爆炸危险性，避难硐室内的净化、降温、除湿等环境保障设备若为电气设备，则必须满足矿用防爆要求 [4]。而目前满足矿用防爆要求的大功率电池电源难以满足避难硐室降温设备用电需要，现有的矿用防爆电源大多只能满足避难硐室内照明设备、监控系统，以及低功耗的小型风机运行需要。

矿井避难硐室作为煤矿事故后的应急避难场所，其设计使用必须考虑到事故发生后可能面临的破坏状况及救援过程可能采取的各种措施，为人员避险与应急救援提供便利条件。目前，矿井避难硐室内的空气品质保障技术主要有两种方式：一种是采用大直径专用压风管路或地面钻孔管路为灾区补充新鲜空气，污风通过单向排气阀排入巷道；另一种是在避难硐室内配备供氧装置，并配置 $CO_2$、$CO$ 空气净化装置。目前，采用压风供风与备用供氧系统可以在无源条件下满足避难硐室内的供氧需要；采用压风或基于压风驱动的空气净化装置可实现无源条件下去除硐室内人员代谢产生的有害气体，但人均 $0.3m^3/min$ 的压风量难以满足在 20min 内将室内 $CO$ 浓度从 400ppm 降到 24ppm 的要求。

我国虽然鼓励有条件的煤矿企业采用专用压风管道通风的方式保障矿井避难硐室内的空气环境，但在煤矿事故中，专用压风管路若不采取恰当的埋地保护或其他有效保护，其可靠性就难以得到有效保证。而采取埋地保护或其他保护措施，无疑将大大增加避难硐室建设的投资成本。

## 2.2　避难硐室极端环境形成

### 2.2.1　避难硐室内人员物质与能量代谢

人体新陈代谢必须从外界摄取营养物质，通过呼吸道吸入氧气，在人体生物酶的作用下，消化和吸收营养物质中的营养成分，完成物质和能量的代谢 [3]。在代谢过程中伴随着 $O_2$ 的消耗和 $CO_2$ 的产生，且消耗 $O_2$ 的量和产生 $CO_2$ 的量与每种营养物质被消耗的量存在固定的比例关系。劳动强度越大，人体代谢速率越快，耗氧量越多，产生的 $CO_2$ 气体也越多 [4]。

（1）避难硐室内人体 $O_2$、$CO_2$ 代谢速率

Zhai 等 [5] 的试验结果表明，成年男子在躺着、坐着、站立时的 $CO_2$ 代谢速率分别为 199mL/min、228～287mL/min、237～300mL/min。栗婧等 [6] 测试得出轻度劳动强度下，密封环境中人体耗氧速率为 0.37L/min、$CO_2$ 产生速率为 0.32L/min。

在避难硐室内等待救援期间，人员绝大多数时间处于睡眠、静坐、站立等轻度活动状态。为获得避难硐室人体物质代谢中的耗氧速率与 $CO_2$ 产生速率，在采用压缩氧气瓶供氧且无空气净化处理措施的状态下，将 50 名成年健康男子在密闭的 50 人型避难硐室内进行 2h 测试。开展真人避难试验的避难硐室实验室呈拱形，断面宽 4m、高

3.5m，周长 14m，面积 13.2m²，长 17m，体积 224.4m³。通过 $O_2$、$CO_2$ 传感器和便携式多参数监测仪记录不同时刻生存室内空气中 $O_2$、$CO_2$ 浓度。选取 3 个连续监测点作为参考，每隔 1min 保存一次监测数据。试验过程中，硐室生存室内供氧流量为 42L/min。

图 2.10 显示了试验前 2h 内生存室内 $O_2$ 体积浓度随时间的变化情况。可以看出，在室内供氧流量为 42L/min 时室内 $CO_2$ 持续上升，表明室内人均耗氧速率小于 0.84L/min。试验前 2h 内 50 人所消耗的 $O_2$ 为

$$2\times60\times42 - 224.4\times10^3\times(21.9\% - 20.67\%) = 2279.88(L)$$

人均耗氧速率为

$$v_{O_2} = \frac{2279.88}{2\times60\times50} \approx 0.38(L/min)$$

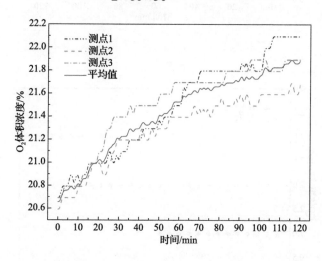

图 2.10　试验前 2h 内生存室内 $O_2$ 体积浓度随时间的变化情况

图 2.11 显示了无 $CO_2$ 去除措施条件下 50 人型避难硐室内 $CO_2$ 体积浓度变化情况。可以看出，室内 $CO_2$ 体积浓度随时间近似呈线性增长。在 2h 内室内 $CO_2$ 体积浓度由约 0.1% 增长至 1%，因此，为实现 96h 的安全生存功能，矿井避难硐室应采取 $CO_2$ 去除措施。可认为人员呼吸产生的 $CO_2$ 速率为恒定值；$CO_2$ 初始体积浓度为 0.1%，经历 2h 后浓度达 1%。可计算得出避灾过程中单个人员呼吸产生 $CO_2$ 的速率为

$$v_{CO_2} = \frac{224.4\times10^3\times(1\% - 0.1\%)}{120\times50} = 0.3366 \ (L/min)$$

（2）避难硐室内人体 CO 代谢速率

为获得人在避难硐室中呼吸代谢产生的 CO 气体速率，在采用压缩氧气瓶供氧且无 CO 气体净化处理措施的状态下，将 50 名成年健康男子在上述 50 人型避难硐室内进行 8h 测试。通过 CO 传感器和便携式多参数监测仪记录不同时刻生存室内空气中 CO 体积浓度。选取 3 个连续监测点作为参考，每隔 1min 保存一次监测数据，得出硐室内空气环境中 CO 体积浓度随时间的变化情况，如图 2.12 所示。

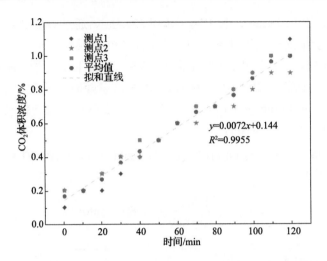

图 2.11　无 $CO_2$ 去除措施条件下 50 人型避难硐室内 $CO_2$ 体积浓度变化情况

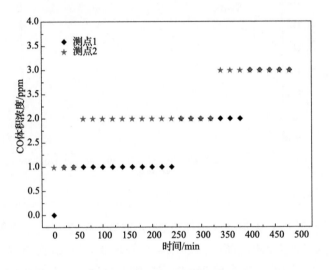

图 2.12　避难硐室内 CO 体积浓度随时间的变化情况

由图 2.12 可看出，在 8h 内避难硐室内 CO 体积浓度仅上涨不足 2ppm，浓度值变化较小。参照此变化趋势，96h 后，室内 CO 体积浓度在 30ppm 以下。因此，避灾过程中可不必考虑人体代谢对室内 CO 体积浓度的影响。

（3）人体其他微量有害气体代谢速率

Conkle 等[7]对 8 名受试者的呼出气进行分析，研究发现 43 种化学污染物。郭莉华等[8]通过试验测出人体代谢释放 CO、$H_2S$、$NH_3$、$H_2$ 这 4 种无机气体和 12 种有机组分。其中对人体有害的成分主要为 CO、$CH_4$、$NH_3$、$H_2S$、$CH_3OH$ 这 5 种气体，其释放速率如表 2.1 所示。

表 2.1　人体释放微量组分速率 [8]　　　　单位：mg/（人·d）

| 化学物名称 | 安静状态 | | 轻度劳动 | |
|---|---|---|---|---|
| | 呼吸 | 体表 | 呼吸 | 体表 |
| CO | 18.21 | 1.54 | 22.03 | 2.23 |
| $CH_4$ | 37.99 | 3.61 | 55.16 | 5.25 |
| $NH_3$ | 1.68 | 0.23 | 2.77 | 0.22 |
| $H_2S$ | 0.17 | 0.01 | 0.14 | 0.01 |
| $CH_3OH$ | 0.68 | 0.05 | 0.83 | 0.05 |

结合表 2.1 可知，避灾过程中，人均产生 CO 气体 20～25mg/（人·d）、$CH_4$ 气体 41～60mg/（人·d）、$NH_3$ 气体 2～3mg/（人·d）、$H_2S$ 气体 0.14～0.17mg/（人·d）、$CH_3OH$ 0.68～0.83mg/（人·d）。

（4）避难硐室内人体能量代谢

新陈代谢是人体生命活动的基本特征，人体不断地通过物质代谢来构筑、更新自身的组织，通过能量代谢来驱动各种生命活动 [9]。人体内部物质代谢与能量代谢是紧密联系的，物质代谢时消耗 $O_2$ 的量和产生 $CO_2$ 的量与物质被消化时产生的能量存在固定的比例关系。因此，可测量出人体耗氧量和 $CO_2$ 产生量，从而间接计算出人体的能量代谢率 [3]。

将营养物质被氧化时消耗 1L $O_2$ 所产生的热量称为该种营养物质的氧热价，将同一时间内人体内氧化分解某种营养物质时产生 $CO_2$ 量与 $O_2$ 消耗量的比值称为呼吸商 [3]。非蛋白呼吸商与氧热价如表 2.2 所示。

表 2.2　非蛋白呼吸商与氧热价 [3]

| 非蛋白呼吸商 | 氧化的比例 /% | | 氧热价 /（kJ/L） |
|---|---|---|---|
| | 糖 | 脂肪 | |
| 0.7 | 0 | 100 | 19.6 |
| 0.75 | 15.6 | 84.4 | 19.83 |
| 0.80 | 33.4 | 66.6 | 20.09 |
| 0.85 | 50.7 | 49.3 | 20.34 |
| 0.90 | 67.5 | 32.5 | 20.60 |
| 0.95 | 84 | 16 | 20.86 |
| 1.0 | 100 | 0 | 21.12 |

$$
\begin{aligned}
人体产热量（kJ） &= 氧热价（kJ/L）\times 耗氧量（L）\\
&= 氧热价（kJ/L）\times \frac{产生的 CO_2 量（L）}{非蛋白呼吸商}
\end{aligned}
\tag{2-1}
$$

### 2.2.2　硐室极端环境形成分析

#### 1. 高浓度有害气体环境形成

对硐室生存室内的某类有害气体成分，若无净化措施，则根据物质守恒定律，该气体的浓度 $c(\tau)$ 随避灾时间 $\tau$ 的表达式为 [10]

$$c(\tau) = c_0 + \frac{nv\tau}{V \times 10^3} \tag{2-2}$$

式中，$c_0$——有害气体初始浓度；

　　　$n$——生存室避灾人数，人；

　　　$\tau$——避灾时间，s；

　　　$v$——人均有害气体产生速率，L/s；

　　　$V$——生存室内体积，$m^3$。

根据《暂行规定》，永久避难硐室生存室的净高不低于 2.0m，每人应有不低于 1.0$m^2$ 的有效使用面积。结合绝大部分矿井避难硐室建设情况，硐室内人均拥有体积为 3～5$m^3$。根据式（2-2），结合试验得出的 $CO_2$ 与 $CO$ 气体代谢速率，以及表 2.1 中所给微量有害气体代谢释放速率，若假设人均所占体积为 3$m^3$，则无净化措施条件下，硐室内有害气体浓度变化如表 2.3 所示。

表 2.3　无净化措施 96h 后硐室内有害气体浓度

| 气体名称 | 人体释放速率 | 临界浓度值 | 96h 后浓度值 |
| --- | --- | --- | --- |
| $CO_2$ | 0.35L/min | 1% | 67% |
| $CO$ | 24mg/d | $24 \times 10^{-6}$ | $25.6 \times 10^{-6}$ |
| $NH_3$ | 3mg/d | $20 \times 10^{-6}$ | $5.30 \times 10^{-6}$ |
| $H_2S$ | 0.18mg/d | $10 \times 10^{-6}$ | $0.16 \times 10^{-6}$ |
| $CH_3OH$ | 0.88mg/d | $25 \times 10^{-6}$ | $0.82 \times 10^{-6}$ |

从表 2.3 可看出在人员避灾过程中，对人体代谢产生的 $CO_2$ 气体，若无净化措施，将严重超出临界浓度范围，影响人体生存安全。

#### 2. 热环境形成

矿井避难硐室工作时，室内热源除人体代谢产热外，还包括硐室内用电设备产生的热量。另外，当采用净化装置吸收 $CO_2$ 气体时，$CO_2$ 与吸收剂发生化学反应，将释放一定的热量。

（1）净化设备产热分析

由于硐室内人体呼吸产生的 $CO$ 气体量比较少，可以忽略 $CO$ 吸收过程中产生的热量。避难硐室内净化设备产生的热量主要为吸收 $CO_2$ 气体产生。通常采用 $Ca(OH)_2$ 固体颗粒吸收 $CO_2$ 气体，其净化吸收 $CO_2$ 气体的化学反应方程式如下 [11]：

$$Ca(OH)_2 + CO_2 \xrightarrow{\hspace{2cm}} CaCO_3 + H_2O + Q_{放}$$

1mol　　　　　　　　　　　　　101kJ

由化学反应方程式可知，硐室内所有净化设备吸收 $CO_2$ 的产热功率为

$$q_{净化} = n \times \frac{CO_2 产生速率}{22.4} \times 101 \times 10^3 \ (W) \tag{2-3}$$

式中，$n$——室内的额定避灾人数，人。

结合表 2.3 中的数据可计算出，当避灾人员全部处于睡眠状态时，净化产热功率为 16.5W 左右；而全部处于轻度劳动时，净化产热功率为 24.8W 左右。

（2）照明与监测设备产热分析

为解决灾区断电给避难硐室内电气设备带来的困难，避难硐室内的检查仪表与照明设施主要采用低能耗且自身携带电量的电子设备。在避灾期间，避难硐室内照明设施与电子检测仪表耗电较低，因此在计算硐室内热源产热功率时可以忽略此部分产生的热量。

（3）硐室内总热功率计算

矿井避难硐室内的总热功率 $Q_{总}$ 计算公式如下：

$$Q_{总} = Q_{人} + Q_{净化} + Q_{电} \tag{2-4}$$

式中，$Q_{人}$——室内所有人员总的散热功率，W；

$Q_{净化}$——硐室内净化产生的热功率，W；

$Q_{电}$——硐室内所有电子设备产生的热功率，W。

在矿井避难硐室内持续避灾 96h 的过程中，可认为人员在避灾时期处于轻度劳动程度以下，并可假设人体呼吸产生 $CO_2$ 的速率为 0.35L/min，非蛋白呼吸商为 0.88。

结合式（2-1）、式（2-3）、式（2-4）与表 2.2 可得，硐室内的热源总功率为

$$Q_{总} = n \times (97.064 + 18.787) \approx 116n \ (W) \tag{2-5}$$

### 3. 高湿度环境形成

（1）人体散湿量

人员在地下建筑物内会通过呼吸、排汗向空气中散湿，其散湿量与周围环境温度、空气流动速度及人员的活动程度有关。硐室内人体散湿量可用下式计算[12]：

$$W_1 = nw \tag{2-6}$$

式中，$W_1$——人体散湿量，g/h；

$n$——室内全部人数，人；

$w$——成年男子的小时散湿量，g/（h·人），其取值如表 2.4 所示。

表 2.4　不同状态下人体散湿量 [12]

| 室内温度散湿量 /℃ | 静止散湿量 /[g/（h·人）] | 轻度劳动散湿量 /[g/（h·人）] |
| --- | --- | --- |
| 30 | 77 | 152 |
| 31 | 85 | 162 |

| 室内温度散湿量 /℃ | 静止散湿量 /[g/（h·人）] | 轻度劳动散湿量 /[g/（h·人）] |
|---|---|---|
| 32 | 93 | 172 |
| 33 | 101 | 183 |
| 34 | 109 | 194 |
| 35 | 117 | 205 |

（2）地面散湿量

对湿地面来说，可近似认为地面上有一薄层的水，它与室内空气之间的热湿交换在绝热条件下进行，即水蒸发时所需的全部热量都由空气供给，水层的温度基本上等于空气的湿球温度。地表散湿量可由下式计算[12]：

$$W_2 = \frac{k_\mathrm{w} F(t_\mathrm{n} - t_\mathrm{ns})}{r} \tag{2-7}$$

式中，$W_2$——湿地面散湿量，g/h；

$\quad F$——湿地面表面积，$m^2$；

$\quad k_\mathrm{w}$——水面与空气间的换热系数，可取 4.1W/（$m^2 \cdot$ ℃）；

$\quad t_\mathrm{n}$——室内空气干球温度，℃；

$\quad t_\mathrm{ns}$——室内空气湿球温度，℃；

$\quad r$——水的气化潜热，J/kg。

（3）围岩渗入的水分

在避难硐室中，由于硐室壁面与岩石或煤层连接，周围的岩石或煤层中的地下水会通过硐室墙壁的多孔结构渗入硐室内部，造成避难硐室内部空气湿度增大，应该对这部分散湿量予以考虑。由于影响壁面散湿的因素非常复杂，目前还没有成熟的壁面散湿量计算公式，在没有实测数据的情况下，可按硐室壁面散湿量来计算[12]：

$$W_3 = A_\mathrm{w} g_\mathrm{b} \tag{2-8}$$

式中，$W_3$——壁面散湿量，g/h；

$\quad A_\mathrm{w}$——衬砌内表面积，$m^2$；

$\quad g_\mathrm{b}$——单位内表面积散湿量，g/（$m^2 \cdot$ h），对于一般混凝土贴壁衬砌，取 $g_\mathrm{b} =1 \sim 2$/（$m^2 \cdot$ h）；对于衬套、离壁衬砌，取 $g_\mathrm{b} =0.5$g/（$m^2 \cdot$ h）。

最终，避难硐室中的湿度来源为上述各项之和，即

$$W_\text{总} = W_1 + W_2 + W_3 \tag{2-9}$$

# 2.3 避难硐室极端环境中人体耐受能力

## 2.3.1 极端热湿环境人体耐受能力

（1）热环境定义与分类

热环境是指有高气温（40 ～ 45℃）强热辐射或高气湿与一般高气温（28 ～ 35℃）

这些因素单独存在或联合存在的空气环境 [13]。Hardy 等 [14] 根据未着衣的试验对象受热时的反应，将 20 ～ 40℃的热环境分为 3 级：一级为 28℃以下的热环境，二级为 28.5 ～ 30.5℃的热环境，三级为 30.5℃以上的热环境。李文杰等 [15] 结合热舒适和热健康概念，将热环境分为舒适的热环境、可生理代偿的热环境、不舒适的热环境、不可耐受的热环境 4 类。

（2）热环境下人体热耐受能力

热耐受是指在热环境中人体耐受热作用的能力 [13]。人在接触热环境的一定时间内，虽然出现热不舒适和生理应激紧张，但并未出现生理危象，或生理功能受损，这一热耐受限度称为热耐受极限，或热耐受安全限度。

通常以热耐受时间作为评价一个人热耐受能力的尺度。肛温、出汗率、心率是评价人体热耐受上限的有用指标。在干燥的热环境中，对于健康的成年男子，卡拉尼（Cranee）推荐了温度与极限忍受时间的关系式为 [16]

$$\tau = \frac{4.1 \times 10^8}{\left[ (T - B_2) / B_1 \right]^{3.61}} \tag{2-10}$$

式中，$\tau$——时间，min；

　　　$T$——空气温度，K；

　　　$B_1$——常数，可取 1；

　　　$B_2$——常数，可取 0。

根据式（2-10），人体在 35℃的干燥热环境中，极限忍受时间为 18h；在 32℃的干燥热环境中，极限忍受时间为 25h。但式（2-10）并未考虑空气湿度对人体耐受时间的影响。当湿度增大时，人的极限忍受时间降低。需考虑环境湿度、气流速度、热辐射强度对 $B_2$ 进行修正，考虑人体活动强度及着装对 $B_1$ 进行修正。

Nag 等 [17] 在一模拟环境舱中测试 11 个男性人体的热耐力。环境干球温度为 38 ～ 39℃，相对湿度为 45% ～ 80%，有效温度为 32.3 ～ 40℃。试验得到人体可接受的热暴露极限时间如下：核心温度为 38 ～ 38.2℃时，容忍 80 ～ 85min；核心温度为 39℃时，容忍 40 ～ 45min。

于永中等 [18] 通过大量试验证明，环境温度大于 30℃时，相对湿度在 40% ～ 85% 范围内每增加 10% 对机体带来的热影响相当于环境温度增加 1.0 ～ 1.5℃。

日本学者三浦丰彦通过试验研究 [13] 得出，在环境温度为 30 ～ 40℃、相对湿度为 70% ～ 80% 的高温、高湿环境条件下，人员保持安静坐姿接触热环境持续 2h 内，受试者肛门温度随时间上升的情况如图 2.13 所示。

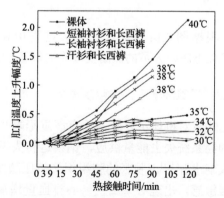

图 2.13　在不同气温下（相对湿度 70% ～ 80%）安静者肛门温度变化曲线 [13]

通过图 2.13 可以看出，在相对湿度 70% ～ 80%、30℃的热环境中，人员连续保持 2h 安静坐姿，肛门温度没有升高。即在此环境下，安静坐姿休息人与环境能达到热平衡，不会造成体温升高；当环境温度上升至 32℃时，人体肛门温度在缓慢升高，人与环境的热平衡遭到破坏，人体蓄热率大于 0，将可能引发热害。

人类工效学专家从人的生理、生活和工作效率等出发研究环境温度，根据不同环境要求制定了至适温度、可耐温度、允许温度和安全限制等。其中，至适温度是指人员长时期工作与生活时使人感觉到的舒适的温度；可耐温度是指主观上感到不可耐受的低温或高温的温度限度；允许温度是指不能保证至适温度时，为了获得基本工作效率和人体安全所要求的温度范围；安全限值是指不能保证工作所要求的温度条件时，保证人体不受伤害或不出现生理危象所规定的温度范围[13]。在风速 0.25 ～ 0.4m/s 范围内，人体穿着单薄棉质衬衫与长裤坐姿暴露在不同温湿度环境中时，常用的生理热耐力指标如图 2.14 所示，图中 0.5、1、2、4、12 表示不同的暴露时间，ET 为实感温度。

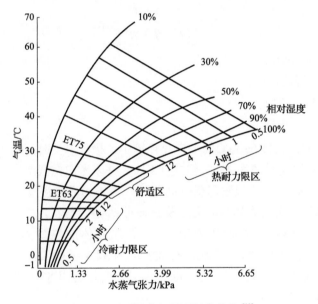

图 2.14 至适温度与可耐温度曲线[13]

根据图 2.14 可知，在避灾过程中避难硐室内环境相对湿度 70% ～ 80%、温度 32℃以上时，人员的热耐受安全时间不超过 12h[19]。

### 2.3.2 低氧环境中人体耐受能力

缺氧对机体主要脏器均有严重影响[20]。缺氧时脑内三磷酸腺苷迅速耗竭，导致中枢神经系统失去能量供应，钠泵运转失灵，$Na^+$、$H^+$ 进入细胞内，使膜内渗透压升高，形成脑水肿[21]。肿胀的脑组织又挤压脑血管，阻碍脑循环，加重脑缺氧。心肌对缺氧也很敏感，出现心率增快，心排血量增加，平均肺动脉压、肺血管阻力增高，导致心脏负荷增加，严重者出现各种心律失常，甚至心室颤或心博骤停。不同氧气浓度对人体的影响如表 2.5 所示。

表 2.5　不同氧气浓度对人体的影响

| 氧气浓度 /% | 症状 |
|---|---|
| >23.5 | 富氧 |
| 20.9 | 氧气正常浓度值 |
| 19.5 | 氧气最小允许浓度值 |
| 15 ~ 19.5 | 可导致头部、肺部和循环系统问题 |
| 10 ~ 12 | 呼吸急促，判断力丧失，嘴唇发紫 |

### 2.3.3　有害气体环境中人体耐受能力

（1）高体积浓度 $CO_2$ 环境中人体耐受能力

在人员密集的封闭建筑中，$CO_2$ 是室内的主要污染物，多年来一直被用作判断室内空气质量的指标性气体[22]。Li 等[23]的研究表明，暴露在 $CO_2$ 体积浓度 1.2%、相对湿度 80% 的环境中，人体将产生头晕的感觉。Liu 等[24]研究表明在 35℃ 以下的环境中，$CO_2$ 体积浓度达到 0.3% 时不会产生明显的生理反应。Zhang 等[25]的试验结果表明，在 $CO_2$ 体积浓度为 0.5% 的环境中暴露 2.5h 不会影响正常年轻人的身体健康，也不会改变他们进行简单或中等难度认知表现。然而有新的证据表明，暴露在低于职业水平 $CO_2$ 体积浓度（0.5%）[26]的环境中可能会影响人的认知与决策能力。Kajtar 等[27]通过人体暴露在高体积浓度 $CO_2$ 气体环境中开展阅读的测试，证明在 $CO_2$ 体积浓度为 0.3% ~ 0.4% 的环境中暴露几个小时会导致人的认知能力下降。考虑到暴露时间的差异，目前在一些标准里，机舱内的 $CO_2$ 体积浓度被限制在 0.5%，而在建筑物内为 0.1%[22]。Du 等[28]建议避难硐室生存环境中 $CO_2$ 体积浓度低于 1%、$O_2$ 体积浓度为 18% ~ 22.7%。

人体暴露于不同 $CO_2$ 体积浓度环境中人体的生理症状如表 2.6 所示。

表 2.6　人体暴露于不同 $CO_2$ 体积浓度环境中人体的生理症状

| $CO_2$ 浓度 /% | 暴露时间 | 生理症状或说明 |
|---|---|---|
| <0.5 | 长期 | 无生理效应 |
| <0.65 | 长期 | 安全，无不良反应 |
| 0.5 ~ 0.8 | 长期 | 引起人体效应的 $CO_2$ 浓度范围 |
| 0.8 ~ 1.0 | 长期 | 呼吸频率改变，可诱发轻微酸中毒，但不会引起生理及心理改变 |
| 1.0 ~ 1.5 | 长期 | 无不适反应，但呼吸参数、脑电图改变，类固醇激素分泌增加 |
| 2 ~ 2.5 | 长期 | 呼吸参数、脑电图改变明显，运动适应能力下降 |

（2）高浓度 CO 环境中人体耐受能力

CO 易与人体中血红蛋白发生反应，形成碳氧血红蛋白，使一部分血红蛋白不在肺中吸收氧气转而吸收 CO，通过降低血红蛋白携氧能力和对呼吸酶的抑制作用，造成组织特别是中枢神经系统的缺氧，损害人体心脏和脑的功能。CO 中毒程度呈现出明显的剂量－效应关系[29-31]。人体暴露于 CO 环境中产生的生理症状如表 2.7 所示。

表 2.7 人体暴露于 CO 环境中产生的生理症状[29-31]

| CO 浓度 /ppm | 暴露时间 /min | 生理症状或说明 |
|---|---|---|
| 28 | 长期 | 密闭环境的最高容许浓度 |
| 50 | 360 ～ 480 | 不会出现副作用的临界值 |
| 200 | 12 ～ 180 | 可能出现轻微头疼 |
| 400 | 60 ～ 120 | 头痛、恶心 |
| 600 | 45 | 头痛、头晕、恶心 |
| | 120 | 瘫痪或可能失去知觉 |
| 1600 | 20 | 头痛、头晕、恶心 |
| 6400 | 10 ～ 15 | 失去知觉，有死亡危险 |

（3）其他微量有害气体浓度对人体的影响

$NH_3$ 是一种碱性物质，对皮肤有腐蚀和刺激作用，可以吸收皮肤组织中的水分，使组织蛋白变性，并使组织脂肪皂化，破坏细胞膜结构。$NH_3$ 的溶解度极高，对上呼吸道有刺激和腐蚀作用，减弱人体对疾病的抵抗力，吸入浓度过高的 $NH_3$ 还可通过三叉神经末梢的反射作用引起心脏停搏和呼吸停止[32]。当环境中 $NH_3$ 浓度达 100ppm 时，多数人有不适感，短期内暴露对人体无害；当环境中 $NH_3$ 浓度达 250ppm 时，将刺激人体的鼻、喉、眼等感官。人体 8h 暴露于 $NH_3$ 环境中的浓度临界值为 20ppm，20min 内暴露的允许浓度值为 30ppm。

$H_2S$ 的危害主要表现在对人体视觉神经的破坏[33,34]。当环境中 $H_2S$ 浓度达 50ppm 时，允许接触的时间为 10min；当环境中 $H_2S$ 浓度达 100ppm 时，3 ～ 10min 内就能损坏人的视力，造成失明。人体生存环境中 $H_2S$ 允许的最大浓度值为 10ppm。

$CH_3OH$ 的毒害主要作用于中枢神经系统，具有明显的麻醉作用，并对视神经和视网膜有特殊的毒害作用[35]。人体 8h 暴露于 $CH_3OH$ 气体环境中的浓度临界值为 25ppm，20min 内允许浓度值为 50ppm。

## 参 考 文 献

[1] 杨大明. 煤矿井下紧急避险技术装备现状与发展 [J]. 煤炭科学技术，2013，41(9): 49-52.

[2] 张祖敬，刘林，余秀清. 矿用逃生救援补给站设计及井下布局研究 [J]. 煤炭技术，2014，33(9): 296-299.

[3] 夏强，梁华为，王琳琳，等. 人体生理学 [M]. 杭州：浙江大学出版社，2005.

[4] 李红杰，鲁顺清. 安全人机工程学 [M]. 北京：中国地质大学出版社，2006.

[5] ZHAI Y C, LI M H, GAO S R, et al. Indirect calorimetry on the metabolic rate of sitting, standing and walking office activities[J]. Building and environment, 2018, 145: 77-84.

[6] 栗婧，金龙哲，汪声，等. 矿井密闭空间中人体呼吸商计算 [J]. 北京科技大学学报，2010，32(8): 963-967.

[7] CONKLE J P, CAMP B J, WELCH B E. Trace composition of human respiratory gas[J]. Archives of environmental health, 1975, 30(6): 290-294.

[8] 郭莉华，徐国鑫，何新星. 密闭环境中人体代谢微量污染物的释放行为研究 [J]. 载人航天，2013，19(1):71-76.

[9] 陈颖. 极端环境下人体劳动安全的研究 [D]. 天津：天津大学，2009.

[10] 张祖敬，王克全 . 矿井避难硐室环境有害气体浓度控制技术 [J]. 煤炭科学技术，2015, 43(3): 59-63.

[11] 李晓燕 . 物理化学 [M]. 北京：北京大学医学出版社，2007.

[12] 耿世彬，郭海林 . 地下建筑湿负荷计算 [J]. 暖通空调，2002, 32(6): 70-71.

[13] 张国高 . 高温生理与卫生 [M]. 上海：上海科学技术出版社，1989.

[14] HARDY J D, DUBOIS E F. The technic of measuring radiation and convection[J]. The journal of nutrition, 1938, 15(5):461-475.

[15] 李文杰，刘红，许孟楠 . 热环境与热健康的分类探讨 [J]. 制冷与空调，2003, 23(2): 17-20.

[16] 霍然，胡源，李元洲 . 建筑火灾安全工程导论 [M]. 合肥：中国科学技术大学出版社，2009.

[17] NAG P K, ASHTEKAR S P, NAG A, et al. Human heat tolerance in simulated environment[J]. The Indian journal of medical research, 1997, 105:226-234.

[18] 于永中，李天麟，刘尊永，等 . 高温环境中湿度的某些生理作用 [J]. 中华劳动卫生职业病杂志，1984, 2(1): 31-33.

[19] 张祖敬，陈于金 . 煤矿避难硐室热环境控制范围探讨 [J]. 矿业安全与环保，2014, 41(1): 76-79.

[20] 刘凤，赵子文，于小玲，等 . 不同机体代谢状况对缺氧耐受性影响的实验研究 [J]. 滨州医学院学报，2000, 23(5): 427-428.

[21] 李晓芳，王海雄，裴毅 . 参松养心胶囊配合曲美他嗪防治表柔比星心脏毒性的临床观察 [J]. 中国药物与临床，2014, 14(10): 1447-1449.

[22] JIA S S, LAI D Y, KANG J, et al. Evaluation of relative weights for temperature, $CO_2$, and noise in the aircraft cabin environment[J]. Building and environment, 2018, 131: 108-116.

[23] LI L, YUAN Y P, LIA C F, et al. Human responses to high air temperature, relative humidity and carbon dioxide concentration in underground refuge chamber[J]. Building and environment, 2018, 131: 53-62.

[24] LIU W W, ZHONG W D, WARGOCKI P. Performance, acute health symptoms and physiological responses during exposure to high air temperature and carbon dioxide concentration[J]. Building and environment, 2017, 114: 96-105.

[25] ZHANG X J, WARGOCKI P, LIAN Z W. Human responses to carbon dioxide, a follow-up study at recommended exposure limits in non-industrial environments[J]. Building and environment, 2016, 100: 162-171.

[26] PERSILY A. Challenges in developing ventilation and indoor air quality standards: the story of ASHRAE Standard 62[J]. Building and environment, 2015, 19: 61-69.

[27] KAJTAR L, HERCZEG L. Influence of carbon-dioxide concentration on human well-being and intensity of mental work[J]. Idojaras, 2012, 116(2): 145-169.

[28] DU Y, WANG S, JIN L Z, et al. Experimental investigation and theoretical analysis of the human comfort prediction model in a confined living space[J]. Applied thermal engineering, 2018, 141: 61-69.

[29] 张喜平，许妍，赵平凡 . 一氧化碳中毒的急救与护理 [J]. 医药论坛杂志，2006, 27(11): 115,117.

[30] 牟晓非，钟浩，余秉良，等 . 低浓度一氧化碳对视觉功能影响的研究 [M]// 龙升照 . 人 - 机 - 环境系统工程研究进展：第 3 卷 . 北京：北京科学技术出版社，1997.

[31] 余秉良，张恒太，牟晓非，等 . 低浓度一氧化碳对人体生理功能的影响 [J]. 航天医学与医学工程，1997, 10(5): 328-332.

[32] 高亮，路迎双 . 室内空气中氡气对人体的危害及应对措施 [J]. 开卷有益：求医问药，2011(8): 51.

[33] 李康琪，张广钦 . 硫化氢对中枢神经系统作用的研究进展 [J]. 中国临床药理学与治疗学，2010, 15(10): 1183-1188.

[34] 韩志英，金沈雄，陈玉清 . 接触低浓度硫化氢对工人健康的影响 [J]. 中国工业医学杂志，2006, 19(6): 362-363.

[35] 李举跃，徐国锋 . 低浓度甲醇作业环境对工人健康的影响 [J]. 中国职业医学，2002, 29(4): 56-57.

# 第3章 矿井避难硐室围岩传热特性

避难硐室位于埋深上百米的矿山井下，主要以长通道式为主，在 96h 防护时间内，地表温度变化对岩体内部温度场影响范围有限。因此，可将矿井避难硐室的传热模型简化为当量圆柱体深埋地下密闭建筑传热模型 [1]，并将避难硐室内空气与岩体围护结构的传热问题看作半无限大物体传热问题 [2]。图 3.1 和图 3.2 为拱形矿井避难硐室的几何形状与内部结构。

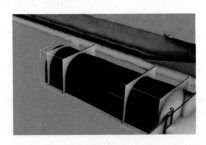 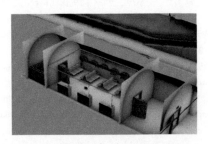

图 3.1　拱形矿井避难硐室的几何形状　　　图 3.2　拱形矿井避难硐室的内部结构

准确预测室内的温度变化与计算壁面的传热量是避难硐室内温度调控系统设计的基础。受室内热源、空气、围岩热物理性质、初始围岩温度、传热面积等因素的影响，避难硐室内的热传递过程可能经历两个阶段，即室内未采取降温措施的恒热流加热升温阶段和采取降温措施使室内温度维持在热舒适温度的恒温传热阶段。而对于高温矿井，利用周围的自然冷源或采掘工作面的冷空气对避难硐室进行蓄冷可以预先将高温硐室人为地转化为中低温的避难硐室，从而极大地减少避难时期的室内热负荷。

本章重点在于建立矿井避难硐室动态传热模型，分析研究避难硐室在可能出现的升温期、恒温期及蓄冷期 3 个不同时期围岩与空气之间的动态耦合传热问题，为避难硐室内热负荷与蓄冷量计算及降温系统运行策略提供理论依据。

## 3.1　升温期避难硐室围岩传热特性

人员进入矿井避难硐室后，在未采取降温措施的条件下，由人体与设备运行产生的热量将使室内空气温度不断升高，而空气温度升高后，空气与壁面产生温差，致使空气中的部分热量又通过岩体壁面导入岩体内部，引起岩体壁面与内部温度不断升高。由于空气的密度较小，有很好的传热性与流动性，且空气与人员直接接触，在人员刚进入避难硐室的一段时期内，空气温度上升速度比壁面温度上升速度快，岩体壁面与壁面附近空气的温差将逐渐增大，壁面的传热速率逐渐增大。当壁面与其附近空气温差趋于一定值后，室内热源产热功率与壁面的传热速率逐渐趋近于动态平衡。此时，由室内人员和设备产生的热量绝大部分将通过岩体壁面传入岩体内部，仅很少一部分用于维持硐室内空气缓慢升温。

室内传热未接近平衡前,室内温度上升速度较快,而趋近平衡后,室内温度上升比较缓慢。为研究方便,本节将传热过程趋近平衡前的空气升温传热阶段定义为快速升温阶段,将趋近平衡后的传热阶段定义为缓慢升温阶段。

### 3.1.1  升温期避难硐室围岩传热特性的理论分析

#### 1. 快速升温阶段硐室传热过程

在不考虑避难硐室内其他物体升温吸收热量的情况下,矿井避难硐室内由人员和设备等热源产生的热量,一部分用于室内空气的加热,一部分则由室内空气与壁面的对流换热传出硐室外。

对于硐室岩体壁面的热流密度,由牛顿冷却公式有

$$q_{壁面} = h\left[T\left(0,\tau\right) - T\left(r_0,\tau\right)\right] \tag{3-1}$$

式中,$q_{壁面}$——单位面积空气与壁面的热流密度,W/m$^2$;

  $h$——硐室内空气与壁面的对流换热系数,W/(m$^2 \cdot$ K);

  $T\left(0,\tau\right)$——$\tau$ 时刻避难硐室内空气的温度,K;

  $T\left(r_0,\tau\right)$——$\tau$ 时刻避难硐室岩体边界壁面的温度,K。

避难硐室内人员产热量与设备发热量可根据硐室使用人数计算,设矿井避难硐室内热源产生的总热功率为 $Q$,则有

$$q_{壁面} \leqslant \frac{Q}{A_w} = \frac{nq_p}{A_w} \tag{3-2}$$

式中,$A_w$——硐室岩体壁面的表面积,m$^2$;

  $n$——硐室内人员数量,人;

  $q_p$——避难过程人均散热速率,W。

由式(3-1)和式(3-2)可得

$$T\left(0,\tau\right) - T\left(r_0,\tau\right) \leqslant \frac{Q}{hA_w} \tag{3-3}$$

即硐室内壁面与其附近空气的温差值不会超过 $Q/\left(hA_w\right)$,而是随着加热时间 $\tau$ 的增加,无限趋近于 $Q/\left(hA_w\right)$。

由于空气具有很好的流动性与传热性,可假设室内温度均匀分布,根据能量守恒原理,则在 $\mathrm{d}\tau$ 时间段内有

$$Q\mathrm{d}\tau = mC_p\mathrm{d}T\left(0,\tau\right) + hA_w\left[T\left(0,\tau\right) - T\left(r_0,\tau\right)\right]\mathrm{d}\tau \tag{3-4}$$

式中,$C_p$——空气的比热容,J/(kg $\cdot$ K);

  $m$——硐室内空气的质量,kg。

可解得

$$T\left(0,\tau\right)=\frac{Q}{hA_{w}}\left(1-\mathrm{e}^{-\frac{hA_{w}\tau}{mC_{p}}}\right)+T\left(r_{0},\tau\right)-\mathrm{e}^{-\frac{hA_{w}\tau}{mC_{p}}}\times\int_{0}^{\tau}\mathrm{e}^{\frac{hA_{w}\tau}{mC_{p}}}\,\mathrm{d}T\left(r_{0},\tau\right) \qquad (3\text{-}5)$$

式中，e——自然常数。

由式（3-5）可知，避难硐室壁面温度随时间的变化不仅与施加在壁面的热流密度相关，还与岩体的导热系数和热扩散系数相关。对硐室岩体，在室内热源产热功率与壁面的传热功率未趋近动态平衡之前，即便将室内产生热量全部施加给岩体表面，岩体壁面温度上升速率相对硐室室内空气温度上升速率也缓慢得多。因此，在人员进入避难硐室后的短时期内，可假设岩体壁面温度为常数，即 $T\left(r_{0},\tau\right)=T_{0}$，由式（3-5）可求出

$$T\left(0,\tau\right)=\frac{Q}{hA_{w}}\left(1-\mathrm{e}^{-\frac{hA_{w}\tau}{mC_{p}}}\right)+T_{0} \qquad (3\text{-}6)$$

**2. 缓慢升温阶段硐室传热过程**

当避难硐室内壁面与其附近表面的空气温差值接近 $Q/(hA_{w})$ 后，可近似认为，硐室内热源单位时间内产生的热量全部通过空气与围岩的对流换热后被围岩吸收。硐室壁面的热流密度（W/m$^2$）可视为均匀分布，则有

$$q=\frac{Q}{A_{w}}=\mathrm{const} \qquad (3\text{-}7)$$

在缓慢升温时期，矿井避难硐室内空气与岩体围护结构的传热过程可视为恒热流密度传热过程，即半无限大物体传热理论中第二类边界条件的传热过程。第二类边界条件的传热问题是指初始温度为 $t_{0}$ 的半无限大物体（$x\geqslant0$），假设物体内部没有内热源且物性参数处处相同的条件下，在时间 $\tau>0$ 时，$x=0$ 的边界面处突然受到一个强度为 $q_{0}$ 的恒定热流密度加热。

对于第二类边界条件传热问题的求解，根据热传导理论与边界条件，引进过余温度 $T\left(x,\tau\right)=t\left(x,\tau\right)-t_{0}$，可得以下求解方程组[3]：

$$a\frac{\partial^{2}T(x,\tau)}{\partial x^{2}}=\frac{\partial T(x,\tau)}{\partial\tau}，\quad(0<x<\infty,\tau>0) \qquad (3\text{-}8a)$$

$$-\lambda\frac{\partial T(x,\tau)}{\partial x}\bigg|_{x=0}=q_{0}，\quad(\tau>0) \qquad (3\text{-}8b)$$

$$T(x,\tau)\big|_{\tau=0}=0，\quad(x\geqslant0) \qquad (3\text{-}8c)$$

$$\lim_{x\to\infty}T(x,\tau)=0，\quad(\tau>0) \qquad (3\text{-}8d)$$

式中，$a$——半无限大物体的热扩散系数，m$^2$/h；

$\quad$ $\lambda$——物体的导热系数，W/(m·K)；

$\quad$ $\tau$——时间，h；

$\quad$ $q_{0}$——热流密度，W/m$^2$；

$\quad$ $x$——半无限大物体厚度方向的长度，m。

由方程组（3-8）可以求解出

$$T(x,\tau)=2\frac{q_0}{\lambda}\sqrt{\frac{a\tau}{\pi}}e^{-\frac{x^2}{4a\tau}}-\frac{q_0 x}{\lambda}\mathrm{erfc}\left(\frac{x}{2\sqrt{a\tau}}\right) \tag{3-9}$$

式中，$\mathrm{erfc}(\cdot)$——高斯误差函数，$\mathrm{erfc}(x)=1-\frac{2}{\sqrt{\pi}}\int_0^x e^{-x^2}dx$。

由式（3-9）可得，在 $x=0$ 的边界表面温度随时间的变化规律为

$$T(0,\tau)=2\frac{q_0}{\lambda}\sqrt{\frac{a\tau}{\pi}} \tag{3-10}$$

对半无限大平壁均质物体而言，在恒热流作用下，半无限大物体加热壁面热流密度为

$$q=\frac{T(0,\tau)-T_0}{\dfrac{1.13\sqrt{a\tau}}{\lambda}} \tag{3-11}$$

将矿井避难硐室内空气与岩体围护结构的传热问题简化为深埋无限长空气圆柱体传热模型，简化后的圆柱体当量半径 $r_0$ 的计算公式为

$$r_0=\frac{L}{2\pi} \tag{3-12}$$

式中，$L$——避难硐室拱形断面周长，m。

避难硐室围护结构岩层的导热微分方程式为[4]

$$\frac{\partial T(r,\tau)}{\partial\tau}=a\left(\frac{\partial^2 T(r,\tau)}{\partial r^2}+\frac{1}{r}\frac{\partial T(r,\tau)}{\partial r}\right) \tag{3-13}$$

假设避难硐室岩体围护结构初始温度处处均匀，且岩体物理性质相同，则初始条件可表示为

$$T(r,\tau)=T_0,\quad(\tau=0,r>r_0) \tag{3-14}$$

此外，假设避难硐室边界条件也是均匀的，并可表示为

$$-\lambda\frac{\partial T(r,\tau)}{\partial r}=q,\quad(\tau>0,r=r_0) \tag{3-15}$$

$$T(r,\tau)=T_0,\quad(\tau>0,r\to\infty) \tag{3-16}$$

联立式（3-13）～式（3-16）可得出经过时间 $\tau$ 之后，避难硐室岩体表面温度的解为[4]

$$T(r_0,\tau)=T_0+\frac{8}{3}\frac{r_0 q}{\lambda}\left[1-e^{\frac{9}{64}Fo}\mathrm{erfc}\left(\frac{3}{8}\sqrt{Fo}\right)\right] \tag{3-17}$$

式中，$Fo$——傅里叶数，$Fo=\dfrac{a\tau}{r_0^2}$。

由式（3-17）可得

$$q=\frac{T(r_0,\tau)-T_0}{\dfrac{8}{3}\dfrac{r_0}{\lambda}\left[1-e^{\frac{9}{64}Fo}\mathrm{erfc}\left(\dfrac{3}{8}\sqrt{Fo}\right)\right]} \tag{3-18}$$

比较式（3-11）与式（3-18）可得，在恒热流传热过程中，当量柱体传热的形状修正系数为 [4]

$$\beta = \frac{\dfrac{T(r_0,\tau)-T_0}{\dfrac{8}{3}\dfrac{r_0}{\lambda}\left[1-e^{\frac{9}{64}Fo}\,\mathrm{erfc}\left(\dfrac{3}{8}\sqrt{Fo}\right)\right]}}{\dfrac{t(0,\tau)-t_0}{\dfrac{1.13\sqrt{a\tau}}{\lambda}}} \tag{3-19}$$

在相同的表面温度情况下，得

$$\beta = \frac{1.13\sqrt{Fo}}{\dfrac{8}{3}\left[1-e^{\frac{9}{64}Fo}\,\mathrm{erfc}\left(\dfrac{3}{8}\sqrt{Fo}\right)\right]} \tag{3-20}$$

当量圆柱体 $\beta$ 和 $Fo$ 的关系如表 3.1 所示。

表 3.1　当量圆柱体 $\beta$ 和 $Fo$ 的关系 [4]

| 物理量 | 取值 | | | | | | | | | |
|---|---|---|---|---|---|---|---|---|---|---|
| $Fo$ | 0 | 0.1 | 0.5 | 1.0 | 1.5 | 2.0 | 2.5 | 3.0 | 3.5 | 4.0 |
| $\sqrt{Fo}$ | 0 | 0.316 | 0.707 | 1 | 1.225 | 1.414 | 1.581 | 1.732 | 1.871 | 2 |
| $\beta$ | 1 | 1.125 | 1.251 | 1.349 | 1.452 | 1.537 | 1.572 | 1.632 | 1.710 | 1.759 |

根据表 3.1 绘制出 $\beta$ 和 $\sqrt{Fo}$ 的关系曲线，如图 3.3 所示。

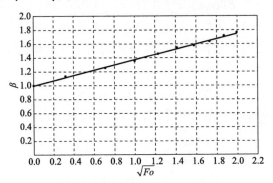

图 3.3　当量圆柱体 $\beta$ 和 $\sqrt{Fo}$ 的关系曲线 [4]

由图 3.3 可看出，$\beta$ 和 $\sqrt{Fo}$ 呈近似直线关系。

$$\tan\varphi = \frac{1.759-1}{2} \approx 0.38$$

因为

$$\beta = 1 + 0.38\sqrt{Fo}$$

所以

$$\frac{8}{3}\left[1-e^{\frac{9}{64}Fo}\,\mathrm{erfc}\left(\frac{3}{8}\sqrt{Fo}\right)\right] = \frac{1.13\sqrt{Fo}}{1+0.38\sqrt{Fo}}$$

代入式（3-17）可得避难硐室壁面温度

$$T(r_0,\tau)=T_0+\frac{r_0 q}{\lambda}\frac{1.13\sqrt{Fo}}{1+0.38\sqrt{Fo}} \tag{3-21}$$

由牛顿冷却定律有

$$q=h\left[T(0,\tau)-T(r_0,\tau)\right] \tag{3-22}$$

则有

$$T(0,\tau)=T_0+q\left[\frac{1}{h}+\frac{r_0}{\lambda}\frac{1.13\sqrt{Fo}}{1+0.38\sqrt{Fo}}\right] \tag{3-23}$$

式中，$h$——强迫对流换热系数，可以由下式计算[5-7]：

$$h=6.76\times v^{0.8}+0.74 \tag{3-24}$$

式中，$v$——硐室内断面的平均风速，m/s。

另外，《矿山地热与热害治理》[8] 中介绍在矿井降温工程计算中，也可采用下式计算井巷围岩与风流间的对流换热系数。

$$h=2.728\varepsilon v^{0.8} \tag{3-25}$$

式中，$v$——考虑巷道粗糙度的系数，光滑壁面取 1.0，主要运输大巷取 $1.0\sim1.65$，运输平巷取 $1.65\sim2.50$，工作面取 $2.50\sim3.10$。

由式（3-23）可解得避难硐室内空气温度达到一定温差值所需时间为

$$\tau_1=\frac{1}{a}\left[\frac{\lambda r_0(h\Delta T-q)}{1.13 r_0 qh-0.38\lambda h\Delta T+0.38 q\lambda}\right]^2 \tag{3-26}$$

式中，$\Delta T=T(0,\tau)-T_0$，表示 $\tau$ 时刻室内空气温度与初始温度的差。

室内温度为 $T(0,\tau)$ 时，岩体内部温度场分布为

$$T(\tau,r)=T_0+2\frac{q}{\lambda}\sqrt{\frac{a\tau_1}{\pi}}\left[\mathrm{e}^{\frac{-r^2}{4a\tau_1}}-\frac{r}{2}\sqrt{\frac{\pi}{a\tau_1}}\mathrm{erfc}\left(\frac{r}{2\sqrt{a\tau_1}}\right)\right] \tag{3-27}$$

### 3.1.2　升温期避难硐室围岩传热特性的试验分析

#### 1. 试验方法与原理

（1）试验原理

人体的代谢量与劳动强度具有直接关系。本试验选择 50 个成年男性在密闭避难硐室实验室内处于静坐或轻度劳动强度，在不采取任何气体处理措施的条件下，通过监测 2h 内硐室生存室内 $CO_2$ 浓度随时间的变化，获得人员的 $CO_2$ 代谢产生速率，同时通过控制密闭室内 $O_2$ 气的供风流量和监测室内的 $O_2$ 浓度，获得人员的 $O_2$ 代谢吸收速率，得出避灾过程中的人体呼吸商，从而间接计算出人员避灾时期的散热功率。

人员避灾时期在无降温措施的条件下，人体持续不断的散热量将使密闭避难硐室内空气温度升高，而由于空气与围护岩体表面存在对流换热情况，室内空气温度不会

随人体释放热量的增加呈直线上升，而是经历一段时间的快速升温后，室内空气温度与岩体表面温度温差达到一定程度后，室内人体产热速率与壁面传热速率趋近动态平衡状态。此后，室内温度将呈现缓慢增长趋势。在避难硐室内长达 96h 的避灾过程中，当室内空气达到规定允许的温度值后，将采取降温措施，使室内空气维持在一个相对稳定的温度值。

对于深埋地下建筑恒温时期空气与岩体的传热，黄福其等[1]、忻尚杰等[9]已做了大量热工试验，得出深埋地下建筑恒温时期空气与岩体围护结构的传热规律，该规律也同样适用于深埋地下密闭建筑恒温期的热工计算，能满足矿井避难硐室恒温时期的热工计算。

本节试验研究主要验证避灾时期人员进入避难硐室后升温时期的热工传递规律。由 3.1.1 节理论推导可知，在升温时期，当产热与传热趋近动态平衡后，室内空气温度与壁面传热量随时间变化趋势较为稳定，因此，只需进行几个小时的试验，便能对升温时期的传热规律进行验证。考虑到煤矿井下环境及安全性，组织大规模人群在煤矿井下进行长达数小时的避灾试验具有一定的难度，且费用较多。因此，可借助地面建设的混凝土墙体避难硐室实验室作为试验场所，墙体厚度满足一定时间的传热需求，能对避难硐室升温时期的热传递规律研究起到很好的参考作用。

为进行试验验证研究，在保证室内有足够食物、$O_2$ 供给量充足、空气质量良好等条件下，选择健康成年男性 50 人在避难硐室实验室内进行 6h 的避灾试验，通过测量与记录试验过程中室内空气温度随时间变化曲线和围护结构表面温度随时间的变化，检测理论推导与模拟计算的准确性。

（2）试验目的

1）通过试验测试出避灾时期人员的 $CO_2$ 呼出速率与 $O_2$ 消耗速率，计算出避灾过程中的人体呼吸量，从而间接计算出人员避灾时的散热速率。

2）通过试验测试避难硐室内人员散热条件下，硐室内的空气与硐室内壁面升温情况，获得室内的温度场及其变化情况，验证避难硐室内升温时期的热工传递规律。

（3）试验设备（环境）及要求

1）避难硐室实验室。为保证试验的可靠性，避难硐室实验室应具有良好的气密性，避免硐室内外的空气混合和室内热量向外散出。避难硐室实验室内生存室为拱形，断面宽 4m、高 3.5m，周长 14m、面积 13.2m²，室内长 17m，室内体积 224.4m³。避难硐室实验室外观如图 3.4 所示，避难硐室生存室内布置如图 3.5 所示。

图 3.4　避难硐室实验室外观　　　　　图 3.5　避难硐室生存室内布置

2）监控系统平台。监控系统由 5 个 PT100 温度传感器、3 个红外 $CO_2$ 传感器、3 个催化元件 $O_2$ 传感器、3 个湿度传感器、3 个 CO 传感器及其相对应的数据采集系统组成。紧急避难综合测试平台如图 3.6 所示，避难硐室综合性能测试软件界面如图 3.7 所示。

图 3.6　紧急避难综合测试平台　　　图 3.7　避难硐室综合性能测试软件界面

3）其他试验设备及要求如表 3.2 所示。

表 3.2　其他试验设备及要求

| 设备（环境） | 要求 |
|---|---|
| 避难硐室实验室 | 1）良好的密闭效果，与外界空气隔绝；<br>2）容纳 50 人以上 |
| 氧气保障系统 | 1）$O_2$ 源充足；<br>2）释放的 $O_2$ 较为均匀地分散到室内；<br>3）$O_2$ 释放流量调节方便 |
| 饮食保障 | 充足的饮用水及食物 |
| 降温净化一体机 | 1）采用压风驱动风机；<br>2）净化药品配备充足 |
| 温度传感器 | 5 个 PT100 温度传感器，分布于不同点 |
| $CO_2$ 传感器 | 3 个 GRG5H 型红外 $CO_2$ 传感器 |
| $O_2$ 传感器 | 3 个 |
| 监控显示平台 | 实时显示并保存传感器记录数据 |
| 机械风速表 | 量程 0～20m/s |
| 机械温湿度表 | 6 个 |
| 红外测温仪 | 1 个 |

（4）测点布置

试验研究采用 5 个 PT100 温度传感器测试室内空气温度，PT100 温度传感器采集到的温度值实时录入监控系统平台并同步显示。同时，在室内采用 6 个机械温湿度表测量室内的空气温度。生存室内两侧 1.5m 高度处共布置 3 个 $CO_2$ 传感器和 3 个 $O_2$ 传感器。采用红外测温仪每隔 10min 测量硐室内上、下、左、右壁面各两个点的温度变化情况。

（5）试验过程

研究过程中，利用中煤科工集团重庆研究院有限公司所拥有的 50 人型矿井避难硐

图 3.8　试验场景

室实验室（硐室生存室内空气与外界环境独立），选择健康成年男性 50 人，在静坐或轻度劳动强度下进行生理试验，试验场景如图 3.8 所示。试验在一个标准大气压、初始环境温度为 9.6℃的条件下进行。试验过程中，采用医用压缩氧气瓶为生存室内提供氧气。

1）试验人员进入硐室生存室前，打开避难硐室实验室监测系统平台，连续监测 15min 左右，获取室内初始温度。

2）选择健康成年男性 50 人，试验开始后，人员快速进入硐室生存室内后，关闭硐室两侧密闭门。

3）打开压风管路控制开关，在未添加 CO、$CO_2$ 净化药品的情况下，利用管道压风驱动净化一体机内的风机，试验过程中风机一直保持工作状态，以使室内空气均匀。

4）生存室内 $CO_2$ 气体浓度监测点平均浓度值达到 1% 后，将 CO、$CO_2$ 净化药品分别放入 3 台净化一体机内。

5）试验进行 6h 后结束，保存记录数据。

**2. 室内空气温度变化分析**

避难硐室实验室内 5 个温度传感器监测的数据如图 3.9 所示，室内机械温湿度表测得室内空气温度随时间的变化如图 3.10 所示。

由图 3.9 中前 15min 内监测到的温度曲线可以看出，试验开始前，生存室内平均空气温度为 9.6℃。人员进入硐室进行试验过程中，在前 45min 内，室内空气温度相对后边一段时间呈快速上升趋势。在试验进行到 45min 时，平均空气温度达 14.3℃，比初始温度上升 4.7℃，此时，壁面传热已接近动态平衡。而后室内空气温度上升趋势逐渐变得平稳缓慢，在试验进行 1h 后，室内平均空气温度为 14.56℃，进行到 6h 后，室内平均空气温度为 16.1℃，即在试验进行 1 ～ 5h 内，室内空气温度仅上升 1.54℃。

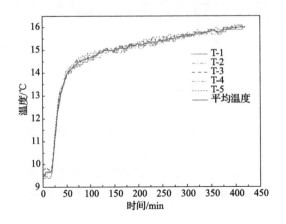

图 3.9　温度传感器测得的空气温度变化曲线

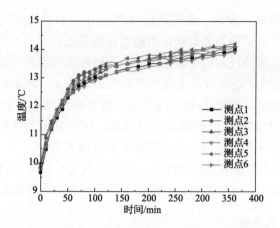

图 3.10　机械温湿度表测得的温度变化曲线

由图 3.9 与图 3.10 可以看出，采用 PT100 温度传感器测得的室内空气温度与采用机械温湿度表测得的空气温度具有相同的变化趋势。然而，机械温湿度表由硐室内试验人员读取，读取中可能存在时间的滞后，同时，机械温湿度表的反应也具有一定的滞后性，不能准确并及时地反映各点在瞬时的温度值。因此，试验中温度分析应以 PT100 温度传感器检测到的温度值为主要数据来源。

根据式（3-1）、图 3.9 中的数据、室内形状参数、人体与设备产热量可以计算得出，生存室内壁面表面的平均对流换热系数为 $6.5W/(m^2 \cdot K)$。采用式（3-6）、式（3-23）计算得出的室内空气平均温度理论变化曲线如图 3.11 所示。

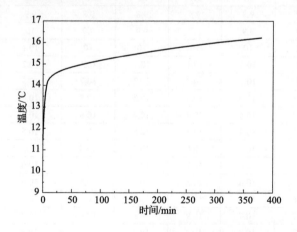

图 3.11　室内空气平均温度理论变化曲线

比较图 3.11 与图 3.9 可以看出，由试验测得的温度曲线与理论计算得出的温度曲线比较接近。人员进入硐室开始试验后，室内空气温度先经过快速增长，直到室内热源产生热量速率和壁面散失热量速率接近动态平衡后，室内温度开始缓慢平稳增长。在快速升温阶段，由于本章中的理论推导具有一定的假设性，忽略了此阶段壁面温度发生的变化，由理论计算得出的温度变化曲线比试验得出的温度变化曲线先接近平衡动态。而达到动态平衡后的缓慢升温过程中，由试验获得的温度曲线与理论计算获得的曲线具有良好的一致性。通过理论计算得出，1h 后的空气温度为 14.9℃，6h 后的空气温度为 16.2℃，试验与理论获得的温度比较接近。

通过试验测得的温度曲线与理论温度曲线的比较可以得出以下结论。

1）人员进入避难硐室避灾后，室内空气将先经过不到 1h 的快速升温，使空气与壁面间形成足够大的温差，室内热源产热与壁面散热达到动态平衡。平衡后室内人员与设备产生的热量绝大部分通过壁面导入岩体内，仅少部分用于维持室内空气升温。此时，壁面传热的边界条件可近似认为是恒热流密度边界条件。

2）在人员进入避难硐室避灾的过程中，无降温措施时，室内的空气与壁面非稳态耦合传热达到动态平衡后，式（3-23）可满足于工业计算室内环境温度。

**3. 内壁面温度变化分析**

壁面温度采用红外测温仪测量，选择上、下、左、右 4 个面为测温面，每个面选取两个点作为测温点，每隔 20min 测量一次数据，测得的壁面温度值如表 3.3 所示。

表 3.3  壁面温度值

| 时间 /min | 壁面温度 /℃ | | | | | | | |
| | 右壁面 | | 左壁面 | | 上壁面 | | 下壁面 | |
| | 测点 1 | 测点 2 | 测点 3 | 测点 4 | 测点 5 | 测点 6 | 测点 7 | 测点 8 |
|---|---|---|---|---|---|---|---|---|
| 0 | 9.5 | 9.6 | 9.6 | 9.6 | 9.6 | 9.7 | 9.6 | 9.5 |
| 10 | 9.6 | 9.6 | 9.6 | 9.6 | 9.6 | 9.7 | 9.6 | 9.6 |
| 20 | 9.6 | 9.7 | 9.7 | 9.7 | 9.7 | 9.8 | 9.7 | 9.7 |
| 30 | 9.7 | 9.8 | 9.8 | 9.8 | 9.8 | 9.9 | 9.8 | 9.8 |
| 40 | 9.8 | 9.9 | 9.9 | 9.9 | 9.9 | 10 | 9.9 | 9.9 |
| 50 | 9.8 | 10 | 10 | 10 | 10 | 10.1 | 10 | 10 |
| 60 | 9.9 | 10.1 | 10.1 | 10.1 | 10.1 | 10.2 | 10.1 | 10.1 |
| 70 | 10 | 10.2 | 10.2 | 10.2 | 10.2 | 10.3 | 10.2 | 10.2 |
| 80 | 10.1 | 10.3 | 10.3 | 10.3 | 10.2 | 10.4 | 10.3 | 10.3 |
| 90 | 10.2 | 10.4 | 10.4 | 10.4 | 10.3 | 10.4 | 10.4 | 10.3 |
| 100 | 10.3 | 10.4 | 10.4 | 10.5 | 10.3 | 10.5 | 10.5 | 10.4 |
| 110 | 10.4 | 10.5 | 10.6 | 10.5 | 10.4 | 10.5 | 10.5 | 10.5 |
| 120 | 10.5 | 10.6 | 10.7 | 10.6 | 10.4 | 10.6 | 10.6 | 10.5 |
| 130 | 10.6 | 10.6 | 10.8 | 10.7 | 10.5 | 10.6 | 10.6 | 10.6 |
| 140 | 10.6 | 10.7 | 10.8 | 10.8 | 10.5 | 10.7 | 10.7 | 10.6 |
| 150 | 10.7 | 10.7 | 10.9 | 10.8 | 10.6 | 10.7 | 10.7 | 10.7 |
| 160 | 10.7 | 10.8 | 10.9 | 10.9 | 10.6 | 10.8 | 10.8 | 10.7 |
| 170 | 10.8 | 10.8 | 11 | 10.9 | 10.7 | 10.8 | 10.8 | 10.8 |
| 180 | 10.8 | 10.9 | 11 | 11 | 10.7 | 10.8 | 10.9 | 10.8 |
| 190 | 10.9 | 10.9 | 11.1 | 11 | 10.8 | 10.9 | 10.9 | 10.9 |
| 200 | 10.9 | 11 | 11.1 | 11.1 | 10.8 | 10.9 | 11 | 10.9 |
| 210 | 11 | 11 | 11.2 | 11.1 | 10.9 | 11 | 11 | 11 |
| 220 | 11 | 11.1 | 11.2 | 11.1 | 10.9 | 11 | 11.1 | 11 |
| 230 | 11.1 | 11.1 | 11.3 | 11.2 | 11 | 11 | 11.1 | 11.1 |
| 240 | 11.1 | 11.2 | 11.3 | 11.2 | 11 | 11.1 | 11.2 | 11.1 |
| 250 | 11.1 | 11.2 | 11.4 | 11.3 | 11 | 11.1 | 11.2 | 11.2 |

续表

| 时间 /min | 壁面温度 /℃ | | | | | | | |
| :---: | :---: | :---: | :---: | :---: | :---: | :---: | :---: | :---: |
| | 右壁面 | | 左壁面 | | 上壁面 | | 下壁面 | |
| | 测点 1 | 测点 2 | 测点 3 | 测点 4 | 测点 5 | 测点 6 | 测点 7 | 测点 8 |
| 260 | 11.2 | 11.2 | 11.4 | 11.3 | 11.1 | 11.2 | 11.3 | 11.2 |
| 270 | 11.2 | 11.3 | 11.4 | 11.4 | 11.1 | 11.2 | 11.3 | 11.3 |
| 280 | 11.3 | 11.3 | 11.5 | 11.4 | 11.2 | 11.3 | 11.4 | 11.3 |
| 290 | 11.3 | 11.4 | 11.5 | 11.4 | 11.2 | 11.3 | 11.4 | 11.4 |
| 300 | 11.3 | 11.4 | 11.6 | 11.5 | 11.3 | 11.3 | 11.5 | 11.4 |
| 310 | 11.4 | 11.5 | 11.6 | 11.5 | 11.3 | 11.4 | 11.5 | 11.5 |
| 320 | 11.4 | 11.5 | 11.7 | 11.6 | 11.3 | 11.4 | 11.5 | 11.5 |
| 330 | 11.5 | 11.5 | 11.7 | 11.6 | 11.4 | 11.5 | 11.6 | 11.5 |
| 340 | 11.5 | 11.6 | 11.7 | 11.7 | 11.4 | 11.5 | 11.6 | 11.6 |
| 350 | 11.6 | 11.6 | 11.8 | 11.7 | 11.5 | 11.6 | 11.6 | 11.6 |
| 360 | 11.6 | 11.7 | 11.8 | 11.7 | 11.5 | 11.6 | 11.7 | 11.7 |

根据表 3.3 得出随时间变化的壁面温度曲线，如图 3.12 所示。根据式（3.21）得出随时间变化的壁面温度理论曲线，如图 3.13 所示。

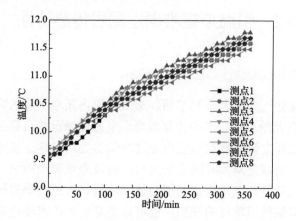

图 3.12　壁面红外测温数据曲线

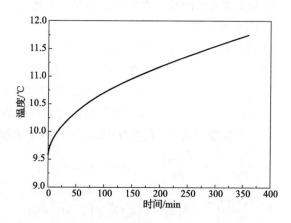

图 3.13　岩体壁面温度变化理论曲线

由于红外温度传感器的精度为 0.1℃，而测出的壁面温度曲线呈现一定的阶梯性，如图 3.12 所示。通过温度变化曲线可以看出，左侧壁面表面的温度比其他面的温度略高，这主要是由于人员分布比较靠近左侧。另外，室内空气净化一体机出风口从右向左吹出，使左侧壁面附近的空气流动较快，增大了左侧壁面的对流换热系数。

通过比较图 3.12 与图 3.13 可以看出，通过试验测试出的各点的温度变化曲线与理论推导出的温度变化曲线升温趋势基本一致。由理论曲线得出的壁面温度在内热源加热 6h 后为 11.75℃，而由试验测得的 8 个测温点的温度在 11.5 ～ 11.8℃范围内，平均温度为 11.66℃，与理论结果相比略有偏低，但相差较小。偏低原因主要为理论推导中忽略了空气升温部分吸收的热量，同时理论计算中的对流换热系数与实际的对流换热系数具有一定的误差。可以看出在前 1h 内，试验获得的温度曲线比理论计算出的温度曲线上升较为缓慢。这也主要是由于在前 1h 内硐室实验室内空气吸收了较多的热量，而理论计算中并未考虑空气吸收的热量。通过试验数据曲线与理论计算曲线比较可以确定，式（3-21）可以用于计算避难硐室内人员避灾期间无降温措施时的岩体壁面温度。

# 3.2 恒温期避难硐室围岩传热特性

## 3.2.1 恒温期避难硐室围岩传热特性的理论分析

矿井避难硐室内空气温度达到 35℃后，必须对室内采取一定的降温措施，使室内温度不高于 35℃。在此阶段中，准确计算避难硐室内的降温热负荷是降温系统设计的基础前提，是合理选择空调制冷量与室内存储冷量的先决条件。使用过程中，室内降温装置开启后直到达到规定避险时间段期间内，假设避难硐室内空气温度维持在一个恒定的温度值，即此阶段为避难硐室的恒温使用阶段。在避难硐室提供避灾时期，升温阶段的结束即为恒温使用阶段的开始，也可以说是恒热流密度边界条件的结束和恒温边界条件的开始。因此，式（3-27）为避难硐室恒温使用阶段的初始条件。由于该初始条件较为复杂，给求解带来很大的困难，需要将初始条件做适当的简化。

恒温使用期矿井避难硐室内空气与岩体围护结构的传热过程为第三类边界条件传热过程。第三类边界条件的传热问题是指初始温度为 $T_0$ 的半无限大物体（$x \geqslant 0$），假设物体内部没有内热源且物性参数处处相同的条件下，在时间 $\tau > 0$ 时，$x = 0$ 处的边界面突然和温度一直保持为 $T_f$ 的流体相接触，由于流体与边界面存在温差引起传热问题。对于第三类边界条件传热问题的求解，设流体与边界面的对流传热系数为 $a$，根据热传导理论与边界条件，引进过余温度 $T(x, \tau) = T(x, \tau) - T_0$，可得以下求解方程组 [5]：

$$a\frac{\partial^2 T(x,\tau)}{\partial x^2} = \frac{\partial T(x,\tau)}{\partial \tau}, \quad (0 < x < \infty, \tau > 0) \tag{3-28a}$$

$$-\lambda \frac{\partial T(x,\tau)}{\partial x}\bigg|_{x=0} = h\Big[T_f - T(x,\tau)\big|_{x=0}\Big], \quad (\tau > 0) \tag{3-28b}$$

$$T(x,\tau)\big|_{\tau=0}=0, \quad (x\geqslant 0) \tag{3-28c}$$

$$\lim_{x\to\infty}T(x,\tau)=0, \quad (\tau>0) \tag{3-28d}$$

式中，$T_f$——流体温度，K。

由方程组（3-28）可以解出

$$T(x,\tau)=(T_f-T_0)\left[\mathrm{erfc}\left(\frac{x}{2\sqrt{a\tau}}\right)-\mathrm{e}^{\left(\frac{h}{\lambda}x+\frac{h^2}{\lambda^2}a\tau\right)}\mathrm{erfc}\left(\frac{x}{2\sqrt{a\tau}}+\frac{h}{\lambda}\sqrt{a\tau}\right)\right] \tag{3-29}$$

由式（3-29）可得在 $x=0$ 处的边界表面温度随时间的变化规律为

$$T(0,\tau)=T_0+(T_f-T_0)\left[1-\mathrm{e}^{\frac{h^2}{\lambda^2}a\tau}\mathrm{erfc}\left(\frac{h}{\lambda}\sqrt{a\tau}\right)\right] \tag{3-30}$$

由牛顿冷却公式与式（3-30）可得，边界面的热流密度为

$$q=h(T_f-T_0)\mathrm{e}^{\frac{h^2}{\lambda^2}a\tau}\mathrm{erfc}\left(\frac{h}{\lambda}\sqrt{a\tau}\right) \tag{3-31}$$

将矿井避难硐室传热模型看作无限长空气圆柱体传热模型，则硐室围护结构岩层的导热微分方程式为[1]

$$\frac{\partial T(r,\tau)}{\partial \tau}=a\left(\frac{\partial^2 T(r,\tau)}{\partial r^2}+\frac{1}{r}\frac{\partial T(r,\tau)}{\partial r}\right) \tag{3-32}$$

假定避难硐室生存室内空气温度达到规定值 $T(0,\tau)=T_f$ 后，硐室内空气温度一直维持在 $T_f$ 值，硐室岩体内的温度仍保持岩石的初始温度 $T_0$，且认为此阶段的时间从 $\tau=0$ 时刻开始，即初始条件：

$$T(r,0)=T_0 \tag{3-33}$$

边界条件：

$$-\lambda\frac{\partial T(r_0,\tau)}{\partial r}=h\left[T(0,\tau)-T(r_0,\tau)\right] \tag{3-34}$$

$$T(r,\tau)=T_0, \quad (0\leqslant 96-\tau_1, r\to\infty) \tag{3-35}$$

联立式（3-32）～式（3-35），可得避难硐室岩体边界壁面的温度为[1]

$$T(r_0,\tau)=(T_f-T_0)f_1(Fo,Bi)+T_0 \tag{3-36}$$

式中，$Bi$——毕渥数，$Bi=hr_0/\lambda$；

$f_1(Fo,Bi)$——引入函数，$f_1(Fo,Bi)=\dfrac{1}{1+\dfrac{3}{8Bi}}\left(1-\mathrm{e}^{Bi^2Fo\left(1+\frac{3}{8Bi}\right)^2}\mathrm{erfc}\left[Bi\sqrt{Fo}\left(1+\frac{3}{8Bi}\right)\right]\right)$。

$f_1(Fo,Bi)$ 曲线如图 3.14 所示。

根据牛顿冷却定律，避难硐室壁面热流密度为

$$q=h\left[T_f-T(r_0,\tau)\right] \tag{3-37}$$

将式（3-36）代入可得

$$q = h(T_f - T_0)\big[1 - f_1(Fo, Bi)\big] \tag{3-38}$$

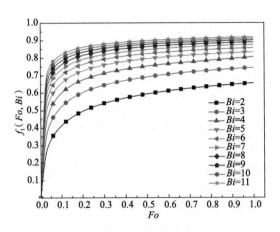

图 3.14　$f_1(Fo, Bi)$ 曲线

### 3.2.2　恒温期避难硐室边界初始温度场的修正

矿井避难硐室在建立恒温条件下深埋半无限大当量圆柱体传热模型时，是将实际的初始条件（即恒热流传热阶段结束时硐室岩体的温度场）用简化的初始条件代替。实际在硐室使用时，硐室传热过程的恒热流传热期与恒温传热期是连续的，即恒热流传热期的结束便是恒温传热期的开始。因此恒热流密度传热期结束时，避难硐室内壁面的热流量应等于恒温传热期开始时的热流量。

而由式（3-21）和式（3-23）可知，避难硐室内空气温度达到 $T_f$ 值后，硐室岩体壁面及内部温度发生改变。假设恒温传热期，从初始时刻起，在 $\tau_2$ 时刻时，避难硐室内壁面的热流量与恒热流传热期结束 $\tau_1$ 时刻的热流量相等，则有

$$\frac{Q_0}{A_w} = h(T_f - T_0)\big[1 - f_1(Fo', Bi)\big] \tag{3-39}$$

即

$$f_1(Fo', Bi) = 1 - \frac{Q}{A_w}\frac{1}{h(T_f - T_0)} \tag{3-40}$$

式中，$Fo' = a\tau_2/r_0^2$，$\tau_2$ 为恒温传热过程开始时的时间值。

$$\tau_2 = \frac{Fo' r_0^2}{a} \tag{3-41}$$

计算恒温使用期 $\tau$ 时刻的壁面热流密度，应该按 $\tau = \tau + \tau_2$ 代入式（3-38）计算，即

$$q = h(T_f - T_0)\big[1 - f_1(Fo, Bi)\big] \tag{3-42}$$

式中，$Fo = a(\tau + \tau_2)/r_0^2$。

因此，由避难硐室岩体传出的总热量为

$$Q = A_{\text{w}} \int_{\tau_2}^{\tau_2 + 96 - \tau_1} h(T_f - T_0) \left[1 - f_1(Fo, Bi)\right] \text{d}\tau \tag{3-43}$$

积分式（3-43）求解困难，因此需进一步做简化。矿井避难硐室尺寸设计中，生存室宽为 3 ～ 5m，高为 2 ～ 4m，横断面当量半径为 1.5 ～ 2.5m，岩体导温系数 $a$ 取值范围为（16×10$^{-4}$）～（45×10$^{-4}$）m$^2$/h，时间 $\tau$ 的取值范围为 0 ～ 100h，则由定义式 $Fo = a\tau/r^2$ 可得

$$0 < Fo \leqslant 0.2$$

由图 3.14 可以看出，当 0.03<$Fo$≤ 0.2 时，$f_1$（$Fo$, $Bi$）值与 $Fo$ 取值近似呈直线增长趋势，而 $Fo$ 取值与时间值 $\tau$ 呈直线关系。因此，当 0.03<$Fo$<0.2 时，可近似认为 $f_1(Fo, Bi)$ 与时间 $\tau$ 呈直线关系。因此，式（3-43）可简化为

$$Q = A \times \frac{q_{\tau_2} + q_{\tau_2 + 96 - \tau_1}}{2} (96 - \tau_1) \tag{3-44}$$

# 3.3　蓄冷期避难硐室围岩传热特性

对于高温矿井避难硐室，利用周围的自然冷源或是采掘工作面的冷空气对避难硐室进行蓄冷可以预先将高温硐室转化为中低温的避难硐室，可以极大减少避难期间室内所需的冷负荷。利用矿井下的冷空气（源于自然或人工冷源）对避难硐室进行通风降温过程属于深埋地下硐室恒定低温通风过程。

## 3.3.1　蓄冷期避难硐室围岩传热特性的理论分析

### 1. 围岩连续蓄冷工况下传热模型及求解

（1）围岩传热数学模型的建立

描述围岩温度随时间及空间变化的微分方程为

$$\frac{\partial T}{\partial \tau} = a \left( \frac{\partial^2 T}{\partial r^2} + \frac{1}{r} \frac{\partial T}{\partial r} \right) \tag{3-45}$$

其边界条件和初始条件分别如式（3-46）～式（3-48）所示。

$$-\lambda_{\text{w}} \frac{\partial T(r_{\text{i}}, \tau)}{\partial r} = h \left[ T_{\text{f}} - T(r_{\text{i}}, \tau) \right] \tag{3-46}$$

$$T(r_0, \tau) = T_0 \tag{3-47}$$

$$T(r, 0) = T_0 \tag{3-48}$$

其中，强迫对流换热系数 $h$ 由式（3-24）计算[5-7]。

（2）围岩传热数学模型的求解

深埋矿井避难硐室的通风传热方程具有较为简单的表达式，因此可以考虑采用解析方法求解结果。待求解的传热微分方程及其定解条件为二阶线性非齐次偏微分方程，目前，求解该类方程的方法主要有傅里叶积分变换法和分离变量法。傅里叶积分变换

法是利用傅里叶变换将偏微分方程中的微分算子转化为乘积算子，其求解过程可以参考文献 [1]；而分离变量法是求解偏微分方程最常用、最基本也是最简便的方法，下面完整给出了采用分离变量法求解该方程的过程。

为了方便计算，令 $\theta = T - T_f$，将温度转化为过余温度，则式（3-45）～式（3-48）可化为式（3-49）～式（3-52）。

$$\frac{\partial \theta}{\partial \tau} = a\left(\frac{\partial^2 \theta}{\partial r^2} + \frac{1}{r}\frac{\partial \theta}{\partial r}\right) \tag{3-49}$$

$$\lambda \frac{\partial \theta(r_i, \tau)}{\partial r} = h_w \theta(r_i, \tau) \tag{3-50}$$

$$\theta(r_0, \tau) = \theta_0 \tag{3-51}$$

$$\theta(r, 0) = \theta_0 \tag{3-52}$$

式中，$\theta$——围岩的过余温度，K；

$\theta_0$——围岩的初始过余温度，K。

围岩的初始过余温度 $\theta_0$ 如式（3-53）所示。

$$\theta_0 = T_0 - T_f \tag{3-53}$$

观察到式（3-51）为非齐次的边界条件，为求解该方程组，需先将边界条件齐次化。令 $\theta = \theta_1(r) + \theta_2(r, \tau)$，选取的 $\theta_1(r)$ 需满足式（3-54）～式（3-56）。

$$\frac{\partial^2 \theta_1}{\partial r^2} + \frac{1}{r}\frac{\partial \theta_1}{\partial r} = 0 \tag{3-54}$$

$$\lambda \frac{\partial \theta_1(r_i, \tau)}{\partial r} = h_w \theta_1(r_i, \tau) \tag{3-55}$$

$$\theta_1(r_0, \tau) = \theta_0 \tag{3-56}$$

当 $\theta_1(r)$ 满足式（3-54）～式（3-56）时，$\theta_2(r, \tau)$ 则成为需要的具有齐次边界条件的二阶偏微分方程，如式（3-57）～式（3-60）所示。

$$\frac{\partial \theta_2}{\partial \tau} = a\left(\frac{\partial^2 \theta_2}{\partial r^2} + \frac{1}{r}\frac{\partial \theta_2}{\partial r}\right) \tag{3-57}$$

$$\lambda \frac{\partial \theta_2(r_i, \tau)}{\partial r} = h_w \theta_2(r_i, \tau) \tag{3-58}$$

$$\theta_2(r_0, \tau) = 0 \tag{3-59}$$

$$\theta_2(r, 0) = \theta_0 - \theta_1(r) \tag{3-60}$$

将原始的传热微分方程及其定解条件拆分为分别包含 $\theta_1(r)$ 和 $\theta_2(r, \tau)$ 的两组方程组之后，分别求得 $\theta_1(r)$ 和 $\theta_2(r, \tau)$ 的解，运用线性叠加原理，就可以求得 $\theta$ 的解。首先，观察式（3-54）可知 $\theta_1(r)$ 的通解为

$$\theta_1 = b\ln r + c \tag{3-61}$$

式中，$b$、$c$——待求解的常数。

将对应的边界条件式（3-55）、式（3-56）代入式（3-61），求得 $\theta_1(r)$ 的解为

$$\theta_1(r) = \theta_0 \frac{1 + \dfrac{h_w r_i}{\lambda} \ln \dfrac{r}{r_i}}{1 + \dfrac{h_w r_i}{\lambda} \ln \dfrac{r}{r_0}} \tag{3-62}$$

进而求解 $\theta_2(r,\tau)$。采用分离变量法求解方程（3-57），令 $\theta_2(r,\tau) = R(r)T(\tau)$，则方程（3-57）可以化为式（3-63）的形式。

$$RT' = a\left(R''T + \frac{1}{r}R'T\right)$$

$$\frac{T'}{aT} = \frac{R''}{R} + \frac{R'}{rR} \tag{3-63}$$

由于式（3-63）左右两边分别为 $\tau$ 和 $r$ 的函数，想要等式成立，则必须等于同一个常数，设为 $-\eta$，如式（3-64）所示。

$$\frac{T'}{aT} = \frac{rR'' + R'}{rR} = -\eta \tag{3-64}$$

式（3-64）可以拆分为式（3-65）和式（3-66）。

$$T' + a\eta T = 0 \tag{3-65}$$

$$r^2 R'' + rR' + r^2 \eta R = 0 \tag{3-66}$$

式（3-65）的通解为

$$T(\tau) = Be^{-a\eta\tau} \tag{3-67}$$

式中，$B$——待求解的常数。

如果 $\eta < 0$，则当 $\tau \to \infty$ 时有 $\theta_2 \to 0$，这是不符合事实的。如果 $\eta = 0$，则 $T(\tau) = B$ 为常数，这也不符合事实。因此，可以得出 $\eta > 0$，可以令 $\eta = \beta^2$ 且 $\beta > 0$。

式（3-66）是一个标准的 0 阶贝塞尔函数[10]，其通解形式为

$$R(r) = CJ_0(\beta r) + DY_0(\beta r) \tag{3-68}$$

式中，$C$、$D$——待求解的常数；

$J_0$——0 阶第一类贝塞尔函数；

$Y_0$——0 阶第二类贝塞尔函数。

$n$ 阶第一类和第二类贝塞尔函数分别由下式计算：

$$J_n(x) = \sum_{m=0}^{\infty} (-1)^m \frac{1}{m!\,\Gamma(n+m+1)} \left(\frac{x}{2}\right)^{n+2m} \tag{3-69}$$

$$Y_n(x) = \frac{2}{\pi} J(x)\left(\ln \frac{x}{2} + \gamma\right) + \frac{1}{\pi} \sum_{m=0}^{\infty} \frac{(-1)^{m-1}(h_m + h_{m+n})}{m!(n+m)!} \left(\frac{x}{2}\right)^{n+2m} - \frac{1}{\pi} \sum_{m=0}^{n-1} \frac{(n-m-1)!}{m!} \left(\frac{x}{2}\right)^{2m-n} \tag{3-70}$$

式中，$x$——自变量，正数；

$m$——正整数；

$n$——贝塞尔函数的阶数，正整数；

$h$——$m$ 和 $n$ 的函数；

$\gamma$——欧拉常数。

并且，$h_0 = 0$，$h_s = 1 + \dfrac{1}{2} + \dfrac{1}{3} + \cdots + \dfrac{1}{s}\ (s = 1, 2, \cdots)$，$\gamma = \lim\limits_{s \to \infty}(h_s - \ln s) = 0.57721567\cdots$

根据解的线性叠加原理，方程（3-57）的通解可以表示为

$$\theta_2(r, \tau) = Be^{-a\beta^2\tau}\left[CJ_0(\beta r) + DY_0(\beta r)\right] \tag{3-71}$$

将边界条件（3-59）代入式（3-71）中，得到

$$R(r_0) = CJ_0(\beta r_0) + DY_0(\beta r_0) = 0 \tag{3-72}$$

根据贝塞尔函数的性质，第一类贝塞尔函数 $J$ 与第二类贝塞尔函数 $Y$ 是线性无关的，因此，满足式（3-72）的唯一非零解为

$$\begin{cases} C = Y_0(\beta r_0) \\ D = -J_0(\beta r_0) \end{cases} \tag{3-73}$$

将边界条件（3-58）代入式（3-71）中，得到

$$\frac{Y_0(\beta r_0)J_1(\beta r_i) - J_0(\beta r_0)Y_1(\beta r_i)}{Y_0(\beta r_0)J_0(\beta r_i) - J_0(\beta r_0)Y_0(\beta r_i)} = -\frac{h_w}{\lambda\beta} \tag{3-74}$$

式中，$J_1$——1 阶第一类贝塞尔函数；

$Y_1$——1 阶第二类贝塞尔函数。

其中，不同阶贝塞尔函数的递推公式如下所示 [11]。

$$\begin{cases} \dfrac{\mathrm{d}}{\mathrm{d}x}\left[x^n J_n(x)\right] = x^n J_{n-1}(x) \\ \dfrac{\mathrm{d}}{\mathrm{d}x}\left[x^{-n} J_n(x)\right] = -x^{-n} J_{n+1}(x) \end{cases} \tag{3-75}$$

$$\begin{cases} \dfrac{\mathrm{d}}{\mathrm{d}x}\left[x^n Y_n(x)\right] = x^n Y_{n-1}(x) \\ \dfrac{\mathrm{d}}{\mathrm{d}x}\left[x^{-n} Y_n(x)\right] = -x^{-n} Y_{n+1}(x) \end{cases} \tag{3-76}$$

令　$E_1(\beta r_i) = \left[Y_0(\beta r_0)J_1(\beta r_i) - J_0(\beta r_0)Y_1(\beta r_i)\right]\beta r_i$，　$E_2(\beta r_i) = -\left[Y_0(\beta r_0)J_0(\beta r_i) - J_0(\beta r_0)Y_0(\beta r_i)\right]Bi$，其中 $Bi = h_w r_i / \lambda$。即可将方程（3-74）简写为式（3-77）的形式。

$$E_1(\beta r_i) = E_2(\beta r_i) \tag{3-77}$$

方程（3-77）是一个超越方程，即当一元方程 $f(z) = 0$ 的左端函数 $f(z)$ 不是 $z$ 的多项式时，称之为超越方程。这类方程除极少数情形（如简单的三角方程）外，只能近似地求解，其最佳解法为图解法近似求解，也可采用数值计算方法求解。为了便于理解，此处采用图解法给出求解 $\beta_m\ (m = 1, 2, \cdots)$ 的无穷多个解的示例。但图解法的结果并不精确，最终计算时本书仍采取数值方法进行逼近求解。图 3.15 展示了 $\beta_m$ 的求解过程，两条曲线分别为 $E_1(\beta r_i)$ 和 $E_2(\beta r_i)$，其交点即为方程（3-41）的特征根，相应的特征函数为 $R_0(\beta_m r) = Y_0(\beta_m r_0)J_0(\beta_m r) - J_0(\beta_m r_0)Y_0(\beta_m r)$。

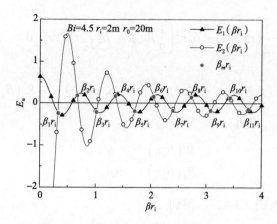

图 3.15　$\beta_m$ 求解过程图

根据解的线性叠加原理，方程（3-57）的通解可写为

$$\theta_2 = \sum_{m=1}^{\infty} B_m e^{-a\beta_m^2 \tau} R_0 \left( \beta_m r \right) \tag{3-78}$$

根据 Sturm-Liouville 理论[10]，如果 $\beta_m \neq \beta_n$，则特征函数 $R_0 \left( \beta_m r \right)$ 和 $R_0 \left( \beta_n r \right)$ 在区间 $[r_i, r_0]$ 内关于权函数 $r$ 正交，即有

$$\int_{r_i}^{r_0} r R_0 \left( \beta_m r \right) R_0 \left( \beta_n r \right) \mathrm{d}r = 0 , \quad (m \neq n) \tag{3-79}$$

因此，方程（3-78）两边同乘以 $r R_0 \left( \beta_n r \right)$ 并在 $[r_i, r_0]$ 内对 $r$ 进行积分，得到

$$\int_{r_i}^{r_0} r R_0 \left( \beta_m r \right) \left[ \theta_0 - \theta_1 (r) \right] \mathrm{d}r = B_m \int_{r_i}^{r_0} r R_0^2 \left( \beta_m r \right) \mathrm{d}r \tag{3-80}$$

式（3-80）的求解过程为左右两边分别积分求解。首先对等式左边求解，利用分部积分法及贝塞尔函数的递推性质，并将 $\theta_1 (r)$ 的表达式（3-62）代入。

$$
\begin{aligned}
\int_{r_i}^{r_0} r R_0 (\beta_m r) \left[ \theta_0 - \theta_1 (r) \right] \mathrm{d}r &= \frac{\theta_0 \dfrac{hr_i}{\lambda}}{1 + \dfrac{hr_i}{\lambda} \ln \dfrac{r_0}{r_i}} \left[ \frac{\ln r_0}{\beta_m} r R_1 (\beta_m r) \bigg|_{r_i}^{r_0} - \int_{r_i}^{r_0} r R_0 (\beta_m r) \ln r \, \mathrm{d}r \right] \\
&= \frac{\theta_0 \dfrac{hr_i}{\lambda}}{1 + \dfrac{hr_i}{\lambda} \ln \dfrac{r_0}{r_i}} \left\{ \frac{\ln r_0}{\beta_m} r R_1 (\beta_m r) \bigg|_{r_i}^{r_0} - \left[ \frac{r}{\beta_m} R_1 (\beta_m r) \ln r \bigg|_{r_i}^{r_0} - \frac{1}{\beta_m} \int_{r_i}^{r_0} R_1 (\beta_m r) \mathrm{d}r \right] \right\} \\
&= \frac{\theta_0 \dfrac{hr_i}{\lambda}}{1 + \dfrac{hr_i}{\lambda} \ln \dfrac{r_0}{r_i}} \left[ \frac{r_i \ln \dfrac{r_i}{r_0}}{\beta_m} R_1 (\beta_m r_i) + \frac{1}{\beta_m^2} R_0 (\beta_m r_i) \right] \tag{3-81}
\end{aligned}
$$

式中，$R_1 (r) = Y_0 \left( \beta_m r_0 \right) J_1 (r) - J_0 \left( \beta_m r_0 \right) Y_1 (r)$。

为了求解等式（3-81）右侧积分项，先对方程（3-66）两边同乘以 $r R_0' \left( \beta_m r \right)$ 并积分。

$$\int_{r_i}^{r_0} \left( r R_0' \right) \left( r R_0' \right)' \mathrm{d}r + \int_{r_i}^{r_0} r \beta_m^2 R_0 \left( r R_0' \right) \mathrm{d}r = 0$$

$$\frac{1}{2}\left(rR_0'\right)^2\bigg|_{r_i}^{r_0} + \beta_m^2 r^2\left(\frac{1}{2}R_0^2\right)\bigg|_{r_i}^{r_0} - \beta_m^2\int_{r_i}^{r_0} rR_0^2 \mathrm{d}r = 0$$

$$\int_{r_i}^{r_0} rR_0^2\left(\beta_m r\right)\mathrm{d}r = \frac{r_0^2}{2}R_1^2\left(\beta_m r_0\right) - \frac{r_i^2}{2}R_1^2\left(\beta_m r_i\right) - \frac{r_i^2}{2}R_0^2\left(\beta_m r_i\right) \tag{3-82}$$

根据方程（3-74），可知

$$\frac{R_1\left(\beta_m r_i\right)}{R_0\left(\beta_m r_i\right)} = -\frac{h}{\lambda\beta_m} \tag{3-83}$$

将式（3-83）代入式（3-82），得到

$$\int_{r_i}^{r_0} rR_0^2 \mathrm{d}r = \frac{r_0^2}{2}R_1^2\left(\beta_m r_0\right) - \frac{r_i^2}{2}\left(1 + \frac{h^2}{\lambda^2\beta_m^2}\right)R_0^2\left(\beta_m r_i\right) \tag{3-84}$$

将式（3-81）和式（3-84）的结果代入式（3-80）中，即可求解出系数 $B$ 的表达式：

$$B_m = \frac{\dfrac{\theta_0\dfrac{hr_i}{\lambda}}{1 + \dfrac{hr_i}{\lambda}\ln\dfrac{r_0}{r_i}}\left[\dfrac{r_i\ln\dfrac{r_i}{r_0}}{\beta_m}R_1\left(\beta_m r_i\right) + \dfrac{1}{\beta_m^2}R_0\left(\beta_m r_i\right)\right]}{\dfrac{r_0^2}{2}R_1^2\left(\beta_m r_0\right) - \dfrac{r_i^2}{2}\left(1 + \dfrac{h^2}{\lambda^2\beta_m^2}\right)R_0^2\left(\beta_m r_i\right)} \tag{3-85}$$

将式（3-85）代入式（3-78）中，则可以求解出 $\theta_2\left(r,\tau\right)$ 的定解，如式（3-86）所示。

$$\theta_2 = \frac{\theta_0\dfrac{hr_i}{\lambda}}{1 + \dfrac{hr_i}{\lambda}\ln\dfrac{r_0}{r_i}}\sum_{m=1}^{\infty}\mathrm{e}^{-a\beta_m^2\tau}R_0\left(\beta_m r\right)\frac{\dfrac{r_i\ln\dfrac{r_i}{r_0}}{\beta_m}R_1\left(\beta_m r_i\right) + \dfrac{1}{\beta_m^2}R_0\left(\beta_m r_i\right)}{\dfrac{r_0^2}{2}R_1^2\left(\beta_m r_0\right) - \dfrac{r_i^2}{2}\left(1 + \dfrac{h^2}{\lambda^2\beta_m^2}\right)R_0^2\left(\beta_m r_i\right)} \tag{3-86}$$

那么，将 $\theta_1\left(r\right)$ 与 $\theta_2\left(r,\tau\right)$ 的解进行叠加，即可求出围岩过余温度的表达式：

$$\theta = \theta_0\frac{1 + \dfrac{hr_i}{\lambda}\ln\dfrac{r}{r_i}}{1 + \dfrac{hr_i}{\lambda}\ln\dfrac{r_0}{r_i}}$$

$$+ \theta_0\frac{\dfrac{hr_i}{\lambda}}{1 + \dfrac{hr_i}{\lambda}\ln\dfrac{r_0}{r_i}}\sum_{m=1}^{\infty}\mathrm{e}^{-a\beta_m^2\tau}R_0\left(\beta_m r\right)\frac{\beta_m r_i\ln\dfrac{r_i}{r_0}R_1\left(\beta_m r_i\right) + R_0\left(\beta_m r_i\right)}{\dfrac{r_0^2\beta_m^2}{2}R_1^2\left(\beta_m r_0\right) - \left(\dfrac{r_i^2\beta_m^2}{2} + \dfrac{r_i^2 h^2}{2\lambda^2}\right)R_0^2\left(\beta_m r_i\right)} \tag{3-87}$$

再将过余温度转换为温度，则可求得任意时刻围岩内部任意深度处的温度计算式：

$$T(r,\tau) = T_f + (T_0 - T_f) \frac{1 + \dfrac{hr_i}{\lambda} \ln \dfrac{r}{r_i}}{1 + \dfrac{hr_i}{\lambda} \ln \dfrac{r_0}{r_i}}$$

$$+ (T_0 - T_f) \frac{\dfrac{hr_i}{\lambda}}{1 + \dfrac{hr_i}{\lambda} \ln \dfrac{r_0}{r_i}} \sum_{m=1}^{\infty} e^{-a\beta_m^2 \tau} R_0(\beta_m r) \frac{\beta_m r_i \ln \dfrac{r_i}{r_0} R_1(\beta_m r_i) + R_0(\beta_m r_i)}{\dfrac{r_0^2 \beta_m^2}{2} R_1^2(\beta_m r_0) - \left( \dfrac{r_i^2 \beta_m^2}{2} + \dfrac{r_i^2 h^2}{2\lambda^2} \right) R_0^2(\beta_m r_i)}$$

$$\tag{3-88}$$

式中，$R_0(r) = Y_0(\beta r_0) J_0(r) - J_0(\beta r_0) Y_0(r)$ ；$R_1(r) = Y_0(\beta r_0) J_1(r) - J_0(\beta r_0) Y_1(r)$ 。$J_0$ 和 $Y_0$ 分别是 0 阶第一类和第二类贝塞尔函数，$J_1$ 和 $Y_1$ 分别是 1 阶第一类和第二类贝塞尔函数。

### 2. 半解析计算参数确定

围岩温度随时间及空间分布的表达式过于复杂。为了使其更加便于计算，且寻找出普遍规律，将式（3-88）进行无量纲化。无量纲化的结果如式（3-89）所示。

$$\Theta(\Gamma, Bi, Fo) = \frac{1 + Bi \ln \Gamma}{1 + Bi \ln \Phi}$$

$$+ \frac{Bi}{1 + Bi \ln \Phi} \sum_{m=1}^{\infty} e^{-Fo\Psi_m^2} R_0(\Gamma\Psi_m) \frac{R_0(\Psi_m) - \Psi_m R_1(\Psi_m) \ln \Phi}{\dfrac{(\Phi\Psi_m)^2}{2} R_1^2(\Phi\Psi_m) - \dfrac{\Psi_m^2 + Bi^2}{2} R_0^2(\Psi_m)}$$

$$\tag{3-89}$$

式中，$\Theta$——围岩的无因次温度；

$\Gamma$——围岩的无因次深度；

$Bi$——围岩蓄冷的毕渥数；

$Fo$——围岩蓄冷的傅里叶数；

$\Phi$——围岩的无因次远边界半径；

$\Psi$——围岩的无因次内壁面半径。

围岩的无因次温度 $\Theta$ 表征了围岩在一定深度下一定时间处的温度值，定义为围岩温度和空气温度之差与初始温度和空气温度之差的比值，其表达式为

$$\Theta = \frac{T(r,\tau) - T_f}{T_0 - T_f} \tag{3-90}$$

围岩的无因次深度 $\Gamma$ 表征了围岩的深度，定义为围岩深度与围岩半径的比值，其表达式为

$$\Gamma = \frac{r}{r_i} \tag{3-91}$$

傅里叶数 $Fo$ 和毕渥数 $Bi$ 分别表征了围岩连续蓄冷过程中的蓄冷时间及蓄冷的风流速度，其表达式分别如式（3-92）和式（3-93）所示。

$$Fo = \frac{a\tau}{r_i^2} \tag{3-92}$$

$$Bi = \frac{hr_i}{\lambda} \tag{3-93}$$

围岩的无因次远边界半径 $\Phi$ 表征了围岩的远边界，定义为围岩远边界半径与围岩内壁面半径的比值，其表达式为

$$\Phi = \frac{r_i}{r_0} \tag{3-94}$$

围岩的无因次内壁面半径 $\Psi$ 是一个计算中间值，为超越方程（3-77）的解。而超越方程（3-77）是 $Bi$、$r_i$ 及 $r_0$ 之间的关系式，由于远边界一般为定值且取值很大，可以认为 $\Psi$ 是 $Bi$ 和 $r_i$ 的函数。

因此，根据无量纲简化结果，对于当量尺寸确定的硐室，在连续蓄冷工况下，影响围岩内部温度的因素为无因次深度 $\Gamma$、傅里叶数 $Fo$ 及毕渥数 $Bi$。

虽然将硐室围岩的温度计算式进行了无量纲化，但想要直接计算出其温度结果还很困难，需要借助计算机进行数值求解，这种将解析法与数值法相结合的方法即为半解析计算方法，即利用解析法求解出数学模型的解析计算式，再借用数值方法得到具体数值。该方法相对于直接数值解法的好处就在于通过先推导出解析计算式，可以分析各因素对结果造成的影响，并能够进行有依据的简化。

在采用数值解法求解式（3-89）时有些数值需事先确定，比如无穷多的求和次数 $m$，在数值计算过程中不可能进行无穷多次的计算。因此，在开始计算前应确定式中的一些数值计算参数。需先确定的数值计算参数有以下 3 个：①无因次远边界半径 $\Phi$；②求和计算次数 $m$；③用图解法求解 $\Psi_m$ 时的计算精度。

（1）无因次远边界半径 $\Phi$

为了探究无因次远边界半径 $\Phi$ 对最终计算结果的影响，按照表 3.4 中的参数，计算在稳态情况下 $(\tau = \infty)$ 不同 $\Phi$ 取值对无因次内壁面温度 $\Theta_{r_i}$ 的影响。

表 3.4　远边界半径的计算参数

| 参数 | 描述 | 取值 |
|------|------|------|
| $\Gamma$ | 无因次深度 | 1 |
| $Bi$ | 毕渥数 | 4.5 |
| $Fo$ | 傅里叶数 | $\infty$ |
| $\Phi$ | 无因次远边界半径 | $10 \sim 2000$ |

图 3.16 展示了无因次内壁面温度 $\Theta_{r_i}$ 随远边界半径 $\Phi$ 的变化关系。结果显示，无因次内壁面温度 $\Theta_{r_i}$ 随着远边界半径 $\Phi$ 的增大而减小，整体呈现先急剧下降后平缓的趋势。具体而言，当 $10 < \Phi < 100$ 时，$\Theta_{r_i}$ 减小了 0.042；当 $100 < \Phi < 2000$ 时，$\Theta_{r_i}$ 减小了 0.018。这说明选取的远边界半径 $\Phi$ 越大，计算结果越准确，但提升的精度逐渐降低，同时会使计算机的计算量越大，求解时间越缓慢。因此综合考虑计算准确度与速度，

选取 $\Phi=100$ 作为计算参数，此时与 $\Phi=2000$ （近似无穷远处）的差值为 0.018。以风流温度 $T_f=20℃$，初始温度 $T_0=30℃$ 为例，根据围岩过余温度计算并结合图 3.16 中的数据，可得

$$\Theta_{r_i}^{\Phi 2000} = \frac{T_{\Phi 2000}\left(r_i,\infty\right)-T_f}{T_0-T_f} = 0.027 \tag{3-95}$$

$$\Theta_{r_i}^{\Phi 100} = \frac{T_{\Phi 100}\left(r_i,\infty\right)-T_f}{T_0-T_f} = 0.045 \tag{3-96}$$

算出 $T_{\Phi 100}\left(r_i,\infty\right)=20.45℃$，$T_{\Phi 2000}\left(r_i,\infty\right)=20.27℃$，其温差只有 0.18℃，因此选取 $\Phi=100$ 可以满足计算需求。

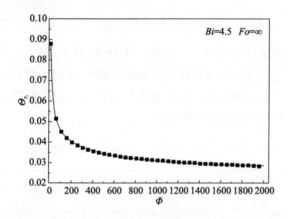

图 3.16　无因次内壁面温度 $\Theta_{r_i}$ 随远边界半径 $\Phi$ 的变化关系

（2）求和计算次数 $m$

式（3-89）中存在无穷求和项 $m$，而在数值计算中是无法实现无穷多项求和的，因此需要了解求和计算次数 $m$ 的变化对最终计算结果的影响，按照表 3.5 中的参数，计算在非稳态情况下不同 $m$ 取值对无因次内壁面温度 $\Theta_{r_i}$ 的影响。

表 3.5　无限求和次数 $m$ 的计算参数

| 参数 | 描述 | 取值 |
| --- | --- | --- |
| $\Gamma$ | 无因次深度 | 1 |
| $Bi$ | 毕渥数 | 4.5 |
| $Fo$ | 傅里叶数 | $0\sim0.15$ |
| $\Phi$ | 无因次远边界半径 | 100 |
| $A$ | $\Psi_m$ 的计算精度 | 小数点后 6 位 |
| $m$ | 求和计算次数 | 200,400,600,800,1000 |

图 3.17 展示了计算结果。结果显示，$Fo$ 越大，不同曲线的重合程度越高，意味着计算次数 $m$ 越大越精确，且时间越长，计算次数 $m$ 的影响越小。具体而言，$Fo\geqslant0.1$ 时，所有曲线均重叠在一起，此时选取求和计算次数 $m\geqslant200$ 可满足无误差；而当

$Fo \geqslant 0.01$ 时，求和计算次数 $m \geqslant 800$ 可满足无误差。

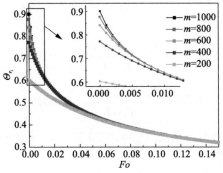

图 3.17　不同求和计算次数 $m$ 下无因次内壁面温度 $\Theta_{r_i}$ 变化

上述求解过程仅考虑了 $Bi = 4.5$ 的情况，不同 $Bi$ 对于求和计算次数 $m$ 也有影响。表 3.6 展示了不同 $Bi$ 下满足不同 $Fo$ 精度所需要的最小 $m$ 值。可以看出，随着 $Bi$ 的增加，$m$ 也不断增加；当 $Bi \geqslant 4.5$ 时，$m$ 不再变化。因此，对于避难硐室通风降温工程，可取 $m = 800$ 作为无限求和的近似计算项数。

表 3.6　不同 $Bi$ 下满足不同 $Fo$ 精度所需要的最小 $m$ 值

| $Bi$ | $m\ (Fo \geqslant 0.01)$ | $m\ (Fo \geqslant 0.1)$ |
|---|---|---|
| 0.3 | 500 | 180 |
| 0.5 | 560 | 180 |
| 0.7 | 600 | 200 |
| 0.9 | 620 | 200 |
| 1.0 | 640 | 200 |
| 2.0 | 660 | 220 |
| 3.0 | 700 | 240 |
| 4.0 | 740 | 260 |
| 5.0 | 800 | 260 |
| 6.0 | 800 | 260 |
| 7.0 | 800 | 260 |
| 8.0 | 800 | 260 |
| 9.0 | 800 | 260 |
| 10.0 | 800 | 260 |
| 15.0 | 800 | 260 |
| 20.0 | 800 | 260 |

（3）$\Psi_m$ 的计算精度

$\Psi_m$ 是超越方程（3-77）的解，在利用计算机计算时拟采用逐点试算法去逼近最终结果，因此需要考虑在每一次逼近结果时，精确到小数点后几位的问题，即计算精度问题。计算精度越高，结果越准确，而计算精度每增加 1 位，计算次数增加 10 倍，因此选择合适的计算精度很重要。表 3.7 为选择合适 $\Psi_m$ 所选用的计算参数。

表 3.7　超越方程解 $\Psi_m$ 的计算参数

| 参数 | 描述 | 取值 |
|---|---|---|
| $\Gamma$ | 无因次深度 | 1 |
| $Bi$ | 毕渥数 | 4.5 |
| $Fo$ | 傅里叶数 | $0 \sim 0.1$ |
| $\Phi$ | 无因次远边界半径 | 100 |
| $A$ | $\Psi_m$ 的计算精度 | 小数点后 3 ~ 6 位 |
| $m$ | 求和计算次数 | 800 |

图 3.18 展示了不同计算精度 $A$ 下无因次内壁面温度 $\Theta_{r_1}$ 的变化。结果显示，$A=3$ 时准确度很低；$A=4$ 时准确度较高；而 $A \geqslant 5$ 时其结果基本保持恒定。因此，当 $Bi=4.5$ 时，$\Psi_m$ 的计算精度 $A$ 应选取小数点后 5 位，其结果与理论值（假设 $A=6$ 为理论值）误差不大于 0.2%。

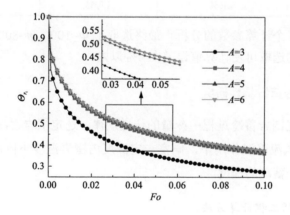

图 3.18　不同计算精度 $A$ 下无因次内壁面温度 $\Theta_{r_1}$ 变化

类似地，图 3.18 的结果仅考虑了 $Bi = 4.5$ 的情况，不同 $Bi$ 条件下是否会对 $A$ 的选值有影响还需进一步探讨。表 3.8 给出 $Fo=0.1$，不同 $Bi$ 时各计算精度条件下无因次内壁面温度计算结果的误差。结果显示，误差大小并不会随 $Bi$ 的变化产生一个规律性变化，但不同的计算精度都有各自的变化范围，$A=3$ 时的误差为 10% ~ 40%，$A=4$ 时的误差为 1% ~ 4%，$A=5$ 时的误差为 0.1% ~ 0.4%，可以看到，误差的范围随着 $A$ 的增大以 10 倍减小。因此，选取 $A=5$ 可保证产生不大于 0.4% 的误差。

表 3.8　不同 $Bi$ 时各计算精度条件下无因次内壁面温度计算结果的误差

| $Bi$ | $A=3$ | $A=4$ | $A=5$ |
|---|---|---|---|
| 0.3 | 46.07% | 0.31% | 0.33% |
| 0.5 | 29.50% | 1.49% | 0.10% |
| 0.7 | 16.63% | 3.06% | 0.28% |
| 0.9 | 38.35% | 3.43% | 0.42% |
| 1.0 | 33.37% | 3.75% | 0.13% |
| 2.0 | 28.14% | 2.38% | 0.28% |
| 3.0 | 22.23% | 2.81% | 0.31% |
| 4.0 | 17.80% | 2.07% | 0.22% |
| 5.0 | 16.10% | 2.35% | 0.14% |
| 6.0 | 13.59% | 2.05% | 0.13% |
| 7.0 | 12.92% | 1.75% | 0.19% |
| 8.0 | 12.24% | 1.75% | 0.12% |
| 9.0 | 12.09% | 2.18% | 0.21% |
| 10.0 | 11.07% | 2.27% | 0.21% |
| 15.0 | 42.78% | 1.89% | 0.17% |
| 20.0 | 9.15% | 1.96% | 0.14% |

通过综合以上 3 个计算参数的分析，最终选取了 $\Phi=100$，$m=800$，$A=5$，进行数值计算。该计算参数的选取可使计算值误差在 4% 以内。

### 3.3.2　围岩连续蓄冷运行特性研究

为了更好地描述围岩蓄冷过程中冷量的传递规律，选定围岩蓄冷量作为研究对象。围岩蓄冷量是指在风流降温作用下，硐室一定深度内围岩温度下降所积蓄的冷量。围岩蓄冷量表征了围岩蓄冷的程度。

#### 1. 围岩蓄冷量的工程计算方法

（1）围岩调热圈的计算

要计算围岩蓄冷量，需首先确定一定深度内的围岩，这里的"一定深度"即围岩调热圈。围岩调热圈半径 $r_c$ 的定义为时间 $\tau$ 内围岩内部温度产生变化的最远范围。由于学术界并没有统一规定温度变化的阈值，本节假定围岩内部温差变化大于或等于 0.5% 的区域称为调热圈区域，即温差变化等于 0.5% 的边界作为调热圈边界。这里的温差变化百分比指以围岩内壁面的温度降作为分母，以任意深度围岩温度与围岩内壁面温度的差值为分子计算出来的值，再乘以 100%。根据定义，围岩调热圈计算式如式（3-97）所示。

$$\frac{T(r_\mathrm{c},\tau)-T(r_\mathrm{i},\tau)}{T(r_0,\tau)-T(r_\mathrm{i},\tau)}=0.995 \tag{3-97}$$

式中，$r_\mathrm{c}$——硐室围岩的调热圈半径。

为方便进行无因次计算，将式（3-97）利用过余温度计算式进行相关参数的无量纲化，结果如下所示。

$$\frac{\Theta_{r_\mathrm{c}}-\Theta_{r_\mathrm{i}}}{\Theta_0-\Theta_{r_\mathrm{i}}}=0.995 \tag{3-98}$$

将无因次围岩温度计算式（3-89）代入式（3-98）中，选取计算参数为 $Bi=4.5$，经过半解析计算求得 $r_\mathrm{c}$ 与 $Fo$ 的关系。

计算的最终结果被绘制成 $R_\mathrm{c}$-$Fo$ 曲线，如图 3.19 所示。其中，$R_\mathrm{c}=r_\mathrm{c}/r_\mathrm{i}$，表示无因次的调热圈半径。可以看出，无因次调热圈半径随着 $Fo$ 的增长而增长，但增长速度逐渐减缓。这说明围岩蓄冷范围不断扩大，但增长速率逐渐减小。产生该现象的原因主要有两点：一是随着蓄冷时间的延长，围岩内壁面温度不断降低，从风流处得到的冷量逐步减少；二是硐室围岩模型为圆柱形，半径越大，其圆周越大，升温越缓慢。其拟合结果同样出现在图 3.19 中，拟合公式如下所示。

$$R_\mathrm{c}=3.57\sqrt{Fo}+1 \tag{3-99}$$

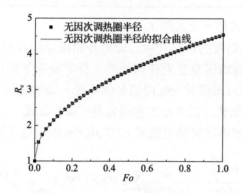

图 3.19　围岩调热圈变化曲线

拟合结果确定系数 $R^2=0.9996$，说明拟合曲线非常接近计算点，可以代替使用。再将式（3-99）量纲化，可以得到具体的计算调热圈半径 $r_\mathrm{c}$ 的计算公式。

$$r_\mathrm{c}=3.57\sqrt{a\tau}+r_\mathrm{i} \tag{3-100}$$

但这仅限于 $Bi=4.5$ 的情况，为探究 $Bi$ 对围岩调热圈半径的影响，计算了 10 组不同 $Bi$ 对该式造成的影响。

通过大量计算，列出一系列 $Bi$ 下围岩调热圈半径 $r_\mathrm{c}$ 计算的拟合结果，如表 3.9 所示。可以看出，$Bi$ 对公式（3-100）的影响表现在系数上，且影响非常小。因此，$Bi$ 对围岩调热圈的影响可以用修正系数 $\eta$ 表示。

$$r_\mathrm{c}=3.6\eta\sqrt{a\tau}+r_\mathrm{i} \tag{3-101}$$

其中，调热圈半径修正系数 $\eta$ 随 $Bi$ 的取值关系为

$$\begin{cases} \eta = 1.05, & (7 \leqslant Bi \leqslant 14) \\ \eta = 1, & (3 < Bi < 7) \\ \eta = 0.95, & (Bi \leqslant 3) \end{cases} \tag{3-102}$$

表 3.9  不同 $Bi$ 下围岩调热圈半径 $r_c$ 的拟合计算式

| $Bi$ | 拟合结果 |
| --- | --- |
| 1.0 | $r_c - r_i = 3.42\sqrt{a\tau}$ |
| 2.0 | $r_c - r_i = 3.46\sqrt{a\tau}$ |
| 3.0 | $r_c - r_i = 3.51\sqrt{a\tau}$ |
| 4.0 | $r_c - r_i = 3.55\sqrt{a\tau}$ |
| 5.0 | $r_c - r_i = 3.60\sqrt{a\tau}$ |
| 6.0 | $r_c - r_i = 3.63\sqrt{a\tau}$ |
| 7.0 | $r_c - r_i = 3.67\sqrt{a\tau}$ |
| 8.0 | $r_c - r_i = 3.71\sqrt{a\tau}$ |
| 9.0 | $r_c - r_i = 3.74\sqrt{a\tau}$ |
| 10.0 | $r_c - r_i = 3.77\sqrt{a\tau}$ |

（2）围岩蓄冷量公式推导及其简化

在确定硐室围岩调热圈的计算式后，即可开始推导围岩蓄冷量的计算式。根据我国《暂行规定》，矿井避难硐室在无任何外界支持的情况下额定防护时间不低于 96h，因此围岩蓄冷量的计算只需要对 96h 内调热圈半径 $r_c$ 范围的围岩降温温差进行积分求解，并对积分公式进行简化，以求得工程围岩蓄冷量计算式。

根据式（3-89）可推得围岩降温温差 $\Delta T(\Gamma, Bi, Fo)$ 的表达式为

$$\Delta T(\Gamma, Bi, Fo) = (T_0 - T_f) \left[ \frac{Bi \ln \dfrac{\Phi}{\Gamma}}{1 + Bi \ln \Phi} - \frac{Bi}{1 + Bi \ln \Phi} \sum_{m=1}^{\infty} e^{-Fo\Psi_m^2} R_0(\Gamma \Psi_m) \frac{R_0(\Psi_m) - \Psi_m R_1(\Psi_m) \ln \Phi}{\dfrac{(\Phi \Psi_m)^2}{2} R_1^2(\Phi \Psi_m) - \dfrac{\Psi_m^2 + Bi^2}{2} R_0^2(\Psi_m)} \right]$$

$$\tag{3-103}$$

为简化式（3-103），令

$$f_1 = \frac{Bi \ln \dfrac{\Phi}{\Gamma}}{1 + Bi \ln \Phi} - \frac{Bi}{1 + Bi \ln \Phi} \sum_{m=1}^{\infty} e^{-Fo\Psi_m^2} R_0(\Gamma \Psi_m) \frac{R_0(\Psi_m) - \Psi_m R_1(\Psi_m) \ln \Phi}{\dfrac{(\Phi \Psi_m)^2}{2} R_1^2(\Phi \Psi_m) - \dfrac{\Psi_m^2 + Bi^2}{2} R_0^2(\Psi_m)}$$

$$\tag{3-104}$$

因此，式（3-103）可以简化为

$$\Delta T(\Gamma, Bi, Fo) = (T_0 - T_f) f_1(\Gamma, Bi, Fo) \tag{3-105}$$

对温差在围岩调热圈范围内积分，可以得到围岩蓄冷量 $Q_{SR}$ 的计算式。

$$Q_{SR}(Bi, Fo) = C_p \rho \int_{r_i}^{r_i + 2116\eta\sqrt{a}} A(r) \Delta T(\Gamma, Bi, Fo) dr$$

$$Q_{\mathrm{SR}}(Bi,Fo)=C_p\rho(T_0-T_f)\int_{r_i}^{r_i+2116\eta\sqrt{a}}A(r)f_1(\varGamma,Bi,Fo)\mathrm{d}r \tag{3-106}$$

式中，$A(r)$——硐室围岩内深度 $r$ 处的面积，$\mathrm{m}^2$。

直接采用式（3-106）求解过于复杂，为了便于工程计算，对该式进行一定的简化。

在初始时刻，即 $Fo=0$ 时刻，围岩蓄冷量为零，表示为

$$Q_{\mathrm{SR}}(Bi,0)=0 \tag{3-107}$$

在无穷大时刻，即 $Fo=\infty$ 时刻，围岩蓄冷量为最大值，表示为

$$Q_{\mathrm{SR}}(Bi,\infty)=C_p\rho(T_0-T_f)\int_{r_i}^{r_i+2116\eta\sqrt{a}}A(r)\frac{Bi\ln\dfrac{\varPhi}{\varGamma}}{1+Bi\ln\varPhi}\mathrm{d}r \tag{3-108}$$

同时，设定参数 $E$，使

$$E=\frac{\displaystyle\int_{r_i}^{r_i+2116\eta\sqrt{a}}A(r)\frac{Bi\ln\dfrac{\varPhi}{\varGamma}}{1+Bi\ln\varPhi}\mathrm{d}r}{\displaystyle\int_{r_i}^{r_i+2116\eta\sqrt{a}}A(r)\mathrm{d}r}$$

因此式（3-108）可以表示为

$$Q_{\mathrm{SR}}(Bi,\infty)=EC_p\rho(T_0-T_f)\int_{r_i}^{r_i+2116\eta\sqrt{a}}A(r)\mathrm{d}r$$
$$=EC_p\rho(T_0-T_f)V_c \tag{3-109}$$

式中，$V_c$——硐室围岩有效蓄冷体积，$\mathrm{m}^3$，表示围岩调热圈深度范围内围岩的体积，
　　　　其具体表达式为

$$V_c=\int_{r_i}^{r_i+2116\eta\sqrt{a}}A(r)\mathrm{d}r \tag{3-110}$$

参数 $E$ 表示围岩调热圈在蓄冷时间为无穷大时的蓄冷量与围岩调热圈范围内所有温度假定为送风温度下的蓄冷量比值，是一个简化计算系数。由 $E$ 的表达式可知，它与导温系数 $a$、硐室当量半径 $r_i$ 及 $Bi$ 有关。

通过大量计算，表 3.10 展示了导温系数 $a$、当量半径 $r_i$ 及 $Bi$ 对 $E$ 值的影响。可以看出，$E$ 的变化范围为 $0.84\sim0.9$。硐室当量半径 $r_i$ 对 $E$ 值影响较大，表现为 $r_i$ 越大，$E$ 值越大；$Bi$ 对 $E$ 值的影响也呈现正相关；围岩导温系数 $a$ 对 $E$ 值的影响呈现负相关。由于所有参数均对其有一定影响且影响幅度不大，拟合为修正参数，其计算关系如式（3-111）所示。

$$E=0.85\eta_1\eta_2\eta_3 \tag{3-111}$$

式中，$\eta_1$——硐室当量半径 $r_i$ 修正系数，$\eta_1=0.048r_i+0.928$；
　　　$\eta_2$——$Bi$ 修正系数，$\eta_2=1.057-0.2Bi^{-0.9}$；
　　　$\eta_3$——围岩导温系数 $a$ 修正系数，$\eta_3=-43950a+1.04$。

结合式（3-106）、式（3-107）及式（3-109），得到了 96h 围岩调热圈深度范围内围岩蓄冷量的工程计算公式为

$$Q_{\mathrm{SR}}=EC_p\rho(T_0-T_f)V_c\times f_2(Bi,Fo) \tag{3-112}$$

式中，$f_2$——关于 $Bi$ 和 $Fo$ 的函数，且满足

$$\begin{cases} f_2(Bi,0)=0 \\ f_2(Bi,\infty)=1 \end{cases}$$ （3-113）

表 3.10　$E$ 值计算表

| Bi | $a=8.07\times10^7\text{m}^2/\text{s}$（黏土） | | $a=9.06\times10^7\text{m}^2/\text{s}$（砂岩） | | $a=12.80\times10^7\text{m}^2/\text{s}$（片麻岩） | |
|---|---|---|---|---|---|---|
| | $r_i=1.5\text{m}$ | $r_i=2\text{m}$ | $r_i=1.5\text{m}$ | $r_i=2\text{m}$ | $r_i=1.5\text{m}$ | $r_i=2\text{m}$ |
| 4 | 0.853 | 0.872 | 0.849 | 0.869 | 0.835 | 0.857 |
| 5 | 0.862 | 0.881 | 0.858 | 0.878 | 0.844 | 0.866 |
| 6 | 0.868 | 0.887 | 0.864 | 0.884 | 0.850 | 0.872 |
| 7 | 0.872 | 0.892 | 0.868 | 0.889 | 0.854 | 0.876 |
| 8 | 0.876 | 0.895 | 0.872 | 0.892 | 0.857 | 0.880 |
| 9 | 0.878 | 0.898 | 0.874 | 0.895 | 0.860 | 0.882 |
| 10 | 0.880 | 0.900 | 0.876 | 0.897 | 0.862 | 0.884 |
| 11 | 0.882 | 0.902 | 0.878 | 0.899 | 0.863 | 0.886 |
| 12 | 0.883 | 0.903 | 0.879 | 0.900 | 0.865 | 0.888 |
| 13 | 0.885 | 0.904 | 0.881 | 0.901 | 0.866 | 0.889 |
| 14 | 0.886 | 0.905 | 0.882 | 0.902 | 0.867 | 0.890 |

　　本节利用半解析方法方法，计算出大量不同 $Bi$ 和 $Fo$ 条件下的 $Q_{SR}$ 值，得到了 $f_2(Bi, Fo)$ 曲线图，如图 3.20 所示。图 3.20 清晰直观地反映出不同 $Bi$ 和 $Fo$ 对围岩蓄冷程度的影响。结合式（3-112）以图 3.20 可以方便地求解出不同情况下围岩蓄冷量的具体值，方便工程计算。

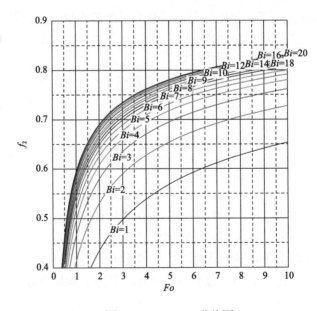

图 3.20　$f_2(Bi, Fo)$ 曲线图

**2. 计算参数设置及结果**

影响围岩连续蓄冷效果的计算参数主要包括送风温度、送风风速、送风时间、硐室围岩的结构及岩土特性。下面以重庆市某避难硐室为例进行计算。其断面为拱形结构，内部空间尺寸为长 17m，侧壁面高 2m，拱顶高 3.5m，宽 4m。围岩的当量半径 $r_i=2m$。避难硐室围护结构为砂岩，其密度为 2400kg/m³，导热系数为 2W/(m·K)，比热容为 920J/(kg·K)，导温系数为 $9.06×10^{-7}$m²/s。送风温度为 20℃，室内平均风速为 2m/s。

重庆市某避难硐室一个月内围岩蓄冷量随时间变化的曲线如图 3.21 所示。可以看出，随着时间延长，围岩蓄冷量整体呈现先快速上升后缓慢上升的趋势。具体而言，前 10d 围岩蓄冷量达 $2.7×10^6$kJ，而在后 20d 仅增加了 $1.6×10^6$kJ，30d 内总计蓄冷量为 $4.3×10^6$kJ。蓄冷量增加速率逐渐减小的原因在于，随着蓄冷的进行，围岩内壁面温度大幅降低，根据牛顿冷却公式，围岩积蓄冷量的能力大幅下降，因此出现围岩蓄冷速率先快后慢的现象。

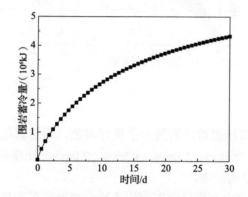

图 3.21  重庆市某避难硐室一个月内围岩蓄冷量随时间变化的曲线

围岩蓄冷量的简化计算式能够给出已知条件下围岩蓄冷量的计算方法，但不同参数对蓄冷量有何影响，依赖于对其影响因素进行分析。由围岩蓄冷量计算式（3-112）可知，在避难硐室外形结构不变及初始温度一定的条件下，影响围岩蓄冷的主要参数有送风温度、室内平均风速及围岩热物性。

**3. 影响因素分析**

**（1）送风温度**

送风温度是调节围岩蓄冷的一个重要参数。送风温度越低，蓄冷量自然越多，但两者之间呈现何种定量的关系，仍需详细探究。假定其他参数不变，送风温度依次设定为 19℃、20℃、21℃、22℃、23℃，计算不同送风温度下围岩蓄冷量的变化，研究其对蓄冷量的影响。

图 3.22 展示了不同送风温度下围岩蓄冷量随时间的变化。围岩蓄冷量随送风温度的升高而降低，且呈现比例关系。以第 30 天为例，送风温度为 19℃、20℃、21℃、22℃、23℃的围岩蓄冷量分别是 $4.76×10^6$kJ、$4.33×10^6$kJ、$3.90×10^6$kJ、$3.46×10^6$kJ、

3.03×10⁶kJ，送风温度每升高 1℃，蓄冷量减少 0.43×10⁶kJ，比例关系满足

$$\frac{Q_{T_{f1}}}{Q_{T_{f2}}} = \frac{T_0 - T_{f1}}{T_0 - T_{f2}}$$

（3-114）

式中，$Q_{T_{f1}}$——送风温度为 $T_{f1}$ 时的蓄冷温度；

$Q_{T_{f2}}$——送风温度为 $T_{f2}$ 时的蓄冷温度。

因此，根据该关系式，如果已知任意一种送风温度 $T_{f1}$ 下的围岩蓄冷 $Q_{T_{f1}}$，即可根据式（3-114）计算任意送风温度下的围岩蓄冷情况。

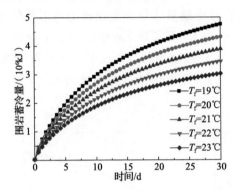

图 3.22　不同送风温度下围岩蓄冷量随时间的变化

（2）室内平均风速

室内平均风速是调节围岩蓄冷的另一个重要参数。假定其他参数不变，室内平均风速依次设定为 0.1m/s、0.5m/s、1.0m/s、1.5m/s、2.0m/s，计算不同风速下围岩蓄冷量的变化，研究其对蓄冷量的影响。

图 3.23 展示了不同室内平均风速下围岩蓄冷量随时间的变化。整体上看，室内平均风速越大，其蓄冷量越大。但随着室内平均风速的增加，蓄冷量增加的幅度大幅减缓。例如，当蓄冷时间为 25d、室内平均风速为 0.1m/s 时，蓄冷量仅为 2.55×10⁶kJ，而当室内平均风速为 0.5m/s 时，蓄冷量增加了 1.08×10⁶kJ，达到 3.63×10⁶kJ，增长幅度为 42%。室内平均风速继续增加时，蓄冷量的增长明显衰减，以室内平均风速 0.5m/s 为基点，室内平均风速每增加 0.5m/s，围岩蓄冷量分别增加 0.4×10⁶kJ、0.2×10⁶kJ、0.1×10⁶kJ。

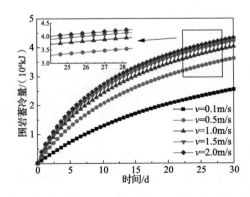

图 3.23　不同室内平均风速下围岩蓄冷量随时间的变化

　　围岩蓄冷量从本质上受两方面影响，外界传热速率和内部传热速率，即毕渥数 $Bi$。风速太小，外界传热速率慢，则蓄冷量小；风速太大，外界传热速率增大，但内部传热速率并不受影响，使围岩蓄冷量也无法得到进一步提升。这意味着风速的选取存在一个较为合适的值。在本例中，0.5m/s 左右的风速较为理想。

　　（3）围岩热物性

　　围岩热物性是影响围岩蓄冷效果的重要参数。但围岩热物性是一个集合概念，在本节中，影响围岩蓄冷的热物性参数主要有岩土的密度、导热系数、比热容及导温系数。为简化计算过程，并与实际相结合，保证其他参数不变，岩土参数分别比照石灰质凝灰岩、砂岩、片麻岩及石灰岩选取，4 种不同围岩类型的热物性参数如表 3.11 所示。计算不同围岩种类下围岩蓄冷量的变化，研究其对蓄冷量的影响。

表 3.11　4 种不同围岩类型的热物性参数

| 围岩的材料种类 | 密度 /(kg/m³) | 导热系数 / [W/(m·K)] | 比热容 / [J/(kg·K)] | 导温系数 / (10⁻⁷m²/s) |
|---|---|---|---|---|
| 片麻岩 | 2700 | 3.48 | 1004 | 12.84 |
| 砂岩 | 2400 | 2.00 | 920 | 9.06 |
| 石灰岩 | 2250 | 1.28 | 837 | 6.80 |
| 石灰质凝灰岩 | 1300 | 0.52 | 920 | 4.35 |

　　不同岩土类型下围岩蓄冷量随时间的变化如图 3.24 所示。很明显，围岩导温系数越大的材质，其围岩蓄冷量越大。例如，当蓄冷时间为 30d 时，围岩导温系数分别为 $12.84\times10^{-7}\text{m}^2/\text{s}$、$9.06\times10^{-7}\text{m}^2/\text{s}$、$6.80\times10^{-7}\text{m}^2/\text{s}$、$4.35\times10^{-7}\text{m}^2/\text{s}$ 时的蓄冷量分别为 $6.29\times10^6\text{kJ}$、$4.33\times10^6\text{kJ}$、$3.16\times10^6\text{kJ}$、$1.60\times10^6\text{kJ}$。

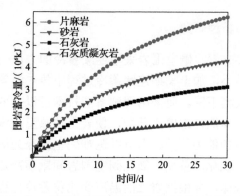

图 3.24　不同岩土类型下围岩蓄冷量随时间的变化

　　为了更加清楚地反映其围岩蓄冷量与密度、导热系数、比热容及导温系数之间的变化关系，以蓄冷量变化百分比、密度变化百分比、导热系数变化百分比、比热容变化百分比作为纵坐标，以不同材质的硐室围岩作为横坐标绘出关系图。其中，以砂岩的所有数据作为基础值 1，其余材料换算成相应的百分比系数，换算公式如式（3-115）所示。

$$\mu_X = \frac{X_i}{X_{砂岩}} \qquad\qquad (3\text{-}115)$$

式中，$\mu$——百分比系数；

$X$——不同参数；

$i$——硐室围岩的类型。

图 3.25 显示了不同岩土类型下各参数相对值的变化。可以明显看出，导温系数的变化曲线与蓄冷量变化曲线最为接近，将蓄冷量变化视为真值，导温系数的均方根为 0.059，而密度及导热系数的相对值曲线与蓄冷量曲线相距较大，其均方根分别为 0.199 和 0.160。围岩的比热容相对值几乎都在 1 附近，因此不参与均方根计算。因此，在围岩的所有热物性参数中，可以粗略地以围岩导温系数的变化来预测围岩蓄冷量变化。

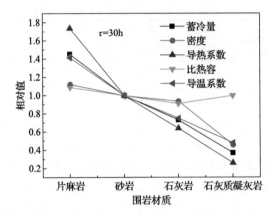

图 3.25　不同岩土类型下各参数相对值的变化

### 3.3.3　围岩间歇蓄冷运行特性研究

从上一节的计算结果来看，硐室围岩采用连续蓄冷的方法仍存在一定的问题。由于岩土本身对流换热系数小，加上长期连续蓄冷过程中传热温差减小，传热速率会逐步降低，导致蓄冷能力大幅下降。而采用间歇蓄能技术可以有效解决该问题。间歇蓄能技术是指在蓄能过程中周期性地停止蓄能，使岩土传热温差恢复，从而保证岩土具有较好的吸收和储存能量的能力[10,12]。本节以避难硐室蓄冷为例，分析了硐室围岩间歇蓄能运行特性并进行了优化。首先，简化硐室围岩间歇蓄冷数值计算模型，分析了间歇蓄冷岩体温度变化规律，并根据岩土的温度变化将蓄冷过程划分为两个阶段，即蓄冷期和保冷期。接着，探究了间歇因子和间歇周期对岩土长期蓄冷过程的影响，并针对两个时期不同的工程要求提出了相应评价指标，据此给出了硐室围岩蓄冷全过程的最优连续 / 间歇蓄冷方法。

#### 1. 围岩间歇蓄冷模型的简化计算方法

为了对停止期间空气与围岩换热边界条件进行合理假设，这里建立了三维数值模型进行仿真计算。三维数值模型采用 ANSYS ICEM 进行建模并利用 Fluent 软件进行数值计算。建立的三维数值计算模型如图 3.26 所示，图 3.26（a）为包含远边界岩土的全局模型，模型具体参数为远边界 50m，总网格数量为 500 万；图 3.26（b）为包含避难硐室的局部模型，避难硐室尺寸为 4m×3.5m×17m，送 / 出风口尺寸半径为 0.2m。岩体材质为砂岩。

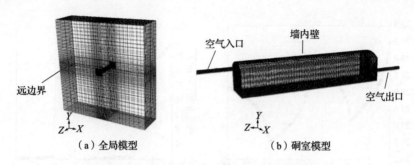

（a）全局模型　　　　　　　（b）硐室模型

图 3.26　围岩间歇蓄冷模型的三维计算网格

　　为了验证数值法计算围岩通风的正确性，按照本节所述方法建立三维数值计算模型，并将计算结果与 Zhang 等[13] 的试验测试结果进行对比。该试验为测量深埋地下巷道通风冷却条件下围岩温度变化的相似性试验。巷道尺寸为 6m（长）×0.1m（内径）×0.4m（外径）。热扩散系数及导热系数分别为 $0.8 \times 10^{-6} \mathrm{m}^2/\mathrm{s}$ 和 $1.2\mathrm{W}/(\mathrm{m \cdot K})$。巷道初始温度为 30℃，风速和风温分别为 5m/s 和 20℃，通风时间为 3.5h。更多的巷道测试描述可以参照文献 [13]。

　　图 3.27 显示了数值计算结果与 Zhang 等试验结果的对比，并同时计算了误差，误差计算公式为 $\Delta \Theta_{r_i} / \Theta_{r_i, \exp} \times 100\%$。结果显示，三维数值计算结果和试验结果具有很好的一致性，过余温度最大差值为 0.024，最大误差为不超过 5%。

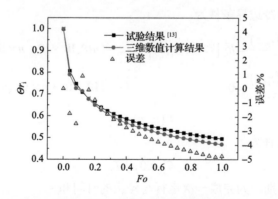

图 3.27　三维数值模型的验证

　　在验证完模型的准确性后，开始进行初始条件的设置。初始条件设置为初始温度 30℃，送风温度 20℃，送风口出风风速 14m/s。间歇参数为间歇周期 24h，其中运行时间 12h，停止时间 12h。计算参数选择 $k\text{-}\varepsilon$ 模型计算风流的湍流流动，时间步长 1s，共计算两个周期，总时间 48h。

从图 3.28（a）围岩内壁面温度中可以看出，围岩温度在停止阶段有较快的恢复，这是由于远边界存在较强的地热作用。第二个周期的温度变化规律同第一周期类似。总体温度持续下降。从图 3.28（b）围岩内壁面热流密度变化中可以看出，运行阶段热流密度与停止阶段热流密度相差很大。具体来说，两个周期内蓄冷阶段的平均热流密度分别是 27W/m² 和 24W/m²，而停止阶段的平均热流密度分别是 0.51W/m² 和 0.39W/m²。

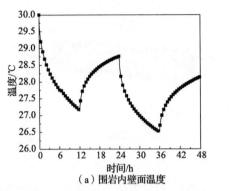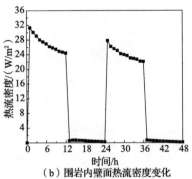

（a）围岩内壁面温度　　　　　　　　　（b）围岩内壁面热流密度变化

图 3.28　三维数值方法的计算结果

三维数值算法计算量大，计算速度缓慢，不利于长时间工况的计算。为了探究长期间歇蓄冷的运行工况，观察内壁面热流密度的变化规律，采用简化的一维数值算法进行计算。由于停止阶段的平均热流密度远小于运行阶段，可将停止过程简化为第二类边界条件的绝热过程。

避难硐室间歇蓄冷一维热传导控制方程为

$$\frac{\partial T}{\partial \tau} = a\left(\frac{\partial^2 T}{\partial r^2} + \frac{1}{r}\frac{\partial T}{\partial r}\right) \tag{3-116}$$

简化后的间歇蓄冷边界条件为

$$\begin{cases} -\lambda_w \dfrac{\partial T(r_i,\tau)}{\partial r} = h_w\left[T_f - T(r_i,\tau)\right], & \left(\tau \in (n\mathrm{IP}, \mathrm{IR} \times \mathrm{IP} + n \times \mathrm{IP}]\right) \\[3mm] -\lambda_w \dfrac{\partial T(r_i,\tau)}{\partial r} = 0, & \left(\tau \in (\mathrm{IR} \times \mathrm{IP} + n \times \mathrm{IP}, (n+1)\mathrm{IP}]\right) \end{cases} \tag{3-117}$$

$$T(r_0,\tau) = T_0 \tag{3-118}$$

间歇蓄冷初始条件为

$$T(r,0) = T_0 \tag{3-119}$$

式中，IP——间歇周期，为完成一次运行与停止的时间和；

IR——间歇因子，等于一个周期内停止时间与运行时间的比值；

$n$——非负整数，$n = 0, 1, 2, \cdots$。

采用有限体积法对上式进行离散，最终离散结果如式（3-120）和式（3-121）所示。利用 MATLAB 软件编程求解，即可得出任意时刻围岩的温度分布。

$$\begin{cases} T_i^k = T_0, & (i=0) \\ \left(\dfrac{Fo \times \Delta r}{2r_i} - Fo\right)T_{i-1}^k + (1+2Fo)T_i^k - \left(Fo + \dfrac{Fo \times \Delta r}{2r_i}\right)T_{i+1}^k = T_i^{k-1}, & (i=1\sim N-1) \end{cases} \quad (3\text{-}120)$$

当 $i=N$ 时，即在内壁面边界处，有

$$\begin{cases} -2Fo \times T_{i-1}^k + (1+2BiFo+2Fo)T_i^k = T_i^{k-1} + 2FoBi \times T_f, & \left(\tau \in \left(n\mathrm{IP}, \mathrm{IR} \times \mathrm{IP} + n \times \mathrm{IP}\right]\right) \\ -2Fo \times T_{i-1}^k + (1+2Fo)T_i^k = T_i^{k-1}, & \left(\tau \in \left(\mathrm{IR} \times \mathrm{IP} + n \times \mathrm{IP}, (n+1)\mathrm{IP}\right]\right) \end{cases}$$
$$(3\text{-}121)$$

式中，$Fo$——计算傅里叶数，$Fo = a\Delta\tau / (\Delta x)^2$；

$Bi$——计算毕渥数，$Bi = h_w \Delta x / \lambda_w$。

为验证一维数值算法中停止期间简化为第二类绝热边界条件的可行性，还将该计算方法的计算结果与三维数值计算结果进行比对。图 3.29 展示了 48h 内围岩内壁面温度的一维数值计算结果与三维数值计算的对比。结果显示，一维数值算法与三维数值算法计算结果非常接近，这表明一维数值算法中将停止过程的传热简化为第二类边界条件的绝热过程可以满足计算要求。

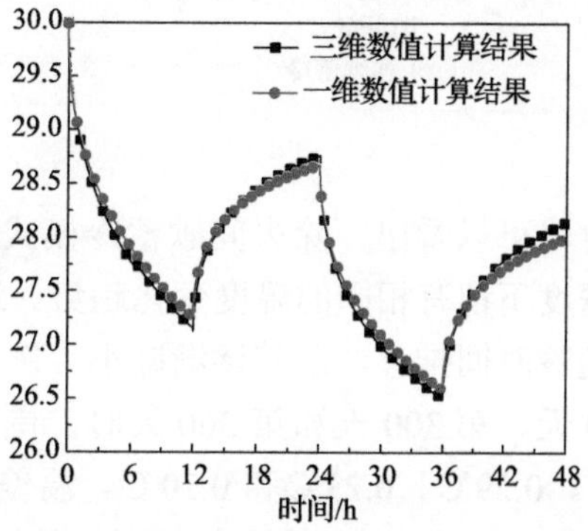

图 3.29　一维数值计算结果与三维数值计算的对比

**2. 围岩间歇蓄冷运行特性分析**

**(1) 参数设置及计算结果**

避难硐室参数及通风蓄冷参数同围岩连续蓄冷一致，围岩的当量半径 $r_i=2\mathrm{m}$。避难硐室围护结构为砂岩。送风温度选取 20℃，室内平均风速为 2m/s。间歇参数则设置为 IP=1d，IR=1，计算总时间为 1a。目标蓄冷温度 $T_{c0}$ 为 23℃。为方便起见，令无因次目标蓄冷温度 $\Theta = (T_{c0}-T_f)/(T_0-T_f)$。根据调热圈的计算公式 [式 (3-100)] 可以算出避难硐室中 96h 传热的调热圈范围是 2m 左右，因此本节将 $r=2\mathrm{m}$ 深度处围岩温度下降到 $\Theta=0.3$ 作为判定岩体蓄冷达到要求的标准。

图 3.30 展示了不同蓄冷模式、不同深度下，如 $r=0\mathrm{m}$、$r=0.5\mathrm{m}$、$r=1\mathrm{m}$、$r=1.5\mathrm{m}$、$r=2\mathrm{m}$ 和 $r=2.5\mathrm{m}$，围岩温度在一年内的变化对比。图 3.30（a）给出了连续蓄冷过程中围岩温度的连续变化。内壁面温度在前 30d 下降速度最快，而随着深度的增加及时间的延长，降温速率减缓。从图 3.30（b）可以看出，间歇蓄冷模式下围岩内壁面（$r=0\mathrm{m}$ 处）温度受边界条件变化的影响呈现明显的波动。一个间歇周期内，围岩内壁面温度在运行时间快速下降，而在停止时间迅速回升，回升温度小于下降温度，因此整体温度呈现下降趋势，并且随着时间的推移，波动幅度逐渐减小。例如，在第一个周期内，内壁面温度波动幅值为 4.4℃，在最后一个周期时，温度波动幅值为 0.11℃。其原因是随着降温时间的推移，围岩温度降低，与风流温差减小，热流密度也相应减少，能量

传递的减弱表现为温度波动减缓。而在空间上,温度波动随着深度加深急剧衰减。例如,围岩深度 $r=0.5m$ 处围岩温度波动幅度已经很小,而在围岩深度 $r=1m$ 处围岩温度波动消失。其原因是岩土是一种比热容大而导热性低的固体,从而导致内部热量传递存在较强的间滞后性和能量的衰减。

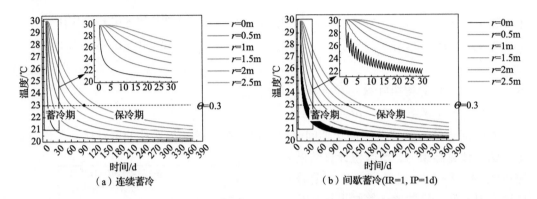

图 3.30　不同蓄冷模式下不同深度围岩温度变化

对比可以看出,除去间歇蓄冷模式下围岩温度波动外,连续蓄冷与间歇蓄冷在各围岩深度下都有相同的温度变化趋势。连续蓄冷围岩温度始终低于间歇蓄冷围岩温度,然而随着时间推移,温差逐渐减小。例如在第 30 天、第 60 天、第 120 天、第 180 天、第 240 天、第 300 天和第 360 天时,围岩内壁面温差分别为 1.42℃、0.90℃、0.52℃、0.37℃、0.29℃、0.23℃ 和 0.20℃。温差形成的主要原因是停止期间的温度回升。而随着时间的延长,温差逐渐减小,这是由于间歇蓄冷使围岩温度可以短暂回升,增大传热温差,从而增强下一周期降温能力,即增强了蓄冷效率,并且其增强的蓄冷效率要大于停止期间的温度回升。

图 3.30 中同时标出了无因次目标蓄冷温度 $\Theta=0.3$。可以看出,连续蓄冷达到蓄冷要求的时间为 92.5d,间歇蓄冷达到蓄冷要求的时间为 116d。以此为界限,将整个蓄冷过程划分为两个时期:达到蓄冷要求之前的蓄冷期(cold storage period,CSP)和蓄冷完成后的保冷期(cold preservation period,CPP)。蓄冷期的主要评价指标为达到蓄冷要求前提下的所需时间及能耗,而保冷期的主要评价指标为维持蓄冷要求前提下操作的难易度(间歇周期越长,操作越方便)及能耗。在假设单位时间蓄冷所需耗能一定的条件下,可以用净蓄冷时间 $\tau_n$ 表征蓄冷所需能耗,其表达式为

$$\tau_n = \tau_c \times \frac{1}{\mathrm{IR}+1} \tag{3-122}$$

式中,　$\tau_n$——净蓄冷时间,表征蓄冷所需能耗,d;

　　　　$\tau_c$——总蓄冷时间,d。

根据这里的计算结果,结合式(3-122),可以算出连续蓄冷达到蓄冷要求的净蓄冷时间为 92.5d,而间歇蓄冷达到蓄冷要求的净蓄冷时间为 58d。因此,在本例中,间歇蓄冷比连续蓄冷在蓄冷期内少消耗 34.5d 的净能耗,然而蓄冷期所需的总时间比连续蓄冷延长了 23.5d。为了缩短间歇蓄冷过程中的蓄冷期时间并减少整个蓄冷过程的能耗,

需要对间歇蓄冷的影响因素包括间歇因子和间歇周期进行分析，并以蓄冷期时间 $\tau_{CSP}$ 和净蓄冷时间 $\tau_n$ 作为效果评价指标。每次分析中，只有研究的参数发生变化，而其他参数不变。

（2）影响因素分析

1）间歇因子。

间歇因子 IR 是一个周期内停止时间与蓄冷时间的比值，IR 越小，说明停止时间越短，蓄冷运行时间越长；IR 越大，说明停止时间越长，蓄冷运行时间越短。它是间歇蓄冷重要的参数之一。为了探究间歇因子对围岩长期间歇蓄冷过程的具体影响，设定其他参数不变，间歇周期为 24h，蓄冷总时间为 365d，间歇因子 IR 分别选取 0、0.2、0.5、1、2 和 5 进行模拟。

图 3.31 展示了某硐室一年内不同间歇因子下不同深度围岩的温度变化。这里 $r=0$m 表示位于围岩的内壁面。随着间歇因子的增大，壁面温度波动加大，围岩蓄冷速度下降，蓄冷期时间延长。具体表现为间歇因子从 0 增加到 5 时，蓄冷期时间 $\tau_{CSP}$ 分别为 92.5d、97.8d、104.5d、116d、139.1d 和 211.5d，而根据式（3-122）计算得出蓄冷期内净蓄冷时间 $\tau_{n,CSP}$ 分别为 92.5d、81.5d、69.7d、58d、46.4d 和 35.3d。其原因是间歇因子越大，一个周期内的净蓄冷时间越少，达到蓄冷目标的时间越长，但是停止时间增多意味着围岩具有更多的恢复时间，使蓄冷效率增大，最终造成达到相同蓄冷目标下净蓄冷时间减少。

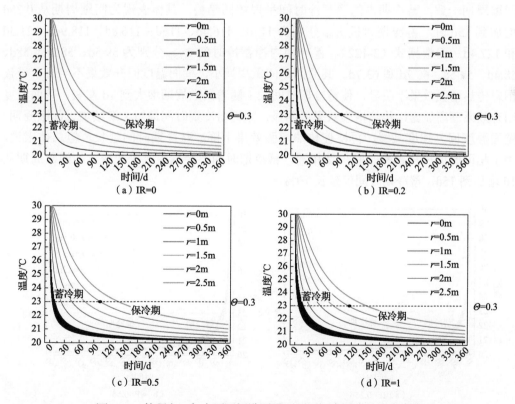

图 3.31　某硐室一年内不同间歇因子下不同深度围岩的温度变化

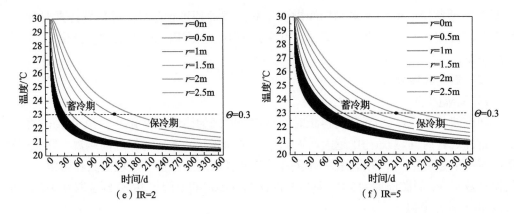

（e）IR=2　　　　　　　　　　（f）IR=5

图 3.31（续）

2）间歇周期。

间歇周期是完成一次运行和停止循环所需的时间，是间歇蓄冷的另一个重要参数。为了探究间歇周期对围岩长期间歇蓄冷过程的影响，保证其他参数不变，间歇因子为 1，总蓄冷时间为 365d，间歇周期分别选取 0.25d、0.5d、1d、2d、4d、7d 和 15d 进行模拟。

图 3.32 展示了某硐室一年内不同间歇周期下不同深度围岩的温度变化。可以看出，随着间歇周期的增大，壁面温度波动加大，蓄冷期时间 $\tau_{CSP}$ 先减小后增大，由于间歇周期一致，蓄冷期内的净蓄冷时间呈现相同趋势。具体表现为间歇周期从 0.25d 增加到 15d 时，蓄冷期时间 $\tau_{CSP}$ 分别为 119d、116.4d、116d、116.8d、118.9d、121.3d 和 127.4d。而根据式（3-122），蓄冷期内净蓄冷时间 $\tau_{n,CSP}$ 分别为 59.5d、58.2d、58d、58.4d、59.5d、60.7d 和 63.7d。其原因是间歇周期小，壁面温度回升效果不明显，导致围岩传热增强效果不明显，使蓄冷期时间长；随着间歇周期增大到 1d 左右，壁面温度回升效果逐渐显露，传热增强效果最明显，因而蓄冷期时间最短；继续增大间歇周期，壁面温度回升速度减缓，再次使传热增强效果下降，蓄冷期时间延长。但总体来说，由于相同时间内净蓄冷时间仍然相同，蓄冷期时间不会发生太大改变，如间歇周期从 1d 增加到 15d，蓄冷期时间仅延长 10%。

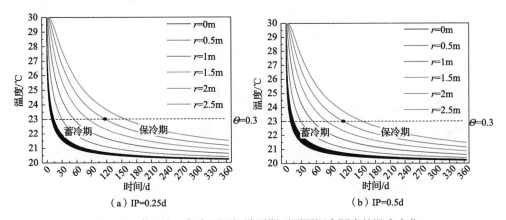

（a）IP=0.25d　　　　　　　　　（b）IP=0.5d

图 3.32　某硐室一年内不同间歇周期下不同深度围岩的温度变化

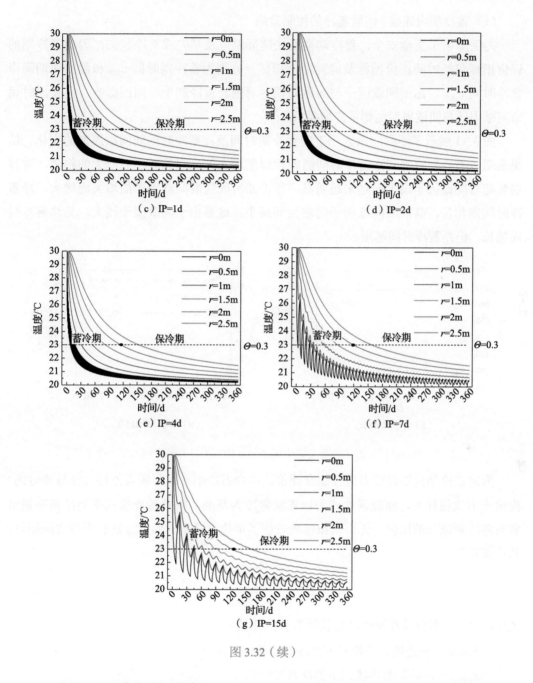

图 3.32（续）

### 3.　连续／间歇蓄冷的控制策略

围岩整个蓄冷过程以达到目标蓄冷温度为中间节点可以划分为两个时期，即蓄冷期和保冷期。不同时期有各自不同的蓄冷要求。通过对间歇蓄冷影响因子的分析可知，间歇因子与间歇周期对围岩的蓄冷特性有着不同的影响。因此，应根据不同的蓄冷时期采取不同的间歇因子与间歇周期组合策略。

（1）蓄冷期内连续/间歇蓄冷的控制策略

为保障矿工生命安全，蓄冷期需要快速降温，及早完成蓄冷状态，因此蓄冷期的评价指标包括时间评价指标及能耗评价指标，分别为蓄冷期时间 $\tau_{CSP}$ 和蓄冷期期间净蓄冷时间 $\tau_{n,CSP}$。由于间歇因子与间歇周期会对围岩蓄冷产生不同的影响，需要同时调节间歇因子与间歇周期达到蓄冷期要求。

图 3.33 展示了不同间歇因子下的蓄冷期时间及净蓄冷时间随间歇周期的变化。结果表明，蓄冷期时间和净蓄冷时间随间歇周期增大都呈现先减小后增大的趋势，这种趋势随着间歇因子增大而越来越明显；蓄冷期时间随着间歇因子的增大而增大，净蓄冷时间则相反，其随着间歇因子的增大而减小。这是由于间歇因子越大，其总蓄冷时间越长，但净蓄冷时间越短。

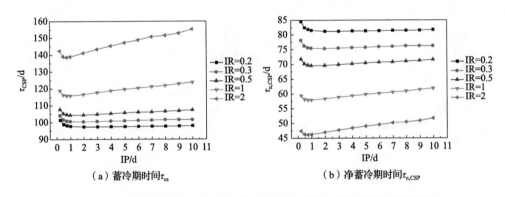

（a）蓄冷期时间 $\tau_{cs}$　　　　　　　　（b）净蓄冷期时间 $\tau_{n,CSP}$

图 3.33　不同间歇因子下的蓄冷期时间及净蓄冷时间随间歇周期的变化

为对蓄冷期内能量节省进行综合评价，结合蓄冷期时间与所需能耗（净蓄冷时间）提出无因次指标 $\varphi$，物理表达式为以连续蓄冷为基准，间歇蓄冷模式下的净蓄冷量节省与蓄冷期延长的比值。无因次指标 $\varphi$ 表征了单位蓄冷期时间 $\tau_{CSP}$ 延长所节省的能量，其计算式为

$$\varphi = \frac{\tau_{n0,CSP} - \tau_{n,CSP}}{\tau_{CSP} - \tau_{CSP0}}$$
（3-123）

式中，$\varphi$——单位蓄冷期时间延长所节省的能量；

　　　$\tau_{n0,CSP}$——连续蓄冷模式下的净蓄冷时间，d；

　　　$\tau_{n,CSP}$——间歇蓄冷模式下的净蓄冷时间，d；

　　　$\tau_{CSP}$——间歇蓄冷模式下的蓄冷期时间，d；

　　　$\tau_{CSP0}$——连续蓄冷模式下的蓄冷期时间，d。

净蓄冷节省量越大说明越节能，蓄冷期时间延长越小说明越快速地达到蓄冷要求，因此需要寻找最大的 $\varphi$ 值。

图 3.34 展示了不同间歇因子和间歇周期下 $\varphi$ 的变化。结果表明，随着间歇周期的

变化，$\varphi$ 值存在两个峰值。当间歇周期为 0.5 ～ 2d 时，$\varphi$ 值峰值出现在 A1 区域，此时间歇因子为 0.3 ～ 1；当间歇周期为 2 ～ 6d 时，$\varphi$ 值峰值出现在 A2 区域，此时间歇因子为 0.1。对于 A2 区域，间歇周期为 2 ～ 6d、间歇因子为 0.1 的间歇蓄冷模式已经非常接近连续蓄冷，因此可以用连续蓄冷模式代表 A2 区域的最佳间歇蓄冷模式。

因此，在本案例中，在蓄冷期阶段，建议采用连续蓄冷方案或是模式为 IR=0.3 ～ 1、IP=0.5 ～ 2d 的间歇蓄冷方案。若采用该间歇蓄冷方案，那么同连续蓄冷相比，蓄冷期时间延长了 10% ～ 26%，而蓄冷能量节省 17% ～ 37%。

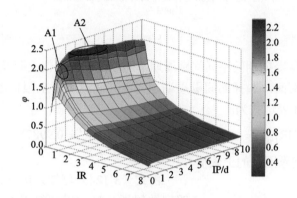

图 3.34　$\varphi$ 随间歇因子和间歇周期的变化

（2）保冷期内连续 / 间歇蓄冷的控制策略

围岩蓄冷达到预期的目标蓄冷温度后，也不能立即停止蓄冷。这是由于围岩具有热恢复特性，仍然需要进行冷量的维持，但连续蓄冷显然是不需要的，会造成能源的浪费。保冷期是蓄冷完成后长期保持围岩蓄冷量的过程，其控制要求为围岩深度 2m 处的温度始终保持在目标蓄冷温度以下，并以方便操作（长间歇周期）和节能为主要优化目标，因此保冷期的评价指标包括间歇周期评价指标及能耗评价指标，分别为间歇周期 IP 和蓄冷期期间净蓄冷时间 $t_{n,CPP}$。在模拟计算过程中，蓄冷期统一采用 IR=1、IP=1d 的间歇蓄冷模式进行计算，其他设置参数同蓄冷期内连续 / 间歇蓄冷的控制策略一致。

图 3.35 展示了蓄冷期期间间歇周期为 1d 时不同间歇因子下围岩深度 $r$=2m 处围岩温度的变化。可以看出，增大间歇因子会使保冷期期间温度增高。当 IR=1、IR=7 及 IR=11 时保冷期期间温度均处于控制温度之下，而当 IR=17 和 IR=23 时，保冷期期间温度会超过控制温度。其原因是间歇因子增大意味着同周期内蓄冷时间的减少，使围岩升温更加明显。因此，虽然选取保冷期期间的间歇因子越大越能节省能量，但应当有上限，避免围岩温度超过控制温度。

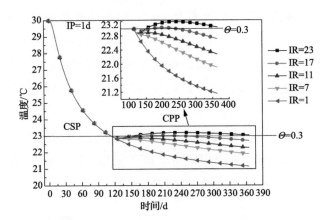

图 3.35　蓄冷期期间间歇周期为 1d 时不同间歇因子下围岩深度 $r$=2m 处围岩温度的变化

图 3.36 展示了保冷期期间不同间歇周期下间歇因子的取值上限及其线性拟合关系。可以看出，保冷期期间，选择的间歇周期越大，其间歇因子上限值越小，且呈现近似的线性关系。其具体表达式为

$$IR_{Upper} = -0.24667IP + 15.79678, \quad (R^2 = 0.9987) \qquad (3\text{-}124)$$

式中，　$IR_{Upper}$——间歇因子的上限值。

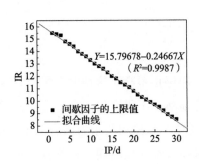

图 3.36　保冷期期间不同间歇周期下间歇因子的取值上限及其线性拟合关系

由式（3-124）可知，IP=64d 时 $IR_{Upper}$=0，说明间歇周期一旦大于或等于 64d，无论间歇因子如何取值，围岩调热圈内的温度都会超过控制温度。因此间歇周期存在上限 64d。

为选取较合适的保冷期间歇周期，需要根据式（3-122）计算出一年内保冷期期间净蓄冷时间及总净蓄冷时间随间歇周期的变化。间歇周期选取 1～64d，间歇因子按照式（3-124）选取上限值，这是因为间歇因子越大，净蓄冷时间越小，越能节省能量。计算结果如图 3.37 所示，这里的总净蓄冷时间等于蓄冷期期间净蓄冷时间与保冷期期间净蓄冷时间之和。可以看出，由于蓄冷期期间采用相同的间歇蓄冷模式（IR=1，IP=1d），其净蓄冷时间一致，均为 58d；而保冷期期间采用不同间歇周期和相应的间歇因子上限值，其净蓄冷时间随间歇周期的增大而逐渐增大，且增长速率逐渐加快。由于蓄冷期净蓄冷时间相同，总净蓄冷时间呈现与保冷期净蓄冷时间相同的趋势。具体而言，间歇周期为 1～20d 时，一年内总净蓄冷时间从 73d 增加到 78d；间歇周期为 21～41d 时，总净蓄冷时间从 79d 增加到 95d；间歇周期为 42～64d 时，总净蓄冷时间从 97d 增加到 304d。结合间歇周期指标与净蓄冷时间指标，选取间歇周期 20d 左右较为合适，既能满足有较长的间歇周期以方便操作，又能将净蓄冷时间控制在较低范围以节省能耗。

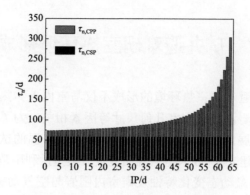

图 3.37　年内净蓄冷时间随间歇周期的变化

　　因此，在保冷期阶段，建议采用模式为 IR=11、IP=20d 的间歇蓄冷方案。在保冷期期间，该间歇蓄冷方案同连续蓄冷相比，节省蓄冷能量消耗 92%。

　　在此处的案例中，综和蓄冷期及保冷期不同的最佳间歇蓄冷方案，对于整个硐室围岩蓄冷过程，建议采用分段组合式蓄冷策略。蓄冷期阶段，建议采用连续蓄冷方案或是模式为 IR=0.3 ～ 1、IP=0.5 ～ 2d 的间歇蓄冷方案；而在保冷期阶段，建议采用模式为 IR=11、IP=20d 的间歇蓄冷方案。该分段组合式蓄冷方案与连续蓄冷相比，蓄冷期时间延长了 0 ～ 26%，一年内节省蓄冷能量消耗 68% ～ 78%。

## 参 考 文 献

[1] 黄福其, 张家猷, 谢守穆, 等. 地下工程热工计算方法 [M]. 北京：中国建筑工业出版社, 1981.
[2] 陶文铨. 传热学 [M]. 西安：西北工业大学出版社, 2006.
[3] 姜任秋. 热传导、质扩散与动量传递中的瞬态冲击效应 [M]. 北京：科学出版社, 1997.
[4] 茅靳丰, 韩旭. 地下工程热湿理论与应用 [M]. 北京：中国建筑工业出版社, 2009.
[5] GILLIES A D S, CREEVY P, DANKO G, et al. Determination of the in situ mine surface heat transfer coefficient[C]// Proceedings of Fifth US Mine Ventilation Symposium, 1991: 288-298.
[6] GAO X K, YUAN Y P, WU H W, et al. Coupled cooling method and application of latent heat thermal energy storage combined with pre-cooling of envelope: optimization of pre-cooling with intermittent mode[J]. Sustainable cities and society, 2018, 6(32): 370-381.
[7] YUAN Y P, GAO X K, WU H W, et al. Coupled cooling method and application of latent heat thermal energy storage combined with pre-cooling of envelope: method and model development[J]. Energy, 2017, 119:817-833.
[8] 余恒昌, 邓孝, 陈碧琬. 矿井地热与热害治理 [M]. 北京：煤炭工业出版社, 1991.
[9] 忻尚杰, 黄祥燮, 张秀茂. 地下工程围护结构热工计算 [M]. 南京：解放军理工大学工程兵工程学院, 1981.
[10] CAO X L, YUAN Y P, SUN L W, et al. Restoration performance of vertical ground heat exchanger with various intermittent ratios[J]. Geothermics, 2015, 54: 115-121.
[11] 陈才生. 数学物理方程 [M]. 南京：东南大学出版社, 2002.
[12] YUAN Y P, CAO X L, WANG J Q, et al. Thermal interaction of multiple ground heat exchangers under different intermittent ratio and separation distance[J]. Apply thermal engineering, 2016, 108: 277-286.
[13] ZHANG Y, WAN Z, GU B, et al., An experimental investigation of transient heat transfer in surrounding rock mass of high geothermal roadway [J]. Thermal Science, 2016,6: 2149-2158.

# 第4章 矿井避难硐室热环境形成机理

在避难期间，矿井避难硐室热环境的形成不仅与室内人体热源功率相关，还与硐室围岩热物性、初始围岩温度、硐室几何尺寸等因素相关。为了探究避难硐室热环境形成机理，本章通过开展自然对流状态下避难硐室加热升温的试验获取室内温度的变化曲线。在试验基础上建立了50人型避难硐室数值模型，利用数值模拟方法深入分析自然对流状态下硐室室温动态变化特性及硐室内围岩与空气动态传热特性影响因素。结合数值分析结果，建立了自然对流状态下避难硐室室温预测的热工计算方法，以判断避难硐室是否需要采取降温措施。

## 4.1 硐室环境受热升温试验

### 4.1.1 试验设置

（1）试验环境

由于市场上缺乏可应用于煤矿井下的矿用本质安全型加热装置，考虑到试验安全问题，本节阐述在山东国泰科技有限公司的矿井避难硐室实验室开展自然对流状态下避难硐室内环境加热升温的试验。生存室长20m、宽4m、高3m，其内顶板高出地面0.6m。硐室的竖直墙体、顶板与底部均采用混凝土浇筑，其中竖直墙体与底部墙的浇筑厚度为0.6m，顶板的浇筑厚度为0.4m。混凝土的密度为1600kg/m³、比热容为840J/(kg·K)、导热系数为0.81W/(m·K)。在顶板外部上方覆盖一层厚度为0.08m的聚氨酯保温层，聚氨酯的导热系数为0.024W/(m·K)。该硐室实验室位于山东国泰科技有限公司的厂房内，由于厂房的封闭性，可有效避免太阳辐射到硐室顶部而产生影响。

试验于9月进行，试验当天白天（8:00～19:00）气温为22～26℃，晚上气温为18～22℃，加热过程从早上8:00开始。

（2）试验原理

遇险人员在矿井避难硐室内等待救援时，人均代谢产生的热功率可取值为120W，$CO_2$释放速率为0.30～0.35mL/min。当使用$Ca(OH)_2$去除硐室内$CO_2$气体时，吸附$CO_2$产生的热负荷为每人20～25W。但合理设计净化设施，热量将不会释放到环境中。当采用新鲜空气除去$CO_2$时，不会产生热量。因此，试验中不考虑净化设施产热量。

为了节约试验成本，试验过程中利用40盏热功率为150W的加热灯模拟避难硐室内50人避难时的产热功率。加热灯呈4行×10列分布在生存室内，行距为1m，列距为1.2m，距离地面高为1m，如图4.1所示。

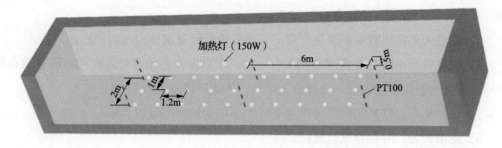

图 4.1　生存室内加热灯与温度传感器分布

（3）测试仪器及原理

在生存室内 0.5m、1.0m 和 1.5m 的 3 个不同水平面上分别设置 6 个温度测点，两侧测温点到墙壁的距离均为 1m。

试验选用校准后的热阻 PT100（型号：WZP-PT100A；生产厂家：杭州美控自动化技术有限公司）测量生存室环境温度，其测温范围为 −50 ～ 250℃，精度为 ±0.15℃。使用校准后的红外热像仪（型号：CEM DT-9868，生产厂家：深圳市华盛昌科技实业股份有限公司）测试围岩壁面初始温度，其显示精度为 0.1℃。PT100 测得的空气温度值通过数据采集系统传送到自制的硐室温度监测平台，监测平台每分钟自动记录一次数据并绘制出相应的温度变化曲线。通过电源控制箱保障加热灯的热功率稳定性，加热灯与数据采集系统的工作状态均可在硐室外独立的监控室进行控制。图 4.2 为试验与数据采集系统原理图。

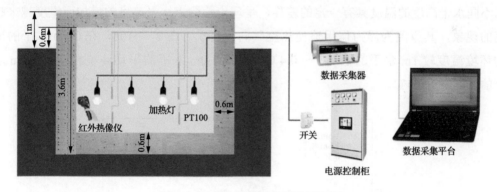

图 4.2　试验与数据采集系统原理图

（4）试验步骤

图 4.3 显示了自然对流状态下避难硐室内加热升温的试验场景。

试验主要步骤如下。

1）试验开始前，检查数据采集系统与电热系统的工作状态，确保系统正常工作。

2）试验当天在加热前，在每面墙上选取 5 个温度测点，取平均温度作为墙壁的初始温度值。

图 4.3　自然对流状态下避难硐室内加热升温的试验场景

通过测量可知，初始墙壁温度值为 22.3℃。

3）测量人员撤离避难硐室生存室，关闭并锁紧硐室密闭门与防护密闭门。

4）加热前半小时打开温度监测平台，测试生存室内初始环境温度，取所有测点的平均温度值为初始环境温度。通过测量可知，初始环境温度值为 25℃。

5）在控制室内打开加热灯对硐室进行加热，加热时间超过 20h。

6）结束试验，并保存试验数据。

### 4.1.2　试验结果

图 4.4 绘制了硐室内 0.5m、1.0m、1.5m 水平上的测点平均环境温度随加热时间的变化曲线。可以看出，硐室平均环境温度随加热时间单调递增。但在受热的初始阶段，硐室内平均环境温度升温速率比较快，在经历约 0.5h 加热后，环境温度从 25℃快速增长到约 29.5℃。其原因是空气的比热容远小于围岩的比热容，且室内空气的质量远小于围岩的质量，在受热初期室温比围岩温度变化更敏感，室内热源产生的热量主要被空气吸收。此后，室温上升速率随时间增长逐渐变缓慢，2～10h 的 8h 内室温仅上升约 3℃，10～20h 的 10h 内室温仅上升约 1℃。其原因如下：随着室温的增加，空气与围岩表面的温差趋于稳定，壁面的对流换热过程进入动态平衡状态，此时，室内人员产生的热量主要通过壁面对流换热导入岩体。另外，可以看出不同水平高度的温度具有一定的差异，呈现出随测点水平高度的增加而温度越来越高的现象，其原因为浮力作用迫使热空气向上流动。在 2～10h，在 0.5m 水平的平均环境温度较 1m 水平的低 0.3～0.4℃，而在 1.0m 水平的平均环境温度较 1.5m 水平的低 0.2～0.4℃。

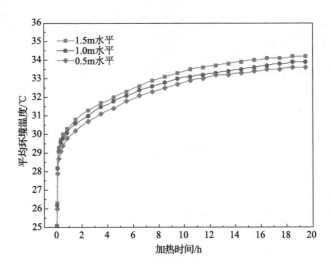

图 4.4　硐室内平均环境温度随加热时间的变化曲线

## 4.2 数值模型建立、求解与验证

### 4.2.1 模型建立

建立与避难硐室实验室相同内部尺寸（长×宽×高：20m×3m×4m）、墙体厚度为1.5m的50人型避难硐室几何模型。在模型中，人体的表面积为2m²。50名人员成4排坐于硐室内，如图4.5所示。其中，靠近两侧每排有13人，人体背部与邻墙的距离为0.3m。中间两排每排12人，两人之间的背部距离为0.4m，同一排相邻人体的中心距为1m。为了获得高质量的边界层网格，模型中人体高出室内地面0.35m。

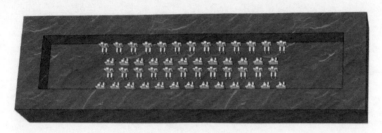

图4.5 50人型避难硐室几何模型

使用 ANSYS ICEM 商用软件划分模型网格。通过对6个网格模型（网格数分别为10.2×10⁵、13.8×10⁵、17.6×10⁵、27.5×10⁵、35.0×10⁵、41.4×10⁵）进行无关性分析检验，以确保数值计算结果与网格无关，网格独立性监测结果比较如图4.6所示。

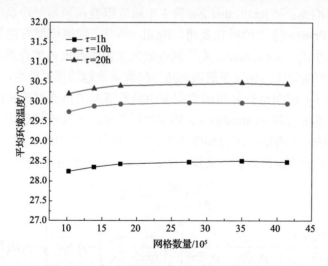

图4.6 3个不同时刻网格独立性监测结果比较

结果表明，网格数大于等于17.6×10⁵时，数值计算的结果与网格数量无关。考虑到计算机资源的内存与节约数值计算时间，选择了网格数为17.6×10⁵的避难硐室网格模型作为分析对象。在该模型中，硐室内壁面的最大网格尺寸为0.1m，在壁面附近的流体区域划分了4层边界层，边界层最小厚度为0.025m，每层厚度以高度比1.1递增。

人体表面的最大网格尺寸为 0.06m，流体区和固体区的最大网格尺寸分别为 0.3m 和 0.5m。网格质量检查表明，网格单元的最小角度为 18.13°，整体网格质量最小值为 0.337。图 4.7 显示了人体靠近墙壁和人体位于断面中部的网格模型横截面。

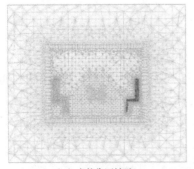 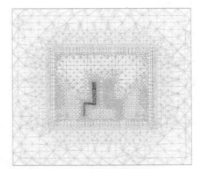

（a）人体靠近墙壁　　　　　　　　　　　　　　（b）人体位于断面中部

图 4.7　避难硐室网格模型横截面

## 4.2.2　求解设置

在模型中，由浮力引起的近壁面气流速度预计为 0.02 ～ 0.3m/s，雷诺数（$Re$）取值范围为（$0.22 \times 10^5$）～（$1.08 \times 10^5$）。因此，避难硐室中的空气流动状态应视为湍流。

在 Fluent 中，对湍流问题的求解经常使用 Standard $k\text{-}\varepsilon$、RNG $k\text{-}\varepsilon$ 和 Realizable $k\text{-}\varepsilon$ 等 3 个湍流模型[1]。Wu 等[2] 证明对于空腔中由热差引起的共轭自然对流传热问题，Standard $k\text{-}\varepsilon$、RNG $k\text{-}\varepsilon$ 和 Realizable $k\text{-}\varepsilon$ 等 3 个湍流模型在预测平均温度时随时间变化的差异非常小。Franke 等[3] 的研究表明，Realizable $k\text{-}\varepsilon$ 湍流模型对建筑物周围的风流具有较好的模拟性能。Bacharoudis 等[4] 通过研究太阳能烟囱内的自然对流现象，证明 Realizable $k\text{-}\varepsilon$ 模型能为压力梯度下的流动边界层提供优越的模拟性能。Piña-Ortiz 等[5,6] 指出，Realizable $k\text{-}\varepsilon$ 模型是计算封闭空间中由温差引起的自然对流传热问题的最佳湍流模型。因此，本节选择 Realizable $k\text{-}\varepsilon$ 模型进行模拟。在湍流模型中，壁面函数使用强化壁面处理方法，并考虑了压力梯度效应、热效应与全浮力效应的作用。

数值传热计算的连续性方程、动量方程、能量控制方程分别为[2]

$$\frac{\partial \rho_a}{\partial \tau} + \frac{\partial (\rho_a u_i)}{\partial x_i} = 0 \tag{4-1}$$

$$\frac{\partial u_i}{\partial \tau} + \frac{\partial (u_i u_j)}{\partial x_j} = -\frac{1}{\rho_a}\frac{\partial P}{\partial x_i} + \frac{1}{\rho_a}\frac{\partial}{\partial x_j}\left[\mu\left(\frac{\partial u_i}{\partial x_j} + \frac{\partial u_j}{\partial x_i}\right) - \rho_a \overline{u_i' u_j'}\right] - g_i \beta (T - T_0) \tag{4-2}$$

$$\frac{\partial T}{\partial \tau} + \frac{\partial (u_j T)}{\partial x_j} = \frac{1}{\rho_a}\frac{\partial}{\partial x_j}\left(\frac{\lambda_a}{C_a}\frac{\partial T}{\partial x_j}\right) + \frac{S_h}{\rho_a C_a} \tag{4-3}$$

式中，$\rho_a$ ——空气密度，kg/m³；

$C_a$ ——空气比热容，J/(kg·K)；

$\lambda_a$ ——空气导热系数，W/(m·K)；

$x_i$、$x_j$ ——$x$ 轴在 $i$、$j$ 方向的分量；

$u_i$、$u_j$ ——速度在 $i$、$j$ 方向的分量，m/s；

$u_i'$、$u_j'$ ——脉动速度在 $i$、$j$ 方向的分量，m/s；

$P$ ——压力，Pa；

$\mu$ ——动力黏度，N·s/m$^2$；

$g_i$ ——重力在 $i$ 方向的分量，m$^2$/s；

$\beta$ ——热膨胀系数，K$^{-1}$；

$T$ ——热力学温度，K；

$T_0$ ——初始热力学温度，K；

$S_h$ ——内热源，W。

在能量方程中，与热传导相比，黏性耗散可以忽略不计，因为在模型中几乎没有机械能转化为热量，在矿井避难硐室中空气以低速流动，热源主要为人体热损失。

Realizable $k$-$\varepsilon$ 模型的控制方程为 [7]

$$\frac{\partial k}{\partial \tau} + \frac{\partial (k u_j)}{\partial x_j} = \frac{1}{\rho_a} \frac{\partial}{\partial x_j} \left[ \left( \mu + \frac{\mu_\tau}{\sigma_k} \right) \frac{\partial k}{\partial x_j} \right] + \frac{G_k + G_b}{\rho_a} - \varepsilon \tag{4-4}$$

$$\frac{\partial \varepsilon}{\partial \tau} + \frac{\partial (\varepsilon u_j)}{\partial x_j} = \frac{1}{\rho_a} \frac{\partial}{\partial x_j} \left[ \left( \mu + \frac{\mu_\tau}{\sigma_\varepsilon} \right) \frac{\partial \varepsilon}{\partial x_j} \right] + C_1 S \varepsilon + C_2 \frac{\varepsilon^2}{k + \sqrt{\upsilon \varepsilon}} - C_{1\varepsilon} \frac{\varepsilon}{k} C_{3\varepsilon} G_b \tag{4-5}$$

式中，$k$ ——湍流动能，J/kg；

$\varepsilon$ ——湍流耗能，J/(kg·s)；

$\upsilon$ ——运动黏度，m$^2$/s；

$\mu_\tau$ ——湍涡流黏度，kg/(m·s)；

$\sigma_\varepsilon$、$\sigma_k$、$C_1$、$C_2$、$C_{1\varepsilon}$、$C_{3\varepsilon}$ ——湍流参数；

$S$ ——平均应变率张量模量；

$G_k$ ——速度梯度引起的湍流动能，J/(s·m$^3$)；

$G_b$ ——浮力引起的湍流动能，J/(s·m$^3$)。

人体表面设置为热流密度热边界，热流密度为 60W/m$^2$；硐室内围岩表面定义为耦合边界类型；外壁面定义绝热的边界条件，热流密度为 0W/m$^2$。围岩的热物性与初始温度根据计算工况需要设定。

重力值为 9.81m/s$^2$。工作压力为 102325Pa。空气密度由 Boussinesq 假设（忽略压强变化引起的密度变化，只考虑温度变化引起的密度变化称为 Boussinesq 假设）控制，初始空气密度为 1.225kg/m$^3$。采用 PISO 数值计算方法。压力通过彻体力加权（body force weighted）进行离散，动量、能量、湍动能等其他项采用二阶迎风（second order upwind）格式进行离散。能量的收敛标准为 10$^{-6}$，其他项收敛标准为 10$^{-3}$。初始时间步长为 1s，瞬态计算收敛后时间步长为 10s。

### 4.2.3　模型验证

为了与试验结果进行比较，在数值分析中围岩热物性与初始室内温度等参数设计与试验一致，即围岩的导热系数为 0.81W/(m·K)，比热容为 840J/(kg·K)，密度为 1600kg/m³，室内初始温度为 25℃；初始围岩温度值假设与初始壁面温度值（22.3℃）相等。

图 4.8 比较了数值计算与试验方法中室内平均环境温度随加热时间的变化。可以发现，数值计算与试验方法中的室内平均环境温度均随加热时间单调递增。在加热 10h 前，数值计算与试验方法中的温度变化趋势比较相近，在传热过程进入动态平衡后，数值计算获得的室内平均环境温度比试验结果高 0.6～0.8℃，但二者的增长速率基本相等。造成试验方法中温度值偏低的原因可能是在试验前硐室壁面温度受到外部环境的影响，壁面温度测量取值偏高，而实际硐室墙体的初始温度较低。在加热 10h 后，二者温差随加热时间的延长逐渐增大，试验方法中的温度增长速率比数值计算的慢，其原因为经历 10h 加热后，壁面与空气的动态传热过程开始受到土壤与外部环境温度的影响。根据调热圈半径计算式，可计算出试验结果不受外部环境因素影响的时间在 10.37h 内。

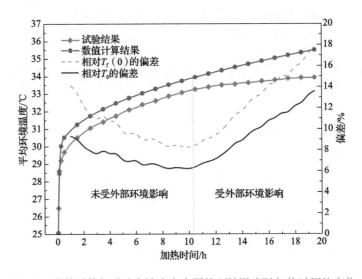

图 4.8　数值计算与试验方法中室内平均环境温度随加热时间的变化

数值计算与试验结果的偏差可计算为 $\theta = (t_{\text{数值}} - t_{\text{试验}})/(t_{\text{试验}} - t_0)$，若选择初始室温（25℃）作为参考温度，数值计算与试验结果的偏差取值范围为 8.5%～14.5%；若选择初始围岩温度（22.3℃）为参考温度，数值计算与试验结果的偏差取值范围为 6.3%～9.5%。由于室温在受热初期容易受影响，而围岩壁面初期温度几乎不变，应选择初始围岩温度作为参考温度。

图 4.9 比较了数值计算与试验方法中不同水平的平均环境温度随加热时间的变化。可以看出，数值计算获得的 3 个不同水平的平均环境温度高于试验方法中获得的温度。在 0.5m、1.0m 和 1.5m 的水平上，预测温度值比试验温度值分别高 0.1～0.3℃、

$0.6 \sim 0.7$℃、$0.7 \sim 0.9$℃。以初始围岩温度（22.3℃）为参考值，偏差分别为 2.0%～4.3%、7.5%～8.8%、7.7%～10%，在可接受的范围内。在各水平上，预测值与试验值的温差相对稳定，表明数值计算与试验方法具有相似的室温上升趋势。

由以上分析可知，在试验硐室内围岩与空气动态传热未受外界影响的 10.37h 内，数值计算与试验方法获得的平均室温偏差为 6.3%～9.5%，在 3 个水平上偏差小于10%，通过数值计算与试验方法分别获得的室温上升趋势吻合，验证了所建立的数值模型。

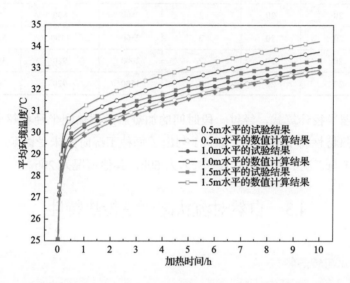

图 4.9  数值计算与试验方法中不同水平的平均环境温度随加热时间的变化

### 4.2.4  工况设计

由式（3-23）可知在自然对流状态下，避难硐室内的最终环境温度与初始围岩温度线性相关，而室温增长梯度与壁面的热流密度呈线性正比、与初始围岩温度无关。硐室初始围岩温度主要受埋深的影响，而围岩壁面的热流密度由室内热源功率与围岩壁面面积确定。因此，本章数值分析将不考虑硐室内的人体热源功率、硐室墙壁面积及埋深的影响，而重点研究围岩导热系数、密度、比热容等热物性参数对硐室内围岩与空气耦合传热特性的影响。

结合避难硐室实验室墙壁浇筑混凝土与矿井常用岩石类型的热学性能，设计了 10 个不同的数值分析工况，相关参数取值如表 4.1 所示。

表 4.1  不同工况的热物理参数设置

| 序号 | $T_f(\tau)$ /℃ | $T_0$ /℃ | $\lambda$ /[W/(m·K)] | $\rho$ /(kg/m³) | $C_p$ /[J/(kg·K)] | $\tau_u$ /h | $\tau_n$ /h |
|---|---|---|---|---|---|---|---|
| 1 | 25 | 22.3 | 0.81 | 1600 | 840 | 64.81 | 60 |
| 2 | 20 | 20 | 1 | 2400 | 920 | 86.25 | 60 |

| 序号 | $T_f(\tau)$ /℃ | $T_0$ /℃ | $\lambda$ /[W/(m·K)] | $\rho$ /(kg/m³) | $C_p$ /[J/(kg·K)] | $\tau_u$ /h | $\tau_n$ /h |
|------|------|------|------|------|------|------|------|
| 3 | 20 | 20 | 1.5 | 2400 | 920 | 57.50 | 20 |
| 4 | 20 | 20 | 2 | 2400 | 920 | 43.12 | 20 |
| 5 | 20 | 20 | 2.5 | 2400 | 920 | 34.50 | 20 |
| 6 | 20 | 20 | 3 | 2400 | 920 | 28.75 | 20 |
| 7 | 20 | 20 | 2 | 2400 | 800 | 37.5 | 20 |
| 8 | 20 | 20 | 2 | 2400 | 1100 | 51.56 | 20 |
| 9 | 20 | 20 | 2 | 2000 | 920 | 35.93 | 20 |
| 10 | 20 | 20 | 2 | 1500 | 920 | 26.95 | 20 |

根据调热圈半径计算式，经过一段时间的加热后，调热圈半径将超出 1.5m，避难硐室模型的传热特性将受到影响，表 4.1 列出了每种工况时的未受影响时间（$\tau_u$）。结合模型，工况 1 与工况 2 的模拟时长（$\tau_n$）为 60h，其他情况为 20h。

# 4.3　自然对流状态硐室传热特性

## 4.3.1　室温变化与传热特性

（1）室内温度分布

为了分析避难硐室内温度变化与分布特征，选取了 9 个不同时刻硐室内的温度分布云图进行比较分析。

图 4.10 显示了不同时刻硐室环境与围岩温度场分布。可以看出，随着加热时间的延长，室内温度不断上升，围岩边界处温度也不断上升，岩体内温度影响范围逐渐向外扩展。对室温增长而言，加热 0.5h 后，室内温度主要分布已接近 30℃（303.16K），而此后 1h 与 2h 时的温度并未发生显著的改变。在 2～18h，每隔 6h 温度增长值为 1～1.5℃。在 41h 后的温度比 18h 升高 3.5～4.5℃。对于硐室内温度分布而言，室内温度分布并不均匀，但总体上，人体（热源）体表以上的温度值较高，但在人体顶部随着高度的增加，温度逐渐降低。而在热源顶部以下的部分，随着高度的增加，空气温度越来越低，这主要是由于在热源作用下，热空气在浮力作用下向上运动。在热源体以下的部分，空气温度具有明显的分层现象，随着时间增长，热源底部与上部的温差越来越大，如在 6h 时，室内顶部与底部的温差值约 6℃，而在 41h 后，温差值达 10℃以上。对岩体内部热扩散而言，顶部与竖向两侧的围岩热扩散范围与趋势基本相同，而底部相对比较缓慢。

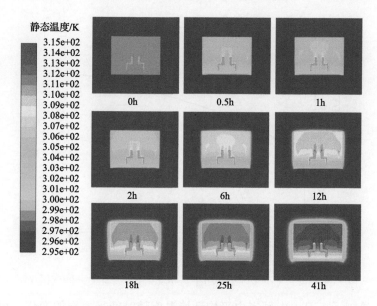

图 4.10　不同时刻硐室环境与围岩温度场分布

图 4.11 显示了 25h 时水平面上的温度等值线。可以看出，室内空气温度分布的不均表现为在人体热源分布相对集中的硐室底部温度较低，而在人体热源集中区域顶部温度较高，在硐室长边方向，温度由热源中部向两侧逐渐降低，在无热源体的硐室两侧，空气温度分布更加均匀。这表明热源体周边热作用产生的浮力对室内温度分布具有重要的影响。

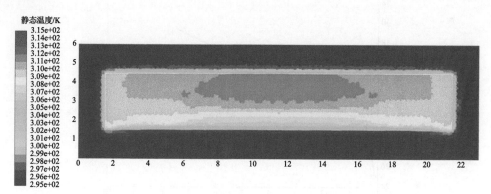

图 4.11　25h 时水平面上的温度等值线

（2）室温变化特征

图 4.12 显示了工况 1 中硐室内平均环境温度随加热时间的变化。可以发现，硐室内平均环境温度随时间单调递增。在传热初始阶段，平均环境温度上升速度较快，硐室平均环境温度从初始时刻的 25℃ 后升温到约 30.2℃ 仅耗时 0.35h。之后避难硐室内壁面与空气之间的传热过程进入相对动态平衡的状态，在此阶段空气温度上升缓慢，且随着时间的延长平均环境升温梯度逐渐减小。在经历 20h 后温度才上升到 35.62℃，在 40h、45h、50h、55h 时，平均环境温度分别为 38.01℃、38.5℃、38.98℃、39.38℃。

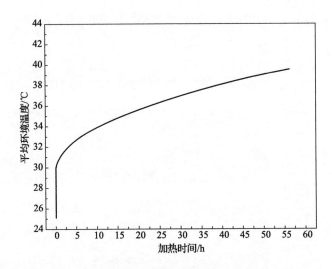

图 4.12　工况 1 中硐室内平均环境温度随加热时间的变化

图 4.13 绘制了工况 1 中硐室内平均环境温度随时间平方根的变化。可以看出，硐室内平均环境温度随时间平方根的增长趋势大致呈现两个阶段。升温梯度在受热初期时明显大于加热 0.5h 以后。当时间平方根大于等于 $1h^{1/2}$ 以后，硐室内平均环境温度随时间平方根呈现出明显的线性增长特征。

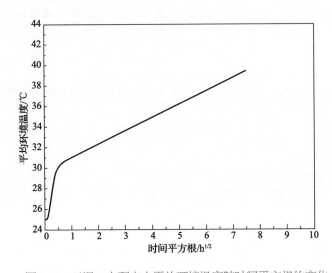

图 4.13　工况 1 中硐室内平均环境温度随时间平方根的变化

为了分析研究方便，结合图 4.12 与图 4.13，将避难硐室中的空气温度上升过程划分为两个传热阶段，即快速升温期与缓慢升温期。将传热过程进入动态平衡时的空气温度定义为临界平衡温度。

（3）自然对流换热系数

图 4.14 显示了避难硐室内不同方向壁面自然对流换热系数随室内平均环境温度的

变化。可以看出,不同方向的壁面对流换热系数有一定差异。其中,在竖直壁面上对流换热系数最大,在底部最小。底部和顶部壁面的对流换热系数基本不随室内平均环境温度变化,而竖直壁面的对流换热系数随室内平均环境温度的上升而线性增加。壁面自然对流换热系数在不同方向的差异主要是由矿井避难硐室中气流速度分布不均匀造成的。随着平均环境温度的增加,由浮力引起的空气向上流动的速度越来越大,竖直壁面的空气流速也越来越大,因而竖直壁面的对流换热系数越来越大。而在底部与顶部壁面水平方向,由动量的守恒可知,平均环境温度上升对水平方向的平均流速影响不大,因而其壁面的对流换热系数值也基本不变。

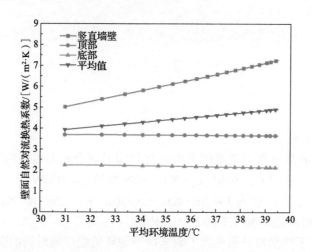

图 4.14　避难硐室内不同方向壁面自然对流换热系数随室内平均环境温度的变化

Yoon 等 [8] 在夏季气温为 23.84 ～ 29.47℃的环境中对地下隧道围岩壁面的自然对流换热系数进行测试,发现壁面的平均自然对流换热系数为 4.53W/(m² · K),试验中取样点位于巷道两侧的垂直壁面,未考虑壁面粗糙度对测量值的影响。邱天德 [9] 通过试验间接计算出壁面与空气的平均自然对流换热系数为 4.738W/(m² · K)。本节在室内空气温度为 31 ～ 39℃时,数值分析预测的平均自然对流换热系数为 3.9 ～ 4.8W/ (m² · K),预测值与试验值比较接近。

就避难硐室的平均表面对流换热系数而言,该值随平均环境温度呈线性增长,即

$$h(\tau) = k\left[T(0,\tau) - T(0,0)\right] + h_0 \tag{4-6}$$

图 4.15 显示了 40h 时矿井避难硐室中的矢量风速分布。可以看出,气流在热源体周围向上移动;在顶面和底面附近水平移动;在竖直壁面由上而下流动。可以发现,由于受热浮力的影响,在人体热源表面的气流速度最大。在围岩壁面,竖直表面的气流速度最大,底壁附近的气流速度最小。垂直表面附近的最大风速为 0.25m/s,顶部附近的最大风速为 0.12m/s,底部附近为 0.02m/s。

图 4.15 40h 时矿井避难硐室中的矢量风速分布

### 4.3.2 影响因素分析

（1）围岩导热系数

为了研究围岩导热系数对避难硐室中空气与围岩耦合动态传热的影响，在围岩密度 $\rho$ =2400kg/m³、比热容 $C_p$ =920J/(kg·K)、室内热源 $Q$=6000W 保持一致的情况下，分析围岩导热系数 $\lambda$ 分别为 1W/(m·K)、1.5W/(m·K)、2W/(m·K)、2.5W/(m·K)、3W/(m·K) 时的 5 种不同工况（工况 2～工况 6）。

图 4.16 显示了不同围岩导热系数下硐室内平均环境温度随时间的变化。可以发现，不同围岩导热系数时，室内平均环境温度均随时间单调递增。5 种不同围岩导热系数工况下硐室传热过程均在 20～30min 内由快速升温期进入缓慢升温期，临界平衡温度值基本相等，取值范围为 27.8～28.3℃。在缓慢升温期同一时刻，随着围岩导热系数的增大，室温增长速率变小。

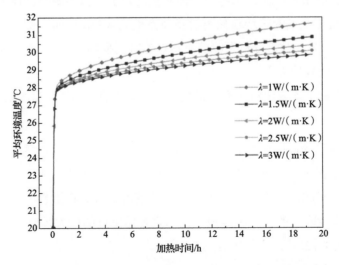

图 4.16 不同围岩导热系数下硐室内平均环境温度随时间的变化

　　图 4.17 绘制了不同围岩导热系数下硐室内平均环境温度随时间平方根的变化。可以发现，在缓慢升温期，当时间平方根大于 $1.0h^{1/2}$ 时硐室平均环境温度随时间平方根呈线性增长。随着围岩导热系数的增大，温度随时间平方根增长的斜率变小。

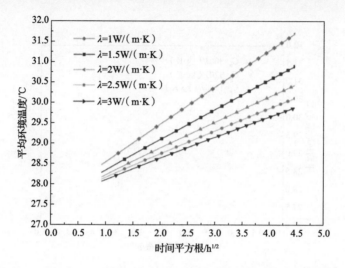

图 4.17　不同围岩导热系数下硐室内平均环境温度随时间平方根的变化

（2）围岩比热容

为了研究围岩比热容对避难硐室中空气与围岩耦合动态传热的影响，在围岩导热系数 $\lambda$ =2W/(m · K)、密度 $\rho$ =2400kg/m³、室内热源 $Q$ =6000W 保持不变的情况下，分析了围岩比热容 $C_p$ 分别为 800W/(m · K)、920W/(m · K)、1100W/(m · K) 时的 3 种不同工况（工况 7、工况 4、工况 8）。

图 4.18 显示了不同围岩比热容下硐室平均环境温度随时间的变化。可以看出，自然对流状态下在不同围岩比热容的避难硐室内，室内传热过程由快速升温期进入缓慢升温期的时间基本相同，临界平衡温度值基本相等，温度取值范围为 27.8 ～ 28.0℃。在缓慢升温期，随着围岩比热容的增加，硐室平均环境温度的上升速度逐渐减慢。

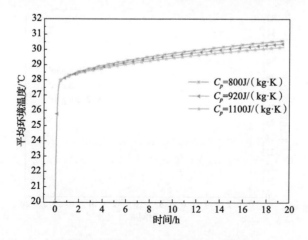

图 4.18　不同围岩比热容下硐室平均环境温度随时间的变化

图 4.19 描述了不同围岩比热容下硐室平均环境温度随时间平方根的变化。可以发现，不同围岩比热容时，在缓慢升温期，当时间平方根大于 $1.5h^{1/2}$ 时，硐室平均环境温度均随时间平方根呈线性增长趋势。随着围岩比热容的增大，温度随时间平方根增长的斜率变小。

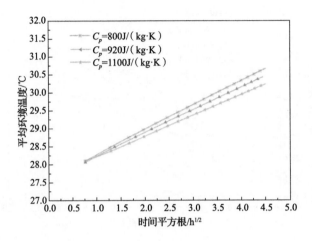

图 4.19　不同围岩比热容下硐室平均环境温度随时间平方根的变化

（3）围岩密度

为了研究围岩密度对避难硐室中空气与围岩耦合动态传热的影响，在围岩导热系数 $\lambda =2$ W/(m · K)、比热容 $C_p=920$W/(m · K)、室内热源 $Q=6000$W 保持不变的情况下，分析了围岩密度 $\rho$ 分别为 $2400kg/m^3$、$2000kg/m^3$、$1500kg/m^3$ 时的 3 种不同工况（工况 4、工况 9、工况 10）。

图 4.20 显示了不同围岩密度下硐室平均环境温度随时间的变化。可以看出，自然对流状态下在不同围岩密度时，硐室内传热过程由快速升温期进入缓慢升温期的时间基本相同，临界平衡温度值基本相等，温度取值范围为 $27.9 \sim 28.1$℃。在缓慢升温期，随着围岩密度的增大，硐室平均环境温度的上升速度逐渐减慢。

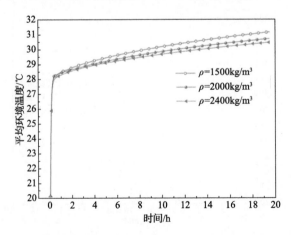

图 4.20　不同围岩密度下硐室平均环境温度随时间的变化

图 4.21 绘制了不同围岩密度下硐室平均环境温度随时间平方根的变化。可以发现，在不同围岩密度时，在缓慢升温期，当时间平方根大于 $1.8h^{1/2}$ 时，硐室平均环境温度均随时间平方根呈明显的线性增长趋势。随着围岩密度的增大，温度随时间平方根增长的斜率变小。

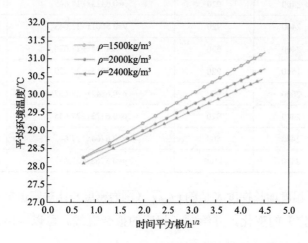

图 4.21　不同围岩密度下硐室平均环境温度随时间平方根的变化

# 4.4　自然对流状态室温热工计算

由以上分析可以发现，自然对流状态下在避难硐室内热源功率相同的情况下，在快速升温期，硐室内动态传热特性几乎不受围岩热物性的影响；在缓慢升温期，室内平均环境温度随时间平方根直线上升，但温度上升梯度随围岩的导热系数、比热容、密度的增大而减小。

## 4.4.1　缓慢升温期热工计算公式推导

在缓慢升温期，自然对流状态下避难硐室内平均环境温度计算如下：

$$T(0,\tau) = K\sqrt{\tau} + b = q \times f\left(\lambda,\rho,C_p\right)\sqrt{\tau} + \frac{q}{h} + t_0 \tag{4-7}$$

对图 4.17、图 4.19 与图 4.21 中的数据进行线性拟合，可得出在缓慢升温期不同围岩导热系数、比热容、密度下硐室平均环境温度与时间平方根的线性拟合关系，如表 4.2 所示。

表 4.2　不同围岩参数时硐室平均环境温度与时间平方根的线性拟合关系

| $\lambda$ /[W/(m·K)] | $\rho$/（kg/m³） | $C_p$ /[J/(kg·K)] | 线性拟合式 | $K$ | $R^2$ |
|---|---|---|---|---|---|
| 0.81 | 1600 | 840 | $y=1.3014x+29.772$ | 1.3014 | 0.9999 |
| 1 | 2400 | 920 | $y=0.9082x+27.688$ | 0.9082 | 1 |

| $\lambda$ /[W/(m·K)] | $\rho$/（kg/m³） | $C_p$ /[J/(kg·K)] | 线性拟合式 | $K$ | $R^2$ |
|---|---|---|---|---|---|
| 1.5 | 2400 | 920 | $y=0.7349x+27.652$ | 0.7349 | 1 |
| 2 | 2400 | 920 | $y=0.6323x+27.645$ | 0.6323 | 0.9999 |
| 2.5 | 2400 | 920 | $y=0.5601x+27.643$ | 0.5601 | 0.9999 |
| 3 | 2400 | 920 | $y=0.5094x+27.636$ | 0.5094 | 0.9998 |
| 2 | 1500 | 920 | $y=0.7915x+27.639$ | 0.7915 | 0.9999 |
| 2 | 2000 | 920 | $y=0.6842x+27.657$ | 0.6842 | 0.9996 |
| 2 | 2400 | 920 | $y=0.6323x+27.645$ | 0.6323 | 0.9999 |
| 2 | 2400 | 800 | $y=0.6764x+27.645$ | 0.6764 | 0.9998 |
| 2 | 2400 | 1100 | $y=0.5768x+27.651$ | 0.5768 | 1 |

图 4.22 绘制了温度增长梯度 $K$ 值随 $1/\sqrt{\lambda}$ （围岩密度与比热容恒定）与 $1/\sqrt{\rho C_p} \times 10^3$ （围岩导热系数恒定）的变化，并绘制了相应的拟合直线。可以看出，$K$ 值与 $1/\sqrt{\lambda}$ 和 $1/\sqrt{\rho C_p} \times 10^3$ 均存在显著的线性增长关系。

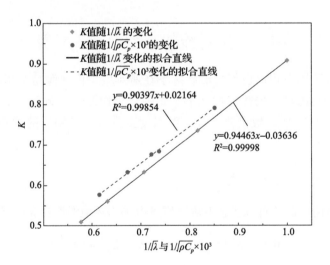

图 4.22　$K$ 值随 $1/\sqrt{\lambda}$ 与 $1/\sqrt{\rho C_p} \times 10^3$ 的变化

根据 $K$ 值与 $1/\sqrt{\lambda}$ 的拟合关系表达式 $y = 0.94463x - 0.03636$，$R^2 = 0.99998$，式（4-7）可以表示为

$$T(0,\tau) = q\left(\frac{1}{\sqrt{\lambda}} - 0.036\right)f\left(\rho, C_p\right)\sqrt{\tau} + \frac{q}{h} + t_0 \tag{4-8}$$

根据 $K$ 值与 $1/\sqrt{\rho C_p} \times 10^3$ 的拟合关系表达式 $y = 0.90397x + 0.02164$，$R^2 = 0.99854$，式（4-7）可以表示为

$$T(0,\tau) = q\left(\frac{1}{\sqrt{\rho C_p}} \times 10^3 + 0.024\right) f(\lambda)\sqrt{\tau} + \frac{q}{h} + t_0 \tag{4-9}$$

根据式（4-8）与式（4-9），$K$ 值的计算表达式可表示为

$$K = qf(\lambda, \rho, C_p) = k_1 \times \left(\frac{1}{\sqrt{\lambda}} + m\right)\left(\frac{1}{\sqrt{\rho C_p}} \times 10^3 + n\right) \tag{4-10}$$

将这 10 种情况下的热参数和相应的 $K$ 值代入式（4-10），可以求解出 $k_1 = 1.4001$，$m = -0.0491$，$n = 0.0109$。因此 $K$ 可表达如下：

$$K = qf(\lambda, \rho, C_p) = 1.4 \times \left(\frac{1}{\sqrt{\lambda}} - 0.05\right)\left(\frac{1}{\sqrt{\rho C_p}} \times 10^3 + 0.01\right) \tag{4-11}$$

将式（4-11）与 $q = 6000\text{J} / 304\text{m}^2 \approx 19.74\text{W}$ 代入式（4-8），然后将时间单位由秒（s）转换为小时（h）后，可以获得避难硐室内平均环境温度的表达式为

$$T(0,\tau) = \frac{70.92Q}{A_w}\left(\frac{1}{\sqrt{\lambda}} - 0.05\right)\left(\frac{1}{\sqrt{\rho C_p}} + 1 \times 10^{-5}\right)\sqrt{\tau} + \frac{Q}{hA_w} + t_0 \tag{4-12}$$

### 4.4.2　热工计算公式实用性分析

为了检验自然对流状态下避难硐室环境温度热工计算式（4-12）的实用性，以工况 1 与工况 2 为对象，分别采用解析计算式（3-23）、式（4-12）及数值计算方法，预测 100h 内硐室平均环境温度随时间的变化。

图 4.23 比较了工况 1 与工况 2 通过 3 种不同方法预测出的避难硐室平均环境温度随时间的变化。可以发现，对于自然对流状态下避难硐室平均环境温度的预测，解析计算方法［式（3-23）］与数值分析方法相比，其预测的硐室平均环境温度增长趋势较为缓慢，而 4.4.1 节推荐的硐室室温热工计算方法［式（4-12）］预测的平均环境温度变化趋势比较接近于数值分析结果。因此，式（4-12）预测的避难硐室平均环境温度比式（3-23）预测的结果更接近于数值计算结果。在 60h 时，采用式（4-12）预测硐室平均环境温度时，工况 1 的预测温度值与数值分析预测结果之间的温差小于 0.2℃，工况 2 温差小于 0.1℃；而采用式（3-23）预测时，工况 1 的预测温度值与数值计算结果的温差达 0.7℃，工况 2 的温差达 0.3℃。

在 100h 时，对工况 1，由式（4-12）预测的温度比由式（3-23）预测的温度高 1.03℃，以初始围岩温度作为参考值，其偏差为 5.03%；而对工况 2，对应的偏差值为 3.5%。即在避难硐室 96h 的额定防护时间内，4.4.1 节推荐方法预测的平均环境温度与现有解析计算方法预测结果的偏差在 5% 以内。但可以发现，4.4.1 节推荐的硐室环境热工计算方法在表达式与计算求解方面比现有方法更便捷、简单。

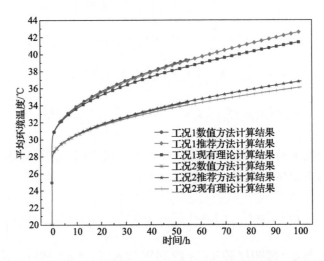

图 4.23　3 种不同方法预测出的避难硐室平均环境温度随时间的变化

# 参 考 文 献

[1] MENG X J, WANG Y, LIU T N, et al. Influence of radiation on predictive accuracy in numerical simulations of the thermal environment in industrial buildings with buoyancy-driven natural ventilation[J]. Applied thermal engineering, 2016, 96: 473-480.

[2] WU T, LEI C W. On numerical modelling of conjugate turbulent natural convection and radiation in a differentially heated cavity[J]. International journal of heat and mass transfer, 2015, 91: 454-466.

[3] FRANKE J, HIRSCH C, JENSEN A G, et al. Recommendations on the use of CFD in wind engineering[C]//Proceedings of the International Conference on Urban Wind Engineering and Building Aerodynamics, Belgium, 2004.

[4] BACHAROUDIS E, VRACHOPOULOS M G, KOUKOU M K, et al. Study of the natural convection phenomena inside a wall solar chimney with one wall adiabatic and one wall under a heat flux[J]. Applied thermal engineering, 2007, 27(13): 2266-2275.

[5] PIÑA-ORTIZ A, HINOJOSA J F, MAYTORENA V M. Test of turbulence models for natural convection in an open cubic tilted cavity[J]. International communications in heat and mass transfer, 2014, 57: 264-273.

[6] PIÑA-ORTIZ A, HINOJOSA J F, XAMÁN J P, et al. Test of turbulence models for heat transfer within a ventilated cavity with and without an internal heat source[J]. International communications in heat and mass transfer, 2018, 94(5): 106-114.

[7] BOULET M, MARCOS B, DOSTIE M, et al. CFD modeling of heat transfer and flow field in a bakery pilot oven[J]. Journal of food engineering, 2010,97(3): 393-402.

[8] YOON C, KWON S, KIM J, et al. An experimental study regarding the determination of seasonal heat transfer coefficient in KURT by convection conditions[J]. Safety science, 2013, 51(1): 241-249.

[9] 邱天德. 避难硐室传热特性实验研究 [J]. 煤炭工程 , 2014, 46(8): 118-120.

# 第 5 章　矿井避难硐室围岩蓄冷－相变蓄热耦合降温系统

目前，应用于矿井避难硐室内的温度控制方法主要有 5 种，根据运行是否需要电能支持可分为有源和无源两类。有源系统包括分体式空调系统和地表通风降温系统；无源系统包括 $CO_2$ 开式空调系统、蓄冰降温系统和相变控温系统。上述系统在应用时都有其各自的局限性。本章提出了一种适用于矿井避难硐室的全新降温方法——平时围岩蓄冷、矿难发生后围岩释冷与相变蓄热相结合的耦合降温方法（以下简称"围岩蓄冷－相变蓄热耦合降温方法"）。该方法对应的耦合降温系统安全可靠、无须维护，尤其适用于我国岩温较高的矿井避难硐室。

## 5.1　耦合降温方法及系统

### 5.1.1　耦合降温方法的提出

目前，应用于避难硐室内的 5 种降温方式在安全、无源、稳定、可靠等方面都有各自的缺陷。这 5 种降温方式中的蓄冰降温技术利用冰蓄积冷量，属于潜热蓄热应用之一，具有安全、无源、稳定的优点。但该系统在运用过程中存在不足。首先需要利用风机将蓄冰柜内的冷量输送到硐室生存室中；其次，矿井避难硐室内湿度大，制冷压缩机长期暴露于潮湿环境下易损坏，同时蓄冰柜体积较大。上述缺点限制了蓄冰降温技术的进一步发展。为使潜热蓄热系统能在避难硐室温度控制中得到更好应用，此处做如下改进。

1）在相变材料选取方面，舍弃冰这一低温相变材料，选取合适的常温（室温）相变材料，解决了蓄冰降温中维护成本高、需要独立制冷机制冰的问题。

2）将相变材料封装成相变装置安置在避难硐室内，一方面节省了避难硐室内大量的宝贵生存空间，另一方面由于相变装置位于硐室内，无须添置风机进行冷量输送。

3）硐室围岩的导热系数较低，而其密度较大、分布广泛，因而能够作为蓄冷/热体。平时对硐室围岩进行蓄冷，既能增大相变材料的工作温差，使相变材料得以维持蓄冷状态，从而提高相变控温的效率和适用范围；又能降低围岩温度，使硐室围岩在避难期间也能承担部分室内热负荷，减少相变材料的用量。

综合上述改进方案，本章提出了一种适用于矿井避难硐室的围岩蓄冷－相变蓄热耦合降温方法。其基本原理如下：平时利用矿井周围的冷源预先对硐室内部进行通风降温，并选择合适温度的相变材料封装成相变单元，布置在避难硐室内；在避难时充分利用相变材料的潜热蓄热能力和围岩的释冷能力进行控温，达到综合控制硐室内温度的目的。图 5.1 为围岩蓄冷－相变蓄热耦合降温方法示意图 [1,2]。

低温空气的来源可充分利用已有冷源，根据行业标准《矿井降温技术规范》（MT/T

1136—2011）中规定，有天然冷源可合理利用的矿区，如低温水（水温低于 15℃）、冷空气（冬季）及冰雪等，应首先利用。当自然冷源无法满足降温需求时，可从采矿工作面分流部分冷气（为 20～22℃）[3]，无须额外配置制冷机组。不仅如此，蓄冷系统还可以与避难硐室日常通风系统共用。

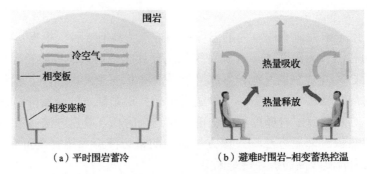

（a）平时围岩蓄冷　　　　　　　（b）避难时围岩–相变蓄热控温

图 5.1　围岩蓄冷–相变蓄热耦合降温方法示意图

### 5.1.2　耦合降温系统

基于围岩蓄冷与相变蓄热相结合的耦合降温方法的系统主要由冷源、风机、压风管道、过滤装置、送风口、自动泄压阀、相变降温装置及相应配件构成。图 5.2 为围岩蓄冷–相变蓄热相结合的耦合降温系统示意图。耦合降温系统的运行流程包括两个阶段，即平时围岩蓄冷阶段与避难时相变蓄热–围岩释冷降温阶段。

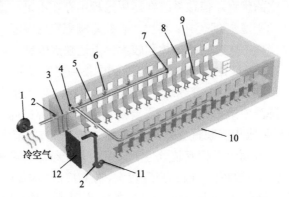

1—风机；2—阀门；3—三级过滤器；4—减压阀；5—压风管道；6—带消音器送风口；7—法兰；

8—相变板；9—相变座椅；10—围岩；11—自动泄压阀；12—密闭门。

图 5.2　围岩蓄冷–相变蓄热相结合的耦合降温系统示意图

围岩蓄冷阶段，起动系统风机，利用硐室内的通风管道将低温空气经管道送入室内进行通风降温，实现围岩蓄冷过程。空气在管道内的输送过程中，依次流经阀门、三级过滤器及减压阀，实现输送空气的控制及过滤。而持续送风会增大室内压力，因此在硐室内还需设置自动泄压阀。当室内压力大于设定值时，自动泄压阀开启，排出部分空气，保证室内压力处于正常范围。为节约能源、方便管理，蓄冷过程可以采用间歇蓄冷模式。相变材料可以选择安全无污染的常温相变材料，如熔点在室温附近的无机水合盐、石蜡等，封装成相变板挂在墙壁或制成相变座椅置于避难硐室内，相变装置外板可采用金属板材，以增大其导热速率。

避难时，系统风机处于关闭状态。人员进入避难硐室后，不断散发出热量、湿量、$CO_2$ 并消耗 $O_2$。硐室内供氧系统的气体净化装置、除湿装置开始工作，人体散发的热量及设备散发的热量在硐室内累积，使室内温度开始上升。当室内温度超过相变温度时，相变材料开始蓄热，减缓室内温度的上升。因此，耦合降温系统全程均为被动式控温，无须任何操作即可将硐室内的温度控制在规定的范围内。

### 5.1.3　耦合降温方法的扩展应用

随着避难硐室初始温度环境的不同，耦合降温方法有不同的应用形式。这是由于避难硐室内的初始温度直接影响室内空气与硐室内壁面的传热，进而影响室内热负荷。图 5.3 展示了不同硐室初始环境温度下耦合降温方法的扩展应用。

图 5.3　不同硐室初始环境温度下耦合降温方法的扩展应用

1）围岩控温。当避难硐室处于较低环境温度下，如对北方的低温矿井避难硐室，围岩初始温度很低，即使不加入相变降温装置，室内热量也可以完全被围岩以显热形式吸收，从而使硐室内温度在 96h 防护期内满足人员的生存需求。因此，该方法无须预先对硐室进行蓄冷，也无须添加相变降温装置。

2）相变蓄热控温。当避难硐室处于常温环境温度下，未添加相变降温装置时，室内热量无法完全被围岩以显热形式吸收，但加入相变降温装置即可保证室内温度在 96h 防护期内满足人员的生存需求。因此，该方法无须预先对避难硐室进行蓄冷，仅需添加相变降温装置。

3）围岩蓄冷－相变蓄热耦合控温。当建筑处于高温环境下，如温度高于 30℃ 的高温矿井避难硐室时，即使加入相变材料也无法在 96h 内将温度控制在要求范围内，因而需要预先对围岩进行蓄冷。这样一方面可以利用蓄冷后的围岩承担部分负荷，另一方面又能增大相变材料的工作温差，从而提高相变储热速率。因此，该方法需预先对围岩进行蓄冷，并添加相变降温装置。

## 5.2　耦合降温系统传热数理模型

目前，应用于矿井避难硐室内的温度控制方法及系统都有其各自的局限性。本章提出了一种适用于矿井避难硐室的全新降温方法——平时围岩蓄冷、矿难发生后围岩释冷与相变蓄热相结合的耦合降温方法（以下简称围岩蓄冷－相变蓄热耦合降温方法）。

该方法对应的耦合降温系统安全可靠、无须维护,尤其适用于岩温较高的矿井避难硐室。耦合降温方法包括围岩蓄冷和耦合控温两个过程,本节针对两个过程分别进行了模型的建立和求解,并对耦合降温过程进行了试验验证。

### 5.2.1 耦合降温系统物理模型

耦合降温系统中参与热交换过程的主体包括围岩、室内热源、空气及相变降温装置,

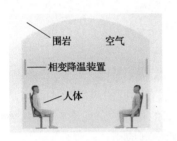

图 5.4　避难硐室内传热主体物理模型图

如图 5.4 所示。耦合降温过程中围岩释冷的物理模型同蓄冷阶段围岩的物理模型类似,其物理模型不再赘述,但围岩释冷的边界条件更为复杂且无规律,无法采用上述解析方法进行求解,因此需建立相应的数学模型,采用数值方法进行求解。下面将分别建立耦合降温系统中的室内热源、空气和相变降温装置的数理模型及围岩释冷的数学模型。

**1. 相变降温装置物理模型**

相变降温装置可根据硐室内的布置设置成多种形式,如悬挂于壁面的相变板、相变座椅等。

（1）相变板物理模型

1）相变板结构及布置形式。相变板为外部由金属薄板进行封装,内部填充相变材料的矩形盒。为增大相变材料与外界的换热面积,方便相变板悬挂于壁面上,相变板的外部矩形盒设计为扁平形式。相变板安装在避难硐室墙壁上时,如果采用贴壁安装的形式,则只有一侧能与空气换热。为进一步强化相变板与室内空气的对流换热效果,将其采用背部通风形式安装于围岩内壁面,安装结构如图 5.5 所示。

相变板内填充的相变材料应安全无毒,相变温度应接近室温。满足要求的相变材料主要为石蜡类、脂肪酸类和无机水合盐类,几种相变温度与室温接近的相变材料如表 5.1 所示[4,5]。

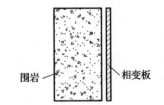

图 5.5　相变板的背部通风安装结构

表 5.1　几种相变温度与室温接近的相变材料

| 种类 | 名称 | 潜热 /(kJ/kg) | 相变温度 /℃ |
|---|---|---|---|
| 石蜡 | RT 26 | 190 | 26.0 |
|  | RT 28 | 190 | 28.0 |
| 脂肪酸 | 聚乙二醇 600 | 146 | 20.0～25.0 |
| 无机水合盐 | 六水合硝酸锰 | 148 | 25.5 |
|  | 六水合溴化铁 | 105 | 27.0 |
|  | 十二水合氯化钙 | 174 | 29.8 |

2）相变板的初步设计。单独采用相变板进行降温时，需要对相变板的尺寸及数量进行初步设计计算。其中，相变板数量初步设计的原理如下：根据围岩传热模型计算出 35℃下围岩升温过程及其动态释冷量，结合室内的瞬时冷负荷，进而计算出室内的动态冷负荷及平均冷负荷。之后即可根据相变材料的熔化潜热及单块相变板的质量计算出所需相变板数量。

根据围岩传热计算式，对初始围岩温度为 20℃的避难硐室，计算出室内温度为 35℃下的围岩内壁面温度及内壁面平均热流密度变化，如图 5.6 所示。可以看出，随着围岩内壁面温度的升高，其释冷量逐渐减少。由于室内的总热负荷不变，相应的室内逐时冷负荷逐步增加，在 96h 达到最高值。通过积分计算，96h 硐室内所需的总冷负荷为 $5.281×10^5$kJ，平均冷负荷为 1528W。相变材料选取石蜡类的 RT 26，其固态密度为 880kg/m$^3$，结合表 5.1 中石蜡的熔化潜热，共需要 2779.5kg 相变材料。

相变板的尺寸初步设计为板长 600mm、高 500mm、厚 60mm，如图 5.7 所示。结合相变板尺寸参数及相变材料用量，估算需要 175 块相变板，考虑富裕值 1.1，预设置相变板数量为 190 块。

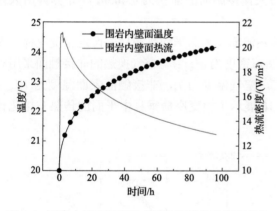

图 5.6　围岩内壁面温度及内壁面平均热流密度变化

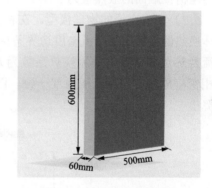

图 5.7　相变板设计概念图

3）相变板传热的物理模型。根据相变板的结构及布置情况可知，相变板为一类竖直放置的扁平板，其长度和高度都远大于宽度（厚度），因而可以忽略长度方向的变化，选取相变板的垂直中平面为计算面。图 5.8 展示了相变板垂直中平面的传热与熔化物理模型。相变板外部与空气存在对流换热作用，内部存在导热、对流及熔化吸热过程。$T_{PCP}$ 为相变板的外表面温度，$h_{PCP}$ 为对流换热系数，$T_f$ 为空气温度，$H_{PCP}$ 为相变板高度，$W_{PCP}$ 为相变板宽度，$\delta$ 为金属外板厚度。

（2）相变座椅物理模型

1）相变座椅的结构及初步设计。为了节省避难硐室的生存空间，将相变材料填充于座椅中制成相变座椅。座椅表面分为与人体接触的接触面及不与人体接触的非接触面，如图 5.9 所示。

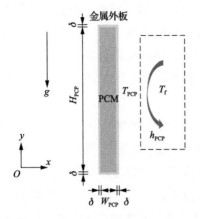

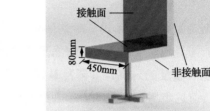

图 5.8　相变板垂直中平面的传热与熔化物理模型　　　图 5.9　相变座椅示意图

相变座椅的数量为 50 个。相变座椅的几何尺寸初步设计如下：座椅椅面为边长 450mm 的正方形，厚度为 80mm，椅背面同样为边长 450mm 的正方形，厚度为 80mm。查询文献 [6]，成年人体平均表面积为 $1.652m^2$，将人体视为面平均散热体，人体皮肤表面散热为 $58.7W/m^2$。而座椅与人体接触面的面积为 $0.405m^2$，计算得出人体与座椅接触面的散热量为 24W。

2）相变座椅的物理模型。在将人体热源简化为面平均热源后，设定相变座椅与人体换热的接触面为热流密度边界条件，热流密度为 $q_{cont}$；与空气换热的非接触面采用对流换热边界条件，对流换热系数为 $h_{non-c}$，空气温度为 $T_f$，非接触面表面温度为 $T_{non-c}$；相变座椅内部同相变板内部一致。图 5.10 展示了相变座椅垂直中平面的传热与熔化计算模型。

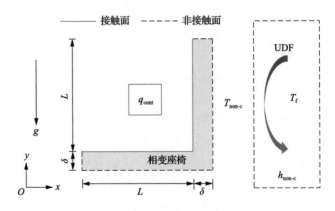

图 5.10　相变座椅垂直中平面的传热与熔化计算模型

### 2. 耦合降温系统传热物理模型

耦合降温系统根据硐室内相变降温装置的布置分为 3 类：基于相变板的耦合降温系统；基于相变座椅的耦合降温系统；基于相变板和相变座椅共同作用的耦合降温系统。

（1）基于相变板的耦合传热物理模型

当相变装置仅为相变板时，通过前面对避难硐室围岩、室内热源及相变板的物理模型进行描述，可以建立一种简化的传热物理模型：人员进入避难硐室后，人员及设备产生的热量 $Q_{p-a}+Q_{e-a}$ 首先被空气所吸收，空气吸收热量 $Q_a$ 开始升温，进而与相变板和围岩内壁面产生温差，使热量开始向围岩 $Q_w$ 及相变板 $Q_{PCP}$ 传递。围岩通过显热方式释放冷量，而相变板主要以潜热方式吸收室内热量。空气升温到一定值时，室内热源向空气的传热量等同于空气向围岩及相变板的传热量，整个耦合传热过程达到动态平衡状态，该动态平衡状态会持续到 96h 或相变材料熔化为止。简化后的传热物理模型如图 5.11 所示。

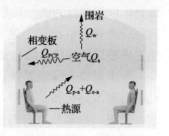

图 5.11　基于相变板的
耦合传热过程概念图

（2）基于相变座椅的耦合传热物理模型

基于相变座椅的耦合降温过程则涉及封闭空间内热源（以人体为代表）、相变座椅、围岩和空气的耦合传热过程，如图 5.12 所示。人员进入避难硐室后，相应设备开始起动并散热，而人员坐在相变座椅上，人体一部分热量 $Q_{p-a}$ 被空气所吸收，一部分热量 $Q_{cont}$ 由相变座椅接触面吸收。空气吸收热量后，会以自然对流形式将部分热量传递给围岩及相变座椅非接触面，剩下的热量 $Q_a$ 由空气吸收。因此，室内热源产生的热量最终由空气、围岩及相变座椅共同吸收。

（3）基于相变板和相变座椅的耦合传热物理模型

基于相变座椅与相变板的耦合传热过程主要包括室内热源、空气、相变座椅、相变板及硐室围岩 5 个主体，如图 5.13 所示。沿用上面所做的假设，热源部分，人体散发的热量首先部分被空气吸收 $Q_{p-a}$，部分被相变座椅吸收 $Q_{cont}$，而设备散发的热量全部由空气吸收；相变座椅部分，座椅与人体的接触面吸收恒定热量 $Q_{cont}$，座椅的非接触面与空气进行换热，换热量为 $Q_{non-c}$；相变板吸收来自空气的传热量 $Q_{PCP}$；硐室围岩内壁面吸收来自空气的传热量 $Q_w$；空气自身吸收 $Q_a$ 进行升温。

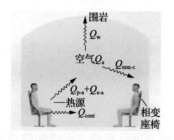

图 5.12　基于相变座椅的耦合传热
过程概念图

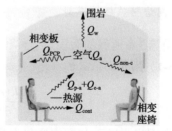

图 5.13　基于相变座椅与相变板的耦合传热
过程概念图

## 5.2.2　耦合降温系统数学模型的建立

5.2.1 节根据相变降温装置的布置将耦合降温系统分为 3 种类型，但其耦合降温过程基本类似，均包含封闭空间内相变装置、围岩、空气及室内热源的耦合传热。如果采用三维整场数值模型进行求解，那么模型外部尺寸需要在避难硐室的外形尺寸下再延伸一定厚度的围岩，其总长度可达 25m 以上；而避难硐室内部设置有诸多相变降温装置，以相变板为例，其宽度仅为 60mm，且内部有复杂的导热、对流及熔化过程，因此每一个相变板都需要建立大量网格才能保证其计算的准确性。以上原因导致直接采用三维整场求解的方法会使网格数量巨大，难以计算。

为求解耦合降温系统，本节建立了简化的数学模型。相变装置内部涉及复杂的导热、对流及熔化传热过程，因而作为主程序进行计算。相较于相变装置的复杂传热过程，空气、热源及围岩的传热过程相对简单，可适当地对其进行简化，编制成相应的传热子程序。最后，将空气、热源及围岩传热过程的计算子程序依附于计算相变装置的主程序之上，子程序与主程序之间的数据传递依据能量守恒定律，即可最终实现空气、室内热源、围岩及相变装置的耦合换热计算。这里存在一个特例，当相变降温装置同时包含相变板和相变座椅时，无法同时作为主程序进行计算。考虑到相变座椅具有更加复杂的换热表面及形状，将其选为主程序进行计算，而此时将相变板的熔化传热部分编制成子程序进行计算。

在建立数学模型时，对空气、室内热源及相变装置的物理模型做出以下简化。

1）忽略空气升温时间，且硐室内空气温度分布均匀一致。

2）假设相变材料各向同性，且相变材料的热物理性能保持不变，相变材料固相和液相密度几乎相同，仅在涉及液相温度变化时才考虑密度变化对浮升力的影响。

3）忽略相变板长度方向上的温度梯度变化，将相变板的传热简化为宽度和高度方向上的二维传热过程。

4）将人体视为面平均散热体，且座椅接触面与人体为全接触。

5）相变座椅忽略底部支撑与座椅非接触面之间的接触面积。

下面将依次介绍避难硐室围岩、相变板、相变座椅、空气及室内热源的传热数学模型。

### 1. 围岩传热数学模型

沿用第 3 章所做的假设，耦合降温过程中围岩传热过程可用一维导热微分方程描述，如式（5-1）所示。

$$\frac{\partial T(r,\tau)}{\partial \tau} = a\frac{1}{r}\frac{\partial}{\partial r}\left(r\frac{\partial T}{\partial r}\right) \tag{5-1}$$

硐室围岩内壁面与室内空气在自然对流的作用下进行换热，因此换热边界为第三类边界条件。相应的边界条件方程为

$$\begin{cases} -\lambda\frac{\partial T(r_i,\tau)}{\partial r} = h_{wn}\left[T(r_i,\tau) - T_f\right] \\ T(r_0,\tau) = T_{c0} \end{cases} \tag{5-2}$$

式中，$T(r_i,\tau)$——$\tau$ 时刻围岩内壁面处的温度值，K；

　　$r_i$——硐室围岩内壁面的当量半径，m；

　　$h_{wn}$——硐室围岩内壁面与空气的自然对流换热系数，W/(m$^2$·K)；

　　$T_f$——空气的温度值，K；

　　$T(r_0,\tau)$——围岩远边界的温度值，K；

　　$T_{c0}$——围岩的蓄冷温度值，K。

自然对流换热系数 $h_{wn}$ 由式（5-3）和式（5-4）计算 [7]，忽略采用背部通风形式悬挂的相变板对自然对流换热系数造成的影响。

$$Nu = \frac{h_{wn}l}{\lambda_a} \tag{5-3}$$

$$Nu = 0.59\left(GrPr\right)^{1/4} \tag{5-4}$$

式中，$Nu$——努塞尔数；

　　$l$——特征尺寸，这里为硐室围岩内壁面的当量直径，m；

　　$\lambda_a$——空气的导热系数，W/(m·K)；

　　$Gr$——格拉晓夫数；

　　$Pr$——空气的普朗特数。

格拉晓夫数 $Gr$ 由式（5-5）计算。

$$Gr = \frac{g\alpha_V \Delta T l^3}{\upsilon^2} \tag{5-5}$$

式中，$g$——重力加速度，m/s$^2$；

　　$\alpha_V$——空气的热膨胀系数，K$^{-1}$；

　　$\Delta T$——对流传热温差，K；

　　$\upsilon$——空气的运动黏度，m$^2$/s。

初始条件方程为

$$T(r,0) = T_{c0} \tag{5-6}$$

式中，$T(r,0)$——初始时刻围岩的温度值，K。

2. 相变板传热数学模型

根据前面建立耦合降温系统数学模型时的描述可知，相变板传热数学模型将采用两种不同的计算方法。当硐室内仅采用相变板进行耦合降温时，相变板作为主程序进行计算；而当硐室内采用相变板和相变座椅进行耦合降温时，相变板作为子程序进行计算。

（1）相变板作为主程序

当采用相变板进行控温时，相变板是作为主程序进行数值计算的。进行数值模拟的 CFD 计算软件为 ANSYS Fluent。该软件采用的计算相变材料熔化凝固的模型为焓－多孔介质模型。焓－多孔介质模型属于热焓法的一种，它不关注相界面的精确移动，而只关注每一个网格内称为液相分数的参数。液相分数指网格单元内液体所占体积。在每一次迭代计算中，液相分数都会基于焓法能量方程计算一次。相变过程中会存在模糊区，模糊区是指液相分数为 0～1 的区域。在相变过程中，液-固模糊区被视为孔隙率等于液相分数的多孔区域。这是一个"伪"多孔介质模型，其孔隙率可由 0 变化到 1。孔隙率为 0 说明该状态是纯固体，孔隙率为 1 说明为纯液体。在动量方程中添加适当的动量源项来平衡由于固体材料存在造成的压力降。

相变板内的二维流动和传热控制方程为[8]

$$
\begin{cases}
\dfrac{\partial \rho}{\partial \tau} + \mathrm{div}(\rho v) = 0 \\[2mm]
\dfrac{\partial(\rho u)}{\partial \tau} + \mathrm{div}(\rho v u) = \mathrm{div}(\mu\,\mathrm{grad}\,u) - \dfrac{\partial P}{\partial x} + S_x \\[2mm]
\dfrac{\partial(\rho v)}{\partial \tau} + \mathrm{div}(\rho v v) = \mathrm{div}(\mu\,\mathrm{grad}\,v) - \dfrac{\partial P}{\partial y} + S_y + S_\mathrm{b} \\[2mm]
\dfrac{\partial(\rho h')}{\partial \tau} + \mathrm{div}(\rho v h') = \mathrm{div}(\lambda_\mathrm{PCM}\,\mathrm{grad}\,T)
\end{cases}
\tag{5-7}
$$

式中，　$\rho$ ——相变材料的密度，$kg/m^3$；

　　　　$v$ ——相变流体的速度矢量，m/s；

　　　　$u$ ——速度矢量在 $x$ 方向上的分量，m/s；

　　　　$\mu$ ——相变材料的动力黏度，Pa/s；

　　　　$P$ ——相变流体的压力，Pa；

　　　　$S_x$ —— $x$ 方向上的动量源项；

　　　　$v$ ——速度矢量在 $y$ 方向上的分量，m/s；

　　　　$S_y$ —— $y$ 方向上的动量源项；

　　　　$S_\mathrm{b}$ ——浮升力源项；

　　　　$h'$ ——相变材料的热焓，J/kg；

　　　　$\lambda_\mathrm{PCM}$ ——相变材料的导热系数，W/(m·K)。

相变材料的热焓 $h'$ 是求解能量方程的关键，其表达式如式（5-8）[8]所示。

$$
h' = h'_\mathrm{ref} + \int_{T_\mathrm{ref}}^{T} C_p \mathrm{d}T + \Delta H
\tag{5-8}
$$

式中，　$h'_\mathrm{ref}$ ——相变材料的参考焓值，J/kg；

　　　　$T_\mathrm{ref}$ ——参考温度，K；

　　　　$C_p$ ——定压比热容，J/(kg·K)；

　　　　$\Delta H$ ——相变潜热，J/kg。

假设模糊区内热量释放是线性的，则液相分数与温度之间呈线性关系，因此液相分数 $f$ 可以用式（5-9）[8]定义。

$$f = \begin{cases} 0 & (T < T_s) \\ \dfrac{T - T_s}{T_1 - T_s} & (T_s \leqslant T \leqslant T_1) \\ 1 & (T > T_1) \end{cases} \tag{5-9}$$

式中，$T_s$——相变材料的固相线温度，K；

　　　　$T_1$——相变材料的液相线温度，K。

相变潜热 $\Delta H$ 可以表示为

$$\Delta H = fL \tag{5-10}$$

式中，$L$——相变材料的潜热热容，J/kg。因此，热焓可统一描述为

$$h' = h'_{\text{ref}} + \int_{T_{\text{ref}}}^{T} C_p \mathrm{d}T + fL \tag{5-11}$$

相变板外边界为对流换热边界条件，其传热方程描述为

$$\begin{cases} -\lambda_{\text{PCM}} \dfrac{\partial T}{\partial x} = h_{\text{PCP}} \left( T_{\text{PCP}} - T_{\text{f}} \right) \\ -\lambda_{\text{PCM}} \dfrac{\partial T}{\partial y} = h_{\text{PCP}} \left( T_{\text{PCP}} - T_{\text{f}} \right) \end{cases} \tag{5-12}$$

式中，$T_{\text{PCP}}$——为相变板的外表面温度。自然对流换热系数 $h_{\text{PCP}}$ 同样由式（5-3）、式（5-4）
　　　　计算。

相变板的温度初始条件为

$$T(x, y, 0) = T_{c0} \tag{5-13}$$

（2）相变板作为子程序

当采用相变板和相变座椅共同进行控温时，相变板作为子程序进行数值计算，采用等效热容法对其传热过程进行求解，此时需要对相变板的传热模型进行进一步简化。Vogel 等[9] 计算了不同宽高比下矩形相变板的熔化过程中自然对流的影响，发现宽高比越小，自然对流的影响越小。此处初步选取的相变板宽高比小，为 60 ∶ 500，对照 Vogel 等的结论可知其自然对流影响不超过 5%，加上熔化过程中的传热温差小，因此可以忽略相变板内部的自然对流作用及垂直方向上的热量传递，将其计算模型简化为一维方向上的相变材料熔化。

图 5.14 所示为相变板的一维热传导示意图。由于相变板两边受到相同的空气对流，为简化计算，以相变板中间的对称边为绝热边界条件将其划分进行计算，对称边的温度为 $T_{\text{m}}$。而与空气接触的界面为对流换热界面，其温度为 $T_{\text{PCP}}$。相变材料的熔化与传热过程采用焓法模型进行求解，建立一维传热控制方程，如式（5-14）所示。

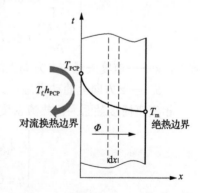

图 5.14　相变板的一维热传导示意图

$$\rho \frac{\partial h'}{\partial \tau} = \lambda \frac{\partial^2 T}{\partial x} \tag{5-14}$$

式中，相变材料热焓 $h'$ 的计算式见式（5-8）。

相变板外壁面与室内空气在自然对流的作用下换热，因此换热边界为第三类边界条件。中间点为对称中心，因此选择绝热边界条件。相应的边界条件方程的边界条件为

$$\begin{cases} -\lambda \dfrac{\partial T_{PCP}}{\partial x} = h_{PCP}\left(T_{PCP} - T_f\right) \\[2mm] -\lambda \dfrac{\partial T_m}{\partial x} = 0 \end{cases} \tag{5-15}$$

式中，$T_{PCP}$ ——相变板外壁面处的温度值，K；

$\quad\quad h_{PCP}$ ——相变板与空气的对流换热系数，$W/(m^2 \cdot K)$；

$\quad\quad T_m$ ——相变板中间点的温度值，K。

相变板温度初始条件为

$$T(x,0) = T_{c0} \tag{5-16}$$

### 3. 相变座椅传热数学模型

当硐室内布置有相变座椅时，无论是否布置相变板，相变座椅都作为主程序进行数值计算。进行数值模拟的 CFD 计算软件同样选用 ANSYS Fluent。由于相变座椅的形状较为复杂，采用三维数值模型进行计算。

相变座椅内相变材料三维流动和传热控制方程为

$$\begin{cases} \dfrac{\partial \rho}{\partial \tau} + \mathrm{div}\left(\rho v\right) = 0 \\[2mm] \dfrac{\partial(\rho u)}{\partial \tau} + \mathrm{div}\left(\rho v u\right) = \mathrm{div}\left(\mu \mathrm{grad} u\right) - \dfrac{\partial P}{\partial x} + S_x \\[2mm] \dfrac{\partial(\rho v)}{\partial \tau} + \mathrm{div}\left(\rho v v\right) = \mathrm{div}\left(\mu \mathrm{grad} v\right) - \dfrac{\partial P}{\partial y} + S_y + S_b \\[2mm] \dfrac{\partial(\rho w)}{\partial \tau} + \mathrm{div}\left(\rho v w\right) = \mathrm{div}\left(\mu \mathrm{grad} w\right) - \dfrac{\partial P}{\partial z} + S_z \\[2mm] \dfrac{\partial(\rho h')}{\partial \tau} + \mathrm{div}\left(\rho v h'\right) = \mathrm{div}\left(\lambda_{PCM} \mathrm{grad} T\right) - S_h \end{cases} \tag{5-17}$$

式中，$w$ ——速度矢量在 $z$ 方向上的分量，m/s；

$\quad\quad S_z$ ——$z$ 方向上的动量源项。

相变座椅接触面为恒热流密度边界条件，其传热方程描述为

$$\begin{cases} -\lambda_{PCM}\left(\dfrac{\partial T}{\partial x} + \dfrac{\partial T}{\partial y} + \dfrac{\partial T}{\partial z}\right) = q_{cont} \\[2mm] u = 0, v = 0, w = 0 \end{cases} \tag{5-18}$$

相变座椅非接触面外边界为对流换热边界条件，其传热方程描述为

$$\begin{cases} -\lambda_{PCM}\left(\dfrac{\partial T}{\partial x} + \dfrac{\partial T}{\partial y} + \dfrac{\partial T}{\partial z}\right) = h_{non\text{-}c}\left(T_{non\text{-}c} - T_f\right) \\[2mm] u = 0, v = 0, w = 0 \end{cases} \tag{5-19}$$

式中，$h_{\text{non-c}}$——空气与相变座椅非接触面间的自然对流换热系数。

相变座椅温度初始条件为

$$T(x,y,z,0) = T_{\text{c0}} \tag{5-20}$$

**4. 空气及室内热源传热数学模型**

尽管三种耦合降温系统拥有相似的传热过程，但其传热数学模型并不相同，下面将分别进行描述。

（1）基于相变板的耦合降温系统

基于相变板的耦合降温系统热量传递包括人员及设备产生的热量、空气吸热量、围岩吸热量及相变板吸热量。利用能量守恒定律，建立了包含空气传热及室内热源散热的能量方程，如式（5-21）所示。

$$Q_{\text{a}} = C_{\text{a}} \rho_{\text{a}} V_{\text{a}} \frac{\partial T_{\text{f}}}{\partial \tau} = Q - Q_{\text{w}} - Q_{\text{PCP}} \tag{5-21}$$

式中，$Q_{\text{a}}$——空气吸热量，W；

$C_{\text{a}}$——空气的定压比热容，J/(kg·K)；

$\rho_{\text{a}}$——空气的密度，kg/m$^3$；

——空气的体积，m$^3$；

$Q$——人体及设备的产热量，W；

$Q_{\text{w}}$——围岩内壁面的吸热量，W；

$Q_{\text{PCP}}$——相变板的吸热量，W。

$Q$、$Q_{\text{w}}$、$Q_{\text{PCP}}$ 分别由式（5-22）~式（5-24）进行计算。

$$Q = N_{\text{p}}\left(Q_{\text{p}} + Q_{\text{e}}\right) \tag{5-22}$$

$$Q_{\text{w}} = h_{\text{wn}} A_{\text{i,w}}\left(T_{\text{f}} - T_{\text{i,w}}\right) \tag{5-23}$$

$$Q_{\text{PCP}} = N_{\text{PCP}} h_{\text{PCP}} A_{\text{PCP}}\left(T_{\text{f}} - T_{\text{PCP}}\right) \tag{5-24}$$

式中，$N_{\text{p}}$——人员数量，人；

$Q_{\text{p}}$——人员散热量，W；

$Q_{\text{e}}$——人均设备散热量，W；

$A_{\text{i,w}}$——围岩内壁面面积，m$^2$；

$T_{\text{i,w}}$——围岩内壁面温度值，K；

$N_{\text{PCP}}$——相变板数量，块；

$A_{\text{PCP}}$——相变板外表面面积，m$^2$。

（2）基于相变座椅的耦合降温系统

在基于相变座椅的耦合降温系统中，人体和设备散发的热量分别由空气、围岩、相变座椅的接触面和非接触面吸收。因此，根据能量原理，空气的能量控制方程可由式（5-25）表示。

$$Q_a = C_a \rho_a V_a \frac{\partial T_f}{\partial \tau} = Q - Q_w - Q_{cont} - Q_{non\text{-}c} \tag{5-25}$$

式中，$Q_{cont}$——相变座椅接触面的吸热量，W；

$\quad\quad Q_{non\text{-}c}$——相变座椅非接触面的吸热量，W。

$Q_{cont}$ 以及 $Q_{non\text{-}c}$ 分别由式（5-26）和式（5-27）进行计算。

$$Q_{cont} = N_p \frac{A_{cont}}{A_p} Q_p \tag{5-26}$$

$$Q_{non\text{-}c} = N_p h_{PCM} A_{non\text{-}c} \left( T_f - T_{non\text{-}c} \right) \tag{5-27}$$

式中，$A_{cont}$——相变座椅接触面的面积，$m^2$；

$\quad\quad A_p$——人体皮肤的面积，$m^2$；

$\quad\quad A_{non\text{-}c}$——相变座椅非接触面的面积，$m^2$。

（3）基于相变板和相变座椅的耦合降温系统

在基于相变座椅的耦合降温系统中，人体及设备散发的热量分别由空气、围岩、相变板、相变座椅的接触面和非接触面吸收。因此，根据能量原理，空气的能量控制方程可由式（5-28）表示。

$$Q_a = C_a \rho_a V_a \frac{\partial T_f}{\partial \tau} = Q - Q_w - Q_{cont} - Q_{non\text{-}c} - Q_{PCP} \tag{5-28}$$

其中，$Q_{PCP}$ 由式（5-29）进行计算。

$$Q_{PCP} = N_{PCP} h_{PCP} A_{PCP} \left( T_f - T_{PCP} \right) \tag{5-29}$$

### 5.2.3　耦合降温系统数学模型的求解

#### 1.　围岩传热数学模型的计算

（1）围岩内部节点方程的离散

围岩传热数学模型采用数值方法进行求解。首先对围岩进行网格划分，划分结果如图 5.15 所示。图 5.15（a）为一维柱坐标下的围岩网格划分结果，图 5.15（b）为时间网格划分结果。

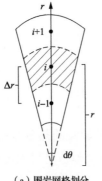
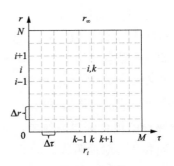

（a）围岩网格划分　　　　　　　（b）时间网格划分

图 5.15　围岩一维数值计算网格划分

　　根据划分的均匀网格，将方程（5-1）进行离散。离散方法采用控制容积法，在一个时间步长内对一个内部控制单元做积分，则可得到

$$A_i \Delta r \left( T_i^k - T_i^{k-1} \right) = \left[ \frac{a A_{i+1} \left( T_{i+1}^k - T_i^k \right)}{\Delta r} - \frac{a A_{i-1} \left( T_i^k - T_{i-1}^k \right)}{\Delta r} \right] \Delta \tau \tag{5-30}$$

式中，　$A_i$ ——节点 $i$ 处的面积，$\text{m}^2$；

　　　　$T_i^k$ ——节点 $i$ 处 $k$ 时刻的温度值，K；

　　　　$T_i^{k-1}$ ——节点 $i$ 处 $k-1$ 时刻的温度值，K；

　　　　$A_{i+1}$ ——节点 $i$ 和 $i+1$ 间交界面处的面积，$\text{m}^2$；

　　　　$T_{i+1}^k$ ——节点 $i+1$ 处 $k$ 时刻的温度值，K；

　　　　$A_{i-1}$ ——节点 $i$ 和 $i-1$ 间交界面处的面积，$\text{m}^2$；

　　　　$T_{i-1}^k$ ——节点 $i-1$ 处 $k$ 时刻的温度值，K。

　　令 $Fo = a\Delta\tau / \Delta r^2$ 为计算傅里叶数，并进行整理，则可简化为

$$\left[ A_i + Fo(A_{i+1} + A_{i-1}) \right] T_i^k = Fo A_{i+1} T_{i+1}^k + Fo A_{i-1} T_{i-1}^k + A_i T_i^{k-1} \tag{5-31}$$

根据图 5.15（a）可知

$$\begin{cases} A_i = r\mathrm{d}\theta \\ A_{i+1} = \left( r + \dfrac{1}{2}\Delta r \right)\mathrm{d}\theta \\ A_{i-1} = \left( r - \dfrac{1}{2}\Delta r \right)\mathrm{d}\theta \end{cases} \tag{5-32}$$

将其代入式（5-31），整理后得到围岩导热微分控制方程最终离散形式为

$$(1 + 2Fo)T_i^k = \left( Fo + \frac{Fo\Delta r}{2r} \right)T_{i+1}^k + \left( Fo - \frac{Fo\Delta r}{2r} \right)T_{i-1}^k + T_i^{k-1} \tag{5-33}$$

（2）围岩边界节点方程的离散

围岩内壁面边界节点的能量控制方程为

$$\rho c \frac{\partial T(r_i, \tau)}{\partial \tau} \frac{\Delta r}{2} = h_{\mathrm{wn}} \left[ T_f - T(r_i, \tau) \right] - \lambda \frac{\partial T(r_i, \tau)}{\partial r} \tag{5-34}$$

直接采用差分格式进行离散，令 $Bi = h_{\mathrm{wn}}\Delta r / \lambda$ 为计算毕渥数，则可得到

$$(1 + 2FoBi + 2Fo)T_i^k = 2Fo T_{i+1}^k + 2FoBi T_f + T_i^{k-1} \tag{5-35}$$

围岩远边界为恒温边界条件，因此其能量控制方程为

$$T(r_0, \tau) = T_{c0} \tag{5-36}$$

其节点离散方程为

$$T_i^k = T_{c0} \tag{5-37}$$

（3）离散方程的计算

将围岩内部节点、内壁面边界节点及远边界节点离散方程统一为式（5-38）的形式。

$$AT=B \tag{5-38}$$

式中，$A$——温度系数矩阵；

　　　$T$——温度矩阵；

　　　$B$——常数项矩阵。

统一后的结果为

$$\begin{cases} T_N^k = T_{c0} \\ \left(\dfrac{Fo\Delta r}{2r_i} - Fo\right)T_{i-1}^k + (1+2Fo)T_i^k - \left(Fo + \dfrac{Fo\Delta r}{2r_i}\right)T_{i+1}^k = T_i^{k-1} \\ (1+2BiFo+2Fo)T_0^k - 2FoT_1^k = T_0^{k-1} + 2FoBiT_f \end{cases} \tag{5-39}$$

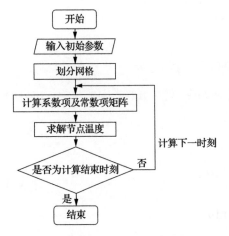

图 5.16　围岩节点方程计算流程图

利用 C 语言编制求解节点方程组的计算程序，图 5.16 为围岩节点方程计算流程图。

2. 相变降温装置及耦合系统数学模型的计算

相变降温装置主程序的计算考虑自然对流的影响，并采用 CFD 程序计算相变板内部的导热、对流及熔化过程。对流换热边界条件利用 UDF（user defined function，用户自定义方程，它可以实现用户自定义 C 语言计算程序与 CFD 程序动态链接）进行求解。这里，将围岩、室内热源及空气（相变板和相变座椅共同作用时还包括相变板）的传热方程编制为 UDF 程序，可以实现输出室内空气温度 $T_f$ 及对流换热系数 $h$ 的功能。ANSYS Fluent 软件中通过加载 UDF 程序输出的外边界条件，即可进一步计算相变降温装置内部的导热、对流及熔化过程。这里将分别介绍 3 种耦合降温系统的相变降温装置及耦合系统数学模型的计算过程。

（1）基于相变板的耦合降温系统

基于相变板的耦合降温系统模型包含硐室围岩、相变板、室内空气及热源四大部分。由于硐室围岩的模型未发生改变，其求解过程也保持不变。这里仅介绍相变板作为主程序模型和室内空气及热源模型的求解过程。

1）相变板的计算。以 ANSYS ICEM 为网格划分工具，对相变板进行网格划分。图 5.17 所示为相变板的 2D 网格划分。

以 ANSYS Fluent 为数值计算工具，计算相变板的对流、导热和熔化过程。计算采用熔化凝固模型，相变板内部考虑自然对流影响，密度计算采用 Boussinesq 假设。用 SIMPLE 算法计算速度－压力耦合，并用 PRESTO! 格式对压力项进行修正。壁面换热为第三类边界条件，对流换热温度为 $T_f$，对流换热系数为 $h_{PCP}$。时间步长为 1s，总步数为 345600 步，设置计算总时间 96h，每一步迭代计算 20 次。

为选择较好的网格进行数值计算，选取了 6 种不同的网格：4 万、8 万、10 万、12 万、14 万及 16 万试算，通过观察同一时刻相变材料液相分数的变化，选取最佳的网格划分。

图 5.18 展示了 6 种不同网格数下不同时刻液相分数的对比。结果显示，网格数量为 10 万时，液相分数随网格数量的变化已经低于 0.1%，因此选择 10 万网格进行计算。

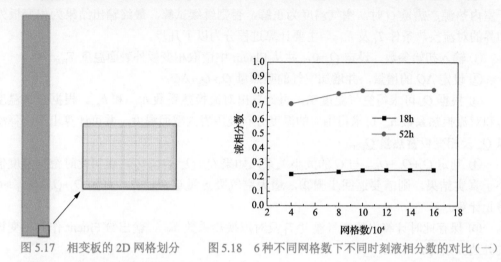

图 5.17　相变板的 2D 网格划分　　　图 5.18　6 种不同网格数下不同时刻液相分数的对比（一）

2）耦合降温系统的计算。围岩、人体与设备，空气的传热计算过程较为简单，编制成相应的 UDF 程序，再利用该程序将计算得到的空气温度 $T_f$ 及对流换热系数 $h_{PCP}$ 以第三类外边界条件形式代入相变板的计算中，计算相变板的传热过程。基于相变板的耦合降温系统 UDF 计算程序流程图如图 5.19 所示。

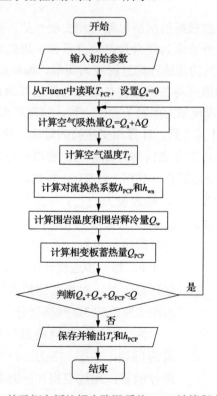

图 5.19　基于相变板的耦合降温系统 UDF 计算程序流程图

由于空气温度 $T_f$ 为联系所有部件的核心，耦合系统计算的思想为采用试算法计算空气温度，当空气自身吸热量 $Q_a$、围岩内壁面吸热量 $Q_w$ 及相变板吸热量 $Q_{PCP}$ 之和等于室内热源产热量 $Q$ 时，空气温度为正解，否则继续试算。最终输出结果为相变板外边界的对流换热条件 $T_f$ 及 $h_{PCP}$。主要计算过程分为以下几步。

① 输入初始参数，设定 $Q_a=0$，并从 Fluent 中读取相变板外表面温度 $T_{PCP}$。

② 设定 $\Delta Q$ 的增量，并增加空气的吸热量 $Q_a=Q_a+\Delta Q$。

③ 根据 $Q_a$ 可求得空气温度 $T_f$，再计算出对流换热系数 $h_{PCP}$ 和 $h_{wn}$。根据空气温度 $T_f$ 和对流换热系数 $h_{wn}$ 可求得围岩的温度分布及围岩内壁面温度，并可计算出围岩释冷量 $Q_w$ 及相变板蓄热量 $Q_{PCP}$。

④ 判定 $Q_a+Q_w+Q_{PCP}$ 与 $Q$ 的大小关系，如果 $Q_a+Q_w+Q_{PCP}<Q$，说明此时空气温度值小于真实结果，则需要返回步骤②，增大空气吸热量重新计算，直到 $Q_a+Q_w+Q_{PCP}>Q$ 停止计算。

⑤ 保存此时计算出的空气温度 $T_f$ 及对流换热系数 $h_{PCP}$，输出给 Fluent 作为相变板的外边界条件。

（2）基于相变座椅的耦合降温系统

基于相变座椅的耦合降温系统模型包含硐室围岩、相变座椅、室内空气和热源 4 个部分。由于硐室围岩的模型未发生改变，其求解过程也保持不变。这里仅介绍相变座椅模型和室内空气及热源模型的求解过程。

1）相变座椅的计算。

基于相变座椅耦合降温模型的求解思路与相变板一致。相变座椅内部存在复杂的对流、导热和熔化过程，外表面为复合换热边界条件，因此作为主模型进行计算。对于围岩、人体与设备，空气的传热计算过程较为简单，编制成相应的子程序进行计算。最后，以能量守恒定理为原则将各部分传热通过边界进行耦合迭代计算。其中，围岩子程序与相变板中耦合降温模型的围岩子程序一致，这里不再赘述。

以 ANSYS Fluent 为计算工具，计算相变座椅的对流、导热和熔化过程。计算采用熔化凝固模型，相变座椅内部考虑自然对流影响，密度计算采用 Boussinesq 假设。用 SIMPLE 算法计算速度–压力耦合，并用 PRESTO! 格式对压力项进行修正。座椅非接触面换热为第二类热流边界条件，热流量为 $Q_{cont}$；与空气换热的非接触面采用对流换热边界条件，对流换热系数为 $h_{non-c}$，空气温度为 $T_f$，非接触面表面温度为 $T_{non-c}$。计算的时间步长为 1s，总步数为 345600 步，设置计算总时间 96h，每一步迭代计算 20 次。以 ANSYS ICEM 为网格划分工具，对相变座椅进行网格划分。图 5.20 所示为相变座椅的 3D 网格划分。

为选择较好的网格进行数值计算，选取了 6 种不同的网格：5 万、15 万、25 万、35 万、45 万及 55 万进行试算，通过观察同一时刻相变材料液相分数的变化，选取最佳的网格划分。图 5.21 所示为 6 种不同网

图 5.20　相变座椅的 3D 网格划分

格数下不同时刻液相分数的对比。结果显示，网格数量为 25 万时，液相分数随网格数量的变化已经低于 0.1%，因此选择 25 万网格进行计算。

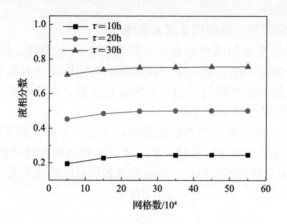

图 5.21　6 种不同网格数下不同时刻液相分数的对比（二）

2）耦合降温系统的计算。

对于围岩、人体与设备，空气的传热计算过程较为简单，编制成相应的 UDF 程序，再利用该程序将计算得到的空气温度 $T_f$ 及对流换热系数 $h_{PCM}$ 以第三类外边界条件形式代入相变座椅非接触面的计算中，计算相变座椅的传热过程。

基于相变座椅耦合系统计算的思想与相变板类似，采用试算法计算空气温度，当空气自身吸热量 $Q_a$、围岩内壁面吸热量 $Q_w$、相变座椅接触面吸热量 $Q_{non}$ 及相变座椅非接触面吸热量 $Q_{non-c}$ 之和等于室内热源产热量 $Q$ 时，空气温度为正解，否则继续试算。最终输出结果为相变座椅非接触面的对流换热条件 $T_f$ 及 $h_{non-c}$，其 UDF 计算程序流程图如图 5.22 所示。主要计算过程分为以下几步。

① 输入初始参数，设定 $Q_a=0$，并从 Fluent 中读取相变座椅非接触面外表面温度 $T_{non-c}$。

② 设定 $\Delta Q$ 的增量，并增加空气的吸热量 $Q_a=Q_a+\Delta Q$。

③ 根据 $Q_a$ 可求得空气温度 $T_f$，再计算出对流换热系数 $h_{non-c}$ 和 $h_{wn}$。根据空气温度 $T_f$ 和对流换热系数 $h_{wn}$ 可求得围岩的温度分布及围岩内壁面温度，并可计算出围岩释冷量 $Q_w$ 及相变座椅非接触面蓄热量 $Q_{non-c}$。

④ 判定 $Q_a+Q_w+Q_{non}+Q_{non-c}$ 与 $Q$ 的大小关系，如果 $Q_a+Q_w+Q_{non}+Q_{non-c}<Q$，说明此时空气温度值小于真实结果，则需要返回步骤②，增大空气吸热量

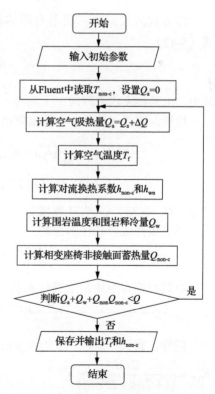

图 5.22　基于相变座椅耦合系统 UDF
计算程序流程图

重新计算，直到 $Q_a+Q_w+Q_{non}+Q_{non-c}>Q$ 停止计算。

⑤ 保存此时计算出的空气温度 $T_f$ 及对流换热系数 $h_{non-c}$，输出给 Fluent 作为相变座椅非接触面的外边界条件。

（3）基于相变板和相变座椅的耦合降温系统

基于相变座椅与相变板的耦合降温系统模型包含硐室围岩、相变座椅、相变板、室内空气及热源五个部分。由于硐室围岩及相变座椅的模型未发生改变，其求解过程也保持不变。但该系统中相变板是作为子程序进行计算，因此这里介绍相变板子程序模型和室内空气及热源模型的求解过程。

1）相变板的计算。相变板采用焓法模型进行计算，在每一步开始计算前，需要将式中的温度转化为相应的热焓进行迭代计算，最后将得到的热焓转化为温度进行输出。这里就涉及热焓与温度之间的相互转化。用热焓来表示温度的关系式，如式（5-40）所示。

$$T = \frac{h' - f_1(h')L}{C_p} \tag{5-40}$$

式中，$f_1$——热焓的函数。其表达式为

$$f_1 = \begin{cases} 0, & (h' < C_p T_s) \\ \dfrac{h' - C_p T_s}{L + C_p}, & (C_p T_s \leqslant h' \leqslant C_p T_1 + L) \\ 1, & (h' > C_p T_1 + L) \end{cases} \tag{5-41}$$

将方程式（5-14）利用有限体积法进行离散，得到相变板内部节点的离散方程式（5-42）。

$$\rho \frac{h_i'^k - h_i'^{k-1}}{\Delta \tau} = \lambda \frac{T_{i+1}^k - 2T_i^k + T_{i-1}^k}{\Delta x^2} \tag{5-42}$$

式中，上角标 $k$ 代表时间；下角标 $i$ 代表网格节点。

然后，将式（5-42）中的温度值全部化为焓来表示，并整理得到

$$h_i'^k = \frac{Fo}{1+2Fo}\left(h_{i+1}'^k + h_{i-1}'^k\right) \\ + \left\{ h_i'^{k-1} + Fo\left[ 2f_1\left(h_i'^k\right) - f_1\left(h_{i+1}'^k\right) - f_1\left(h_{i-1}'^k\right)\right]L \right\}/(1+2Fo) \tag{5-43}$$

式中，$Fo = a\,\Delta\tau/\Delta r^2$ 为计算傅里叶数，$a = \lambda/\left(\rho C_p\right)$ 为相变材料的热扩散率。

相变板外边界条件的控制方程为

$$\rho \frac{\partial h'}{\partial \tau} \frac{\Delta x}{2} = h(T_f - T_{PCP}) - \lambda \frac{\partial T}{\partial x} \tag{5-44}$$

将其根据有限体积法进行离散，得到相变板外节点的离散方程，如式（5-45）所示。

$$\rho \frac{h_1'^k - h_1'^{k-1}}{\Delta \tau} \frac{\Delta x}{2} = h(T_f - T_{PCP}^k) - \lambda \frac{T_1^k - T_2^k}{\Delta x} \tag{5-45}$$

同样，将式（5-45）中的相变板温度用热焓进行替换。经整理，得到

$$h_{PCP}'^k = \frac{2Fo}{(1+2Fo+2FoBi)} h_2'^k \\ + \left\{ h_{PCP}'^{k-1} + 2FoBiC_p T_f + 2Fo\left[(1+Bi)f_1(h_{PCP}'^k) - f_1(h_2'^k)\right]L \right\}/(1+2Fo+2FoBi) \tag{5-46}$$

式中，$Bi$——计算毕渥数，$Bi=h\Delta x/\lambda$。

相变板中间节点绝热边界条件的控制方程为

$$\rho\frac{\partial h'}{\partial \tau}\frac{\Delta x}{2}=-\lambda\frac{\partial T}{\partial x} \tag{5-47}$$

将式（5-47）根据有限体积法进行离散，得到相变板中间节点绝热边界条件节点的离散方程，如式（5-48）所示。

$$\rho\frac{h_m'^k-h_m'^{k-1}}{\Delta\tau}\frac{\Delta x}{2}=-\lambda\frac{T_m^k-T_{m-1}^k}{\Delta x} \tag{5-48}$$

同样，将式（5-48）中的温度用热焓进行替换。经整理，得到

$$h_m'^k=\frac{2Fo}{(1+2Fo)}h_{m-1}'^k+\left\{h_m'^{k-1}+2Fo\left[f_1(h_m'^k)-f_1(h_m'^{k-1})\right]L\right\}/(1+2Fo) \tag{5-49}$$

至此，相变板的一维热传导及熔化计算离散方程已经结束。采用 MATLAB 编制迭代法程序进行计算，设置最大迭代次数及收敛残差，即可求解出相变板的热焓分布，再利用热焓与温度的转换关系式，最终求解出相变板每一个节点的温度。具体计算流程如图 5.23 所示。

2）耦合降温系统的计算。将相变板、围岩、室内热源空气的传热计算过程编制成相应的 UDF 程序，再利用该程序将计算得到的空气温度 $T_f$ 及对流换热系数 $h_{non-c}$ 以第三类外边界条件形式代入相变座椅非接触面的计算中，计算相变座椅的传热过程。

基于相变板和相变座椅的耦合降温系统 UDF 计算程序流程图如图 5.24 所示。

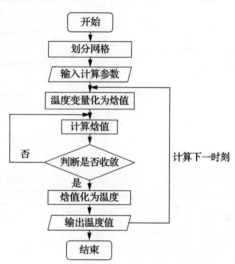

图 5.23　相变板热焓模型计算流程图

基于相变座椅与相变板耦合降温系统的计算思想与前面类似，采用试算法计算空气温度，当空气自身吸热量 $Q_a$、围岩内壁面吸热量 $Q_w$、相变板吸热量 $Q_{PCP}$、相变座椅接触面吸热量 $Q_{non}$ 及相变座椅非接触面吸热量 $Q_{non-c}$ 之和等于室内热源产热量 $Q$ 时，空气温度为正解，否则继续试算。最终输出结果为相变座椅非接触面外边界的对流换热条件 $T_f$ 及 $h_{non-c}$。主要计算过程分为以下几步。

① 输入初始参数，设定 $Q_a=0$，并从 Fluent 中读取相变座椅非接触面外表面温度 $T_{non-c}$。

② 设定 $\Delta Q$ 的增量，并增加空气的吸热量 $Q_a=Q_a+\Delta Q$。

③ 根据 $Q_a$，可求得空气温度 $T_f$，再计算出对流换热系数 $h_{PCP}$、$h_{non-c}$ 和 $h_{wn}$。根据空气温度 $T_f$ 和对流换热系数可求得围岩的温度分布及相变板的温度分布，并可计算出围岩释冷量 $Q_w$、相变板的蓄热量 $Q_{PCP}$ 及相变座椅非接触面蓄热量 $Q_{non-c}$。

④ 判定 $Q_a+Q_w+Q_{non}+Q_{non-c}+Q_{PCP}$ 与 $Q$ 的大小关系，如果 $Q_a+Q_w+Q_{non}+Q_{non-c}+Q_{PCP}<Q$，说明此时空气温度值小于真实结果，则需要返回步骤②，增大空气吸热量重新计算，直到 $Q_a+Q_w+Q_{non}+Q_{non-c}+Q_{PCP}>Q$ 停止计算。

⑤ 保存此时计算出的空气温度 $T_f$ 及对流换热系数 $h_{non-c}$，输出给 Fluent 作为相变座椅非接触面的外边界条件。

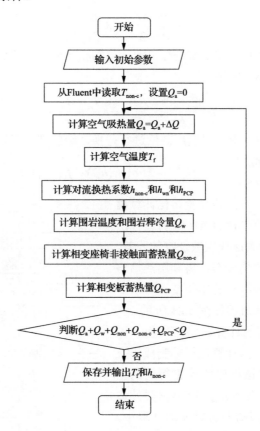

图 5.24　基于相变板和相变座椅的耦合降温系统 UDF 计算程序流程图

### 5.2.4　耦合降温系统传热模型的验证

本节采用试验方式对耦合系统控温规律进行验证。由于在真实矿井下进行加热试验存在很大的危险，试验场所选择了中煤科工集团重庆研究院有限公司的地面避难硐室。在地面避难硐室进行试验也存在问题，即在进行长期试验时其内部温度会受外界环境的影响。为减小室外气候条件对室内的影响，在设计试验时需要严格控制试验时间，而无法进行 96h 的长时间试验。

#### 1. 试验内容及目的

试验主要目的在于验证建立耦合降温系统计算得到的控温规律的正确性，并验证耦合降温系统的控温效果。假设硐室初始状态即为蓄冷后的完成状态，试验前需要在避难硐室内布置好相变板，并完成加热器和热电偶的连接及测试工作。其中，加热器模拟人体及设备散热，热电偶检测室内温度。试验过程中硐室内保持全封闭状态，无强迫对流。试验过程为在 6h 内持续加热避难硐室，并监测硐室内空气温度。本次试验还包括一组空白对照试验，即所有试验条件不变，仅移除硐室内的相变板，然后将该组空白对照试验与控温试验进行对比，观察耦合降温方法的控温效果。

**2. 试验场所及环境**

试验场地选定为一座试验用地表混凝土结构的 50 人中型避难硐室。该避难硐室配置有双层防爆门，具有良好的气密性和一定的保温性。

避难硐室整体为长硐室拱形结构，其内部空间尺寸为长 17m，侧壁面高 2.8m，拱顶高 3.5m，宽 4m。图 5.25 分别给出了避难硐室的左视图和俯视图。

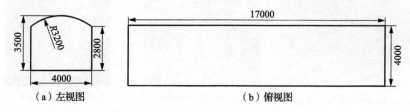

图 5.25　避难硐室平面尺寸图（单位：mm）

耦合降温试验于春季在重庆市进行，室外气象温度最高为 22℃，最低为 18℃。其逐时气温情况如图 5.26 所示。试验进行时间为 11:00 ～ 17:00，该时间段内外界气温为 20 ～ 22℃。

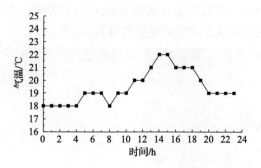

图 5.26　试验日气温变化图

**3. 试验设备及布置**

**（1）相变板的制备**

相变材料选用的是建筑用相变储能石蜡，试验的外界环境温度为 20 ～ 22℃，在选择石蜡熔点时应略高于环境温度，为 28 ～ 29℃。相变石蜡热物理性质如表 5.2 所示。

表 5.2　相变石蜡热物理性质

| 材料 | 密度 /（kg/m³） | 导热系数 /[W/(m·K)] | 比热容 /[kJ/(kg·K)] | 相变温度 /℃ | 潜热 /(kJ/kg) | 动力黏度 /[kg/(m·s)] |
|------|------|------|------|------|------|------|
| 相变石蜡 | 880 | 0.21 | 3.22 | 28 ～ 29 | 220 | 0.07 |

　　为将相变石蜡装入铝合金板中制备成相变板，需先通过高温加热将相变石蜡熔化成液态石蜡。具体过程如下：将装有相变石蜡的铁桶［图 5.27（a）］放入大型恒温箱［图 5.27（b）］中，恒温箱内温度设定为 100℃，持续加热 12h 后，相变石蜡完全熔化为液体。加热过程中的石蜡部分熔化，如图 5.27（c）所示。在相变材料完全熔化后，才可进行相变板的灌装操作。

（a）凝固的相变石蜡　　　　　　（b）大型恒温加热室　　　　　　（c）半熔化的相变石蜡

图 5.27　相变石蜡及其熔化

　　相变材料外板采用 1.5mm 厚的铝合金弯制、焊接而成，其顶部开口且有上盖，如图 5.28（a）所示。相变材料外板具体尺寸为长 600mm、高 500mm、宽 60mm。由于灌装过程是人工操作，相变液体温度较高，为防止移动时液体溅出，灌装液面与外板上口之间均留有 6cm 左右的间隙，灌装完成后自然冷却，冷却后成型的相变板如图 5.28（b）所示。最终灌装完成的相变板数量为 47 个。

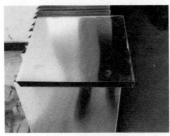

（a）未填充的相变板　　　　　　（b）填充后的相变板

图 5.28　相变板填充

（2）加热器

　　加热器选用的是空气干烧型直流 220V 电加热管，如图 5.29 所示，发热功率为 550W，数量为 11 根。为使电加热管散发的热量更多地由空气吸收，在布置电加热管时垫上砖块以避免其直接接触地面。另外，为避免电流泄漏，在砖块最下层垫上塑料泡沫板起到绝缘作用，该措施也可起到隔热作用。

（3）温度采集系统

　　温度采集系统用来监测室内空气温度变化，由

图 5.29　空气干烧型电加热管

热电偶、数据采集仪及计算机组成。

热电偶选用的是图 5.30（a）所示的米科 WZP-PT 100 热电偶，测温范围为 −50 ～ 200℃，精度为 ±0.15℃，响应时间为 2s。本次试验在避难硐室中一共布置了 9 个空气温度测点。数据采集仪为安捷伦 34972A LXI 型，如图 5.30（b）所示。

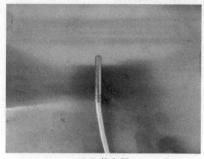 

（a）热电偶　　　　　　　　　　　　　　　（b）数据采集仪

图 5.30　温度采集系统

（4）试验布置

为保障室内热源均匀对硐室进行加热，硐室内等距布置加热器，并选择 9 个点位检测硐室内空气温度。其中，设置 4 个 1m 高度位置的低点位（$T_1$ ～ $T_4$）及 5 个 2m 高度的高点位（$T_5$ ～ $T_9$）。相变板靠近两侧墙面摆放，摆放高度分别为 1m 和 2m，相变板与墙面保持一定距离，以维持背部通风。试验设计布置图如图 5.31 所示。

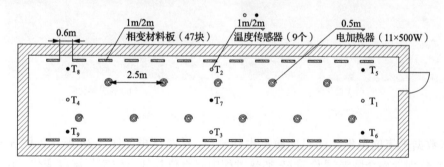

图 5.31　试验设计布置图

在实际布置过程中，硐室内原有部分设备是固定且无法移动的。因此，相变板的实际布置只能在原则上遵循等间距放置。试验布置如图 5.32 所示。

（5）试验步骤

试验测试的具体过程如下：①测试人员进入避难硐室，打开检测传感器电源测试 15min，确保传感器读数稳定上传到监控系统平台，测试人员离开避难硐室，关紧密闭门；②记录室内初始温度参数；③打开加热器，待试验进行 6h 后，试验结束，关闭加热器；④打开避难硐室密闭门，打开风扇，使避难硐室降温。

图 5.32　试验布置图

4．试验结果及误差

（1）试验结果

图 5.33 所示为控温过程中相变材料的熔化前后对比。试验结束后通过检查相变板内相变材料的情况，发现相变材料已经部分熔化，说明相变材料正在吸收室内的热量，起到了蓄热作用。

（a）熔化前　　　　　　　　　　　　　（b）部分熔化后

图 5.33　控温过程中相变材料的熔化前后对比

将数据采集仪采集到的温度数据进行整理，试验结果如图 5.34 所示。图 5.34（a）和（b）分别为耦合降温试验前 6h 加热过程中高点位与低点位空气温度变化。由于有 1 个高点位数据（$T_9$）存在明显错误，经过剔除后，最终结果显示为 4 个高点位温度及 4 个低点位温度。室内起始平均温度为 27.3℃。可以看出，整体上空气温度在前 100min 内都呈现较快速增长，而在后 260min 内趋于平缓。对比图 5.34（a）和（b）可以明显看出，高点位空气平均温度低于低点位温度。高点位空气平均温度最终为 33.0℃，而低点位空气平均温度最终为 34.7℃。其原因是低点位区更靠近热源，一方面受到的辐射作用更为显著，另一方面热源附近空气受自然对流影响向上浮动，过程中向周围冷空气传热，温度会逐渐降低。观察图 5.34 还可以看出，相较于低点位空气温度，高点位空气温度在平缓区的温升更小，即升温更为平缓。具体而言，高点位空气温度在平缓区的升温幅度是 1.1℃，而低点位空气温度在平缓区的升温幅度则是 1.8℃，其原因较之前类似。

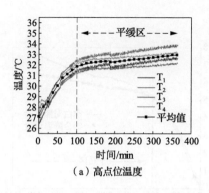
（a）高点位温度

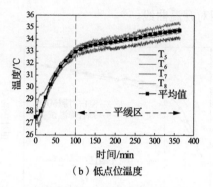
（b）低点位温度

图 5.34 6h 内试验升温曲线

根据试验工况，运用已建立的耦合降温模型进行数值模拟计算，模拟计算结果与试验结果的对比如图 5.35 所示。图中，试验结果曲线为高点位温度与低点位温度的平均值。而模拟计算结果为采用建立的耦合降温模型进行计算得到的结果，设置参数与试验参数相同。对比结果显示，模拟与试验结果中硐室内空气具有相同的升温趋势，即在初期短时间内快速升温，后进入升温平缓区。但两者快速升温期花费的时间有差别，模拟结果在 50min 后即进入升温平缓区，而试验结果需要在 100min 后才进入升温平缓区。造成这一现象的原因可能有以下 4 点：①建立模型时，未考虑室内还有其他固有设备，设备虽然不会利用潜热蓄热，但其显热蓄热在空气升温初期可能还是会对室内温度的快速上升造成一定影响，特别是在室内空气升温到与室内设备有一定温差后；②假设室内散发热量首先全部被空气吸收，而试验时由于加热管本身升温尚需要一段时间，且其布置方式使小部分热量会直接被支座吸收，延缓了初期空气的快速升温；③忽略了热源辐射带来的影响，此部分热量也会减缓初期空气的升温过程；④忽略了外界低温空气对室内温度造成的影响。

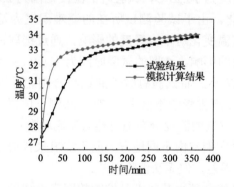

图 5.35 模拟计算结果与试验结果的对比

本次试验还进行了一组空白对照试验，以验证相变板的控温效果。试验准备过程中移除相变板，其他设置条件均一致，因此空白对照试验即无相变板的避难硐室升温试验。试验测得的温度变化如图 5.36 所示。由于耦合降温试验和空白对照试验的热源功率相同，仅初始温度略有不同，为方便进行升温特性的比对，以各自基础温度为原点绘制相对升温曲线。

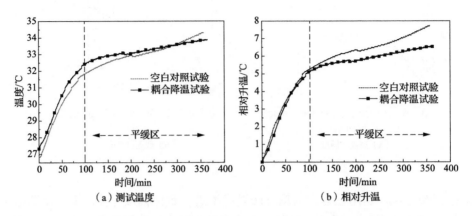

图 5.36　耦合降温试验与空白对照试验对比

结果显示，在快速升温期，耦合降温试验中的空气温度比空白对照试验略低，但总体保持一致。而在平缓区，两者出现了较大区别，耦合降温试验的空气升温速率明显减缓，在平缓区的空气升温为 1.4℃，而空白对照试验的空气升温速率仍然较大，相应的空气升温为 2.5℃。说明空白对照试验的空气升温并没有达到完全的稳态，而耦合降温试验的空气升温比空白对照试验更早地达到了稳态，且空气温度更低。

（2）误差分析

本次试验是为了验证耦合降温模型在计算采用耦合降温方法进行控温的避难硐室室内空气温度变化时的适用性。试验记录的主要参数为避难硐室内各测点的空气温度变化。试验误差主要由系统误差、偶然误差和过失误差组成。

本次试验中产生系统误差的原因包括：①仪器精确度。为减少仪器误差，本次测量温度采用的热电偶其精度为 ±0.15℃，试验时的温度范围为 25～35℃，测量误差小于 0.6%。②外界气温变化。由于试验测试所在的避难硐室为地表建筑，围岩暴露在空气中，为了减少室外气温变化对室内温度的影响，通过选取适当的测试时间可以减少甚至消除外界环境带来的影响。选取的试验时间为 11:00～17:00，此时室外气温为 20～22℃，气温变化非常小，而试验总时长通过综合围岩厚度及其热物性参数，确定为 6h 时对室内温度变化产生影响不会大于 5%。③测点位置。室内空气在空气干烧管的加热下形成热羽流，空气的温度分布随自然对流流动影响十分明显，为减少误差，将测点分为上下两层布置在硐室内不同地方，取平均值来代表硐室内空气温度，该方式能够在一定程度上减少误差，但无法消除误差。

偶然误差又称随机误差，是由某些不易控制的因素造成的。消除偶然误差的方法即为多次测量取平均值。

过失误差是指试验结果中出现的明显与事实不符的数据。其原因是人员疏忽大意或仪器受到干扰产生噪点。本次试验中有一个高位测点出现明显的温度过高现象，经判断可能是由试验过程中热电偶本身出现故障造成的，在数据处理过程中将其剔除，则不会对试验结论造成影响。

## 5.3　耦合降温系统控温特性

避难硐室在使用过程中，人体及设备散热会使硐室内温度不断升高。围岩蓄冷－相变蓄热耦合降温系统能够利用围岩释冷及相变材料蓄热吸收室内热量，达到控制室内温度上升的目的。综合考虑硐室内环境及生存空间紧缺的现状，提出了相变降温装置的两种布置形式，即相变板和相变座椅。根据 5.2 节建立的模型可知，两种相变降温装置有不同的换热边界条件，因此有各自的控温特性。为探究耦合降温系统在控温过程中的控温特性，本节将分别对采用相变板的耦合降温系统和采用相变座椅的耦合降温系统的控温过程进行分析，揭示其各自的控温特性，并对其影响因素进行分析。

### 5.3.1　基于相变板的耦合降温系统控温特性

#### 1. 计算参数设置

耦合降温系统的计算参数主要包括相变板参数及初始状态参数。相变板内部相变材料选用导热增强型石蜡，其熔点为 26℃，导热系数为 0.6W/(m·K)，相变潜热为 190kJ/kg，显热热容为 2kJ/（kg·k），密度为 770kg/m³。相变板外部尺寸为长 600mm、高 500mm、宽 60mm，预设置相变板数量为 190 块。假设初始状态为围岩蓄冷已经完成的状态，蓄冷温度为 25℃。因此，硐室及硐室内空气、相变板的初始温度均为 25℃。

#### 2. 耦合降温系统控温特性分析

基于 5.2 节建立的耦合降温系统模型及计算方法，代入计算参数进行耦合降温系统的求解，得到相变板熔化及室内温度变化的计算结果。图 5.37 为相变板内相变材料液相分数变化图。可以发现，相变材料在 0.7h 开始熔化，液相分数增长速率基本保持恒定，在 50h 时出现轻微的减小，而直到 67h，相变材料完全熔化。说明相变材料在前 67h 都能够稳定吸收热量。液相分数速率变化还可以从相变材料熔化过程图中直观看出。

图 5.38 展示了相变板垂直中平面不同时刻的液相分数分布。在早期[图 5.38（a）～（c）]，相变材料从外壁面四周开始熔化，熔化范围逐渐扩展到内部。随着时间的延长[图 5.38（d）]，在相变板上部出现较多的红色区域，说明此时已经有部分相变材料完全熔化成液体，并在自然对流的作用下流动到材料板上部。在熔化中后期［图 5.38（e）和（f）]，相变材料继续吸收热量，使越来越多的相变材料完全熔化为液体。当时间为

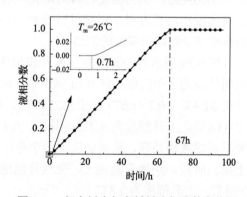

图 5.37　相变板内相变材料液相分数变化图

70h 时，图 5.38（g）显示相变材料已经完全熔化。

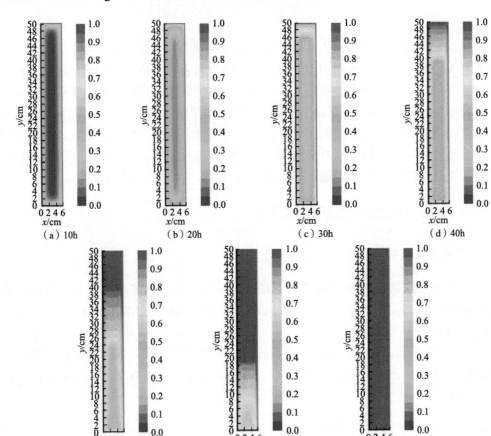

注：各分图色谱右侧数字为液相分数。

图 5.38　相变板垂直中平面不同时刻的液相分数分布

　　相变材料在熔化过程中一直未出现明显的液相线，且模糊区相变材料呈现出明显的熔化梯度线，说明相变材料的熔化过程以导热为主。这主要是因为相变板的形状为宽高比很小的长方形，相变材料受热面积大，加上与外界空气的换热温差小，使相变材料整体受到均匀缓慢的加热。

　　图 5.39 所示为 96h 内空气温度和相变板表面热流密度曲线。图中空气温度上升可以明显分为 3 个阶段：前 0.7h 属于第一阶段，急速升温期 $\tau_1$，空气温度从 25℃ 直线上升至 31.4℃；0.7～67h 属于第二阶段，缓慢升温期 $\tau_2$，空气温度从 31.4℃ 缓慢上升至 35.6℃，上升幅度为 4.2℃。其中，0.7～50h 空气温度上升速率最小，这段时间相变材料固液相共存，从而创造了一个稳定安全的热环境，称为平稳期 $\tau_{21}$；67～96h 属于第三阶段，快速升温期 $\tau_3$，空气升温速率大幅增长，空气温度从 35.6℃ 快速上升至 39.4℃，上升幅度为 3.8℃。

　　图 5.39 同时绘出了相变板表面热流密度曲线。可以看出，相变材料蓄热速率变化

同样分为 3 个典型阶段,通过空气温度曲线与相变板表面热流密度曲线进行对比可以看出,空气升温出现分段主要受相变材料蓄热速率变化的影响。具体表现为前 0.7h,蓄热速率急速地从 0 增长到 15W/m² 左右;0.7 ～ 67h,相变蓄热速率先缓慢上升,上升幅度为 3.4W/m²,后开始缓慢下降,下降幅度为 4.3W/m²,此过程内相变材料稳定利用潜热蓄热,使空气升温速率保持非常低的状态,基本控制了室内温度的上涨,出现蓄热速率缓慢下降的原因是相变材料的液相分数已经大于 80%,根据图 5.38(f)可知,相变板内部大部分已经完全熔化,使其蓄热能力开始出现下降趋势;67h 后相变材料完全熔化,相变材料只能依靠显热蓄热,此时空气开始大幅升温。

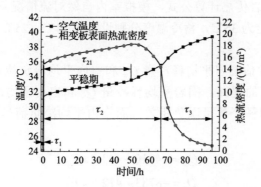

图 5.39　96h 内空气温度和相变板表面热流密度曲线

在避难硐室 96h 空气升温过程中,控温时间与控温温度都是需要进行评价的指标。这里,控温时间指的是室内温度控制在 35℃ 以下的时间,具有相同控温时间,则控温温度越低越好;具有相同控温温度,则控温时间越久越好。因此,这里引进了文献 [10] 中关于卡拉尼(Cranee)的计算极限忍受时间 $\tau_1$ 与温度 $T$ 的关系式为

$$\tau_1 = \frac{4.1 \times 10^8}{T^{3.61}} \tag{5-50}$$

式中,$\tau_1$——人体的极限忍受时间,min;
　　　$T$——环境的温度值,℃。

根据极限忍受时间的计算公式,提出了温度控制评价指标——人体热忍耐时间评价指标 $\gamma$。定义 $\gamma$ 为人体在超过国家规定温度下实际所处时间与该温度下极限忍耐时间的比值。由于环境温度变化幅度不大,为简化计算,以时均温度替代时变温度。由于我国规定避难硐室内温度不高于 35℃,定义人体热忍耐时间评价指标 $\gamma$ 的计算公式为

$$\gamma = \frac{\tau_{>35}}{\tau_1} = \frac{\tau_{>35}\overline{T}_{>35}^{3.61}}{4.1 \times 10^8} \tag{5-51}$$

式中,$\tau_{>35}$——温度高于 35℃ 的时间,min;
　　　$\overline{T}_{>35}$——温度高于 35℃ 时间内的室内时均温度,℃。

$\gamma$ 值越小,说明控温效果越好;$\gamma$ 值越接近 1,表明越接近人体的忍耐极限,可能出现伤亡;当 $\gamma$ 值大于 1 时,说明超出人体的忍耐极限。

3. 耦合降温系统控温影响因素分析

在硐室确定的前提下，硐室内空气温度的影响因素主要有蓄冷温度、相变材料的相变温度、相变板的尺寸及数量。因此首先需要单独对每一个影响因素进行分析。

（1）蓄冷温度

蓄冷温度即耦合控温过程中室内的初始温度，其影响主要体现在两个方面：一是对室内热负荷估算的影响，二是对耦合系统控温期室内温度的影响。

1）蓄冷温度对室内热负荷估算的影响。

根据第3章的围岩传热计算公式，模拟室内自然对流情况，选取室内平均风速为0.1m/s，室内温度恒定为35℃，蓄冷温度分别设定为24℃、25℃、26℃、27℃、28℃、29℃。

图5.40给出了预估围岩平均释冷量 $Q_w$ 和室内平均冷负荷 $Q_i$ 随蓄冷温度的变化关系。随着蓄冷温度的提高，围岩平均释冷量 $Q_w$ 和室内平均冷负荷 $Q_i$ 均呈现线性变化，其中围岩平均释冷量呈现负相关，而室内平均冷负荷呈现正相关，其拟合公式分别为

$$Q_w = 14310 - 411.2 \times T_{c0} \qquad (5-52)$$

$$Q_i = -8783 + 412.5 \times T_{c0} \qquad (5-53)$$

围岩平均释冷量 $Q_w$ 随着初始温度升高逐渐降低，当 $Q_w=0$ 时表明围岩没有释冷，即室内起始温度为35℃的情况，而通过拟合公式（5-52）可推算出 $T_{c0}=34.8$℃，与35℃接近，说明拟合公式可信。通过式（5-53）可推算得到室内平均冷负荷 $Q_i$ 为0时的蓄冷温度为21.3℃，说明围岩蓄冷温度低于21.3℃时室内热负荷可由围岩全部承担，无须添加相变装置，因而定义该温度为围岩蓄冷的临界温度。

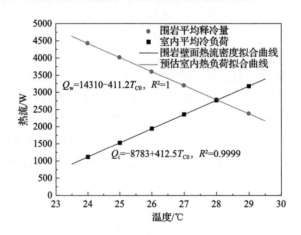

图 5.40　预估围岩平均释冷量和室内平均冷负荷随蓄冷温度的变化关系

2）蓄冷温度对室内温度的影响。

计算参数选取不变，取蓄冷温度从20℃变化到25℃进行研究。分析蓄冷温度对相变材料液相分数、硐室内温度变化的影响。

图 5.41 所示为不同蓄冷温度下相变材料的液相分数曲线。结果表明，随着蓄冷温度的降低，熔化速率减慢，熔化时间延长。其原因是蓄冷温度的降低代表室内初始温度降低，而相变材料的熔化温度恒定为 26℃，使空气需要更多时间升温才会与相变材料形成温差，因此导致相变材料熔化速率减慢。

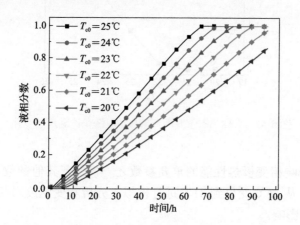

图 5.41 不同蓄冷温度下相变材料的液相分数曲线

图 5.42 所示为不同蓄冷温度下的空气升温变化。结果显示，蓄冷温度的降低会降低控温期的环境温度，并延长其持续时间。其原因是蓄冷温度的降低会直接降低硐室内的初始温度，室内热源一定的条件下，控温期环境温度也会降低。同时根据图 5.42 可知，相变材料熔化速率减慢，使控温期持续时间延长。

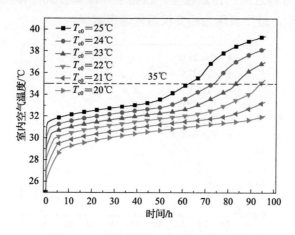

图 5.42 不同蓄冷温度下的空气升温变化

图 5.43 所示为人体热忍耐时间评价指标 $\gamma$ 随蓄冷温度的变化。可以发现，蓄冷温度越低，人体会感觉越舒适，当蓄冷温度降低到 21℃时，$\gamma=0$，表明避难硐室内温度已经完全满足 96h 的降温需求。说明在已有条件下，在蓄冷阶段应尽量选择更低的蓄冷温度，以提供更舒适的热环境。

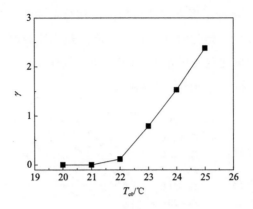

图 5.43　人体热忍耐时间评价指标 γ 随蓄冷温度的变化

（2）相变温度

相变温度是影响相变板热性能的重要参数之一。保证其他参数不变，仅改变相变材料的相变温度，从 26℃ 变化到 31℃ 进行模拟，分析相变温度对相变材料液相分数、硐室内温度变化的影响。

图 5.44 所示为不同相变温度下相变板的液相分数曲线。结果表明，随着相变温度的升高，相变材料的熔化速率减缓，熔化时间延长。具体表现为材料相变温度从 26℃ 变化到 29℃ 时，相变材料在 96h 内均能完全熔化，熔化时间分别是 67.0h、73.5h、80.9h 和 89.5h；而当相变温度为 30℃ 和 31℃ 时，相变材料无法完全熔化，最后的液相分数分别是 0.974 和 0.864。其原因是相变材料熔化时具有恒温的特性，相变温度升高会降低空气与相变材料之间的传热温差，根据牛顿冷却公式，传热温差减小会直接降低相变材料的吸热量，最终表现为相变板熔化速率减缓。

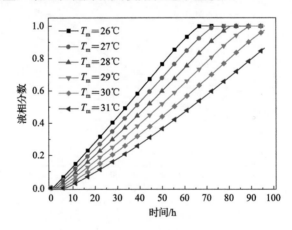

图 5.44　不同相变温度下相变板的液相分数曲线

图 5.45 所示为不同相变温度下的空气升温曲线，材料相变温度的升高会提高控温期的温度并增强其持续时间。材料相变温度从 26℃ 变化到 31℃ 时，相变材料相变温度每升高 1℃，控温期的温度提高约 0.45℃ ±0.02，持续时间分别延长 6.5h、7.9h、7.1h、10.9h 和 13.1h；当相变温度为 30℃ 和 31℃ 时，空气升温过程就只剩下急速升温和控温

期两个阶段。由于空气温度需要和相变材料保持一定的温差才能向相变材料传热，表现出有效控温期温度随着相变温度的增长而升高，但由于有围岩吸热的存在，此温差必然会有一定幅度的衰减。又由于材料相变温度升高导致相变材料熔化速率减慢，控温期持续时间也有了一定的延长。

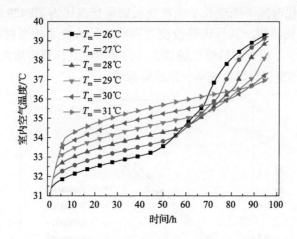

图 5.45　不同相变温度下的空气升温曲线

图 5.46 所示为人体热忍耐时间评价指标 $\gamma$ 随相变温度的变化。可以发现，相变温度太高或太低都不合适，而在 $T_m$=28℃时存在一个最低值。其原因由图 5.45 可知，相变温度过低时控温期温度有所降低，但其持续时间短，导致控温期结束后室内空气升温过高；而相变温度过高时控温期温度过高，也不利于温度控制。因此，相变温度对室内温度的影响是一个非单调的过程，存在较优值。

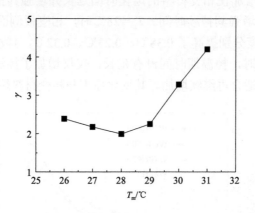

图 5.46　人体热忍耐时间评价指标 $\gamma$ 随相变温度的变化

（3）相变板尺寸

同体积下不同相变板尺寸也会对传热及熔化过程产生影响。选取相变温度为 28℃，在保证单元面积不变的情况下，改变相变板侧面宽高分别为 W50H600（宽 50mm、高 600mm），W60H500（宽 60mm、高 500mm），W70H429（宽 70mm、高 429mm），W80H375（宽 80mm、高 375mm）进行计算。分析相变板尺寸对相变材料液相分数、硐室内温度变化的影响。

图 5.47 以 $T_m = 28℃$ 为例展示了 4 种尺寸变化对相变板熔化过程的影响。结果发现，相变板侧面宽高比的增加会使相变材料的熔化时间延长，但效果逐渐降低。相变板侧面宽高比（W/H）从 50/600 变化到 80/375，相变材料熔化时间分别为 75.9h、80.9h、85.3h 和 87.2h，熔化时间不断变长；当相变板侧面宽高比为 70/429 时，再继续增加宽高比，熔化时间增长减缓，其原因是改变宽高比实际改变了相变材料的表面积，宽高比越大，表面积越小，相变材料熔化越缓慢，但随着宽高比逐步增大，表面积减小的趋势逐渐减缓，因此相变材料熔化速率变化趋势减缓。

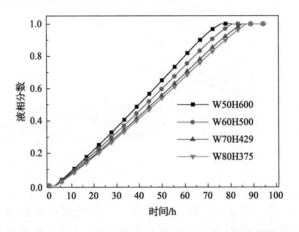

图 5.47　$T_m = 28℃$ 时不同相变板尺寸下的液相分数曲线

图 5.48 所示为 $T_m = 28℃$ 时不同相变板尺寸下的室内空气温度曲线。结果显示，材料单元侧面宽高比的增加使相变材料的熔化时间延长并增强其持续时间，但宽高比大于 70/429 时无法继续增强其持续时间。$T_m = 28℃$ 时，相变板侧面宽高比从 50/600 变化到 80/375，控温期温度分别提高了 0.38℃、0.23℃、0.32℃，持续时间延长；当相变板侧面宽高比为 70/429 时，控温期时间没有延长，仅仅增加了控温期温度，说明侧面宽高比达到 70/429 时不适合再继续增加。其变化原因与相变材料熔化速率变化紧密相关。

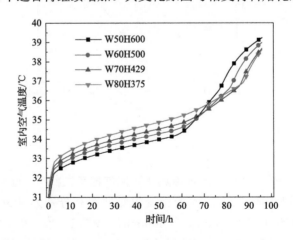

图 5.48　$T_m = 28℃$ 时不同相变板尺寸下的室内空气温度曲线

图 5.49 所示为 $T_m$=28℃时相变板尺寸变化对热忍耐时间评价指标 $\gamma$ 的影响。可以发现，其影响类似于相变温度对 $\gamma$ 的影响，相变板尺寸的选取也存在较优值。其原因由图 5.48 可知，宽高比过低时控温期持续时间短，后续升温快；而宽高比过高时控温期温度过高，其持续时间也没有延长。

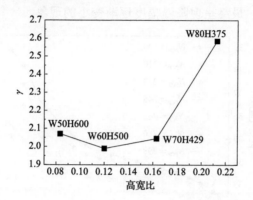

图 5.49　$T_m$=28℃时相变板尺寸变化对热忍耐时间评价指标 $\gamma$ 的影响

（4）相变板数量

为了尽量节省相变材料的使用量进而降低成本，减小所占用的体积，需要考虑相变板的最小使用量。保证其他参数不变，选择相变温度为 28℃，侧面宽高为 W60H500，相变装置单元数量分别按估算数量的 1.1 ～ 1.7 倍选取，即分别以 190 块、210 块、228 块、245 块、262 块、280 块及 298 块为基础进行计算。

图 5.50 所示为 $T_m$=28℃时不同相变板数量下的液相分数曲线。结果发现，相变板数量的增加使相变材料的熔化时间延长。相变板数量从 190 块增加到 280 块时，相变材料的完全熔化时间分别是 80.9h、84.3h、87.4h、90.3h、93.3h 和 96.0h，相变板数量为 298 块时相变材料未完全熔化。其原因是相变板数量增加提高了相变材料的蓄热量，使同一时刻空气温度降低，从而减缓了单块相变材料的蓄热率，延长了熔化时间。

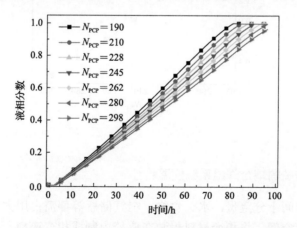

图 5.50　$T_m$=28℃时不同相变板数量下的液相分数曲线

图 5.51 所示为 $T_m$=28℃时不同相变板数量下的空气温度曲线。结果显示，相变板

数量的增加会降低控温期的温度并增强其持续时间。相变板数量从190块增加到298块，控温期的温度分别降低 0.24℃、0.19℃、0.17℃、0.17℃、0.15℃ 和 0.15℃；持续时间分别延长 2.8h、2.6h、2.4h、2.5h、2.5h 和 2.5h。降温幅度逐渐变小的原因是增加相变板数量相当于增加相变材料总蓄热量，使空气温度较同一时刻有所下降，因此单块相变板的熔化速率减缓，最终呈现降温幅度逐渐变小的现象。

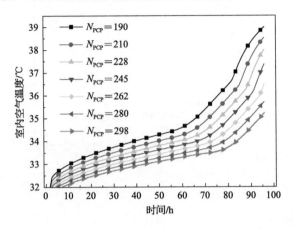

图 5.51　$T_m$=28℃时不同相变板数量下的空气温度曲线

图 5.52 所示为 $T_m$=28℃时不同相变板数量对热忍耐时间评价指标 $\gamma$ 的影响。结果显示，增加相变材料数量能有效降低 $\gamma$ 值，且呈线性变化。相变板数量 $N_{PCP}$ 从 190 块变化到 298 块，$\gamma$ 的值分别为 1.99、1.57、1.23、0.92、0.63、0.37 和 0.13。其原因是增加相变材料数量既能降低控温期的温度，又能延长其持续时间。

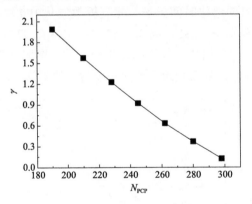

图 5.52　$T_m$=28℃时不同相变板数量对热忍耐时间评价指标 $\gamma$ 的影响

### 5.3.2　基于相变座椅的耦合降温系统控温特性

硐室内生存空间十分宝贵，水、食物、空气储瓶等都需占用大量空间，为了预留避难硐室内的生存空间，将相变材料封装在座椅内制成相变座椅，可以进一步减小相变材料对硐室内空间的占用。本节将分析相变座椅作为相变蓄热装置的控温特性及其影响因素。

**1. 计算参数设置**

耦合降温系统的计算参数主要包括相变座椅参数及初始状态参数。相变座椅内部相变材料选用导热增强型石蜡，其熔点为 27℃，导热系数为 0.6W/(m·K)，潜热焓值为 190kJ/kg，显热热容为 2kJ/（kg·K），密度为 770kg/m³。相变座椅的数量与人数一致，为 50 个。相变座椅的几何尺寸初步设计如下：座椅椅面为 $L$=450mm 的正方形，厚度 $\delta$ 为 80mm，椅背面同样为 $L$=450mm 的正方形，厚度 $\delta$ 为 80mm。假设初始状态为围岩蓄冷已经完成的状态，蓄冷温度为 25℃。因此，硐室及硐室内空气、相变座椅的初始温度均为 25℃。

**2. 耦合降温系统控温特性分析**

通过编制相应程序并将参数代入，进行基于相变座椅耦合降温系统的求解，得到相变座椅内部材料熔化及室内温度变化的计算结果。

图 5.53 展示了 96h 内相变材料液相分数及座椅非接触面热流变化曲线。从液相分数曲线可以看出，座椅内相变材料开始以近似线性的速率熔化，液相分数接近 0.9 熔化速率才开始出现微弱的下降趋势，并在 50.8h 内完全熔化。在持续加热过程中，从座椅非接触面热流变化曲线可以观察到独特的现象，其传热量由正值变化到负值，由此将相变座椅非接触面的蓄能过程划分为三个阶段：稳定蓄热期、过渡期及稳定放热期。在稳定蓄热期，座椅非接触面在前 30h 内保持 14W 左右的蓄热速率，加上座椅接触面从人体接触导热吸收的 24W 热量，相变座椅整体在前 30h 能够恒定吸收 38W 左右的室内散热量，占总散热量的 33%。在液相分数达到 0.75（30h）后，座椅非接触面的热流出现明显下降，相变座椅非接触面的蓄能过程进入过渡期，并在 44.3h 后热流变为负值，并持续降低直至进入较为稳定的放热期。在稳定放热期，即 70h 后，座椅非接触面以 23.3W 左右的速率恒定向空气放热，考虑到座椅接触面从人体以导热方式吸收 24W 热量，相变座椅整体在 70h 后仅能吸收 0.7W 左右的热量，占总散热量的 0.6%。

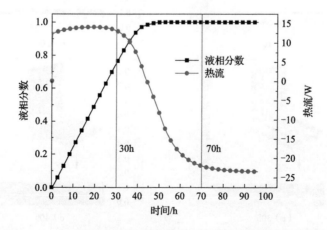

图 5.53　96h 内相变材料液相分数及座椅非接触面热流变化曲线

相变座椅非接触面在 96h 的控温过程中出现上述三个阶段的原因在于，在前期（稳定蓄热期），由于空气升温较快，会向座椅非接触面进行大量传热，相变座椅利用其相变潜热稳定吸收热量。在过渡期，由于座椅内相变材料熔化超过 75%，其固态相变材料含量大幅减少，一方面会导致蓄热能力开始大幅降低，另一方面会导致大量液态相变材料温度快速上升，直到 44.3h 液态相变材料温度超过室内空气温度，进一步造成座椅非接触面开始向空气放热，热流出现负值的情况。在稳定放热期，相变材料早已完全熔化，相变座椅失去潜热蓄热能力，仅依靠显热吸收极少的热量，因此导致座椅接触面从人体吸收的热量绝大部分通过非接触面传递给空气。

图 5.54 所示为相变座椅及其垂直中平面的液相分数变化。在早期，如图 5.54（a）和（b）所示，相变座椅的接触面首先开始熔化，这是由于相变座椅接触面受到稳定的来自人体的 24W 热流作用，而非接触面仅受到空气对流的影响，传热较少，因此熔化较慢。随着熔化的继续，如图 5.54（c）所示，靠近座椅接触面部分的相变材料已然完全熔化，而非接触面部分的相变材料也已熔化超过 50%，结合图 5.53 的数据，此时相变材料总液相分数已达 75%，座椅非接触面蓄热速率开始出现下降趋势。40h 时，如图 5.54（d）所示，相变座椅除底部右下角未完全熔化外，大部分已完全熔化，此时液态相变材料利用显热继续蓄热会导致其温度逐渐上升，与空气的温差逐渐减小，导致座椅非接触面的蓄热速率逐渐减小，进一步解释了图 5.53 的现象。当时间为 50h 时，图 5.54（e）显示相变材料已经完全熔化。

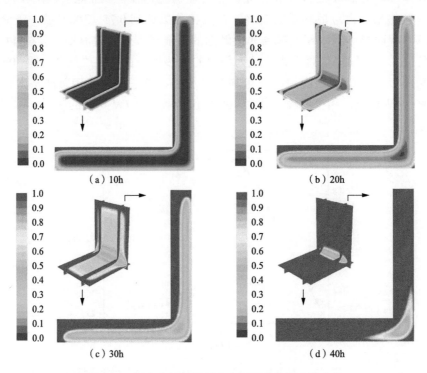

（a）10h　　　　　　　　　　　（b）20h

（c）30h　　　　　　　　　　　（d）40h

图 5.54　相变座椅及其垂直中平面的液相分数变化

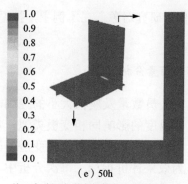

（e）50h

注：各分图色谱右侧数字为液相分数。

图 5.54（续）

图 5.55 所示为 96h 内避难硐室内空气温度变化。当室内没有添加相变座椅时，空气升温仅有快速升温期和缓慢升温期，并在 1h 内就超过了室内控制温度 35℃。而当室内有相变座椅时，在前 0.7h，硐室内空气内迅速从 25℃升高到 31.7℃；之后，空气的升温速度大幅减缓，相比于没有相变座椅的室内空气温度降低了大约 4.2℃，并在 39.8h 突破了控制温度 35℃；之后，空气升温又经历了一小段加速期并最终趋于缓慢上升，此时与没有相变座椅的室内空气温度相比，其温度降低了 1.6℃。空气温度呈现 4 个阶段的原因同相变座椅的熔化状态密切相关。在初期，热量主要被空气吸收，由于其比热容较小，升温迅速，此时相变座椅尚未开始熔化吸热；而当空气上升到与相变座椅和围岩内壁面有一定温差时，相变座椅开始熔化并稳定蓄热，内壁面也利用其显热进行释冷，整体升温减缓；当相变材料熔化超过 80% 后，其蓄热速率开始降低，造成室内空气升温进入一小段的加速期，并超出控制温度；最终相变材料完全熔化，热量主要由围岩内壁面吸收，空气温度在高涨了一段时间后升温速率恢复稳定。

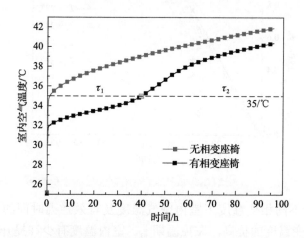

图 5.55　96h 内避难硐室内空气温度变化

根据室内空气温度是否超出控制温度，将整个空气升温过程划分为控温期 $\tau_1$ 和失控期 $\tau_2$。由于控温期是相变座椅的有效工作时期，在下面进一步的讨论中，将控温期内相变座椅及空气温度变化作为研究对象。在本例中，控温期持续时间 $\tau_1$=39.8h，平均温度 $T_{\tau1}$=33.5℃。

### 3. 耦合降温系统控温影响因素分析

相变座椅由于受到硐室内人员数量及座椅大小的控制，其数量恒定，且厚度在一定范围内变化，加上围岩蓄冷温度的影响同相变板类似，本节省略蓄冷温度、座椅数量的因素分析，转而添加了相变材料导热系数及相变潜热的因素分析，并以控温期持续时间及控温期平均温度作为效果评价指标。每次分析中，只有一个参数变化而设定其他参数不变。

（1）相变温度

设定其余参数不变，相变温度从 26℃ 依次变化到 30℃，观察相变座椅液相分数变化及对室内空气温度的影响。

图 5.56 所示为不同相变温度下液相分数随时间的变化曲线。结果显示，相变温度越高，其熔化开始时间越慢，熔化速率越低。具体而言，相变温度分别为 26℃、27℃、28℃、29℃、30℃ 时的初始熔化时间分别为 0.1h、0.3h、0.6h、0.9h、1.2h，最终熔化时刻分别为 50.8h、53.7h、56.9h、60.3h、63.9h。出现该现象的原因为，相变温度越高，其开始熔化所需的室内空气温度越高，空气升温是需要时间的，因此导致初始熔化时间滞后。而熔化速率降低是由于相变温度越高，室内空气温度虽然会相应升高，但由于围岩释冷的存在，空气升温幅度小于相变温度升高幅度，根据牛顿冷却公式 $Q_{\text{non-c}}=h_{\text{non-c}}A_{\text{non-c}}(T_f-T_{\text{non-c}})$，相变座椅非接触面吸热速率将会降低，从而导致其熔化速率减缓。

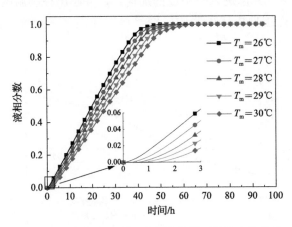

图 5.56　不同相变温度下液相分数随时间的变化曲线

图 5.57 所示为不同相变温度下室内空气温度及有效控温时间的变化曲线。可以看出，随着座椅相变温度的提高，在控温期 $\tau_1$，室内温度有少许提升，但在非控温期 $\tau_2$，室内温度呈现相反趋势，而有效控温时间 $\tau_1$ 先延长再减短。具体而言，在控温期 $\tau_1$，相变温度分别为 26℃、27℃、28℃、29℃、30℃ 时的室内平均温度分别为 33.4℃、33.6℃、33.8℃、33.9℃、34.0℃，持续时间分别为 39.8h、40.3h、40.3h、39.4h、36.7h。

原因在于，相变材料的熔化依赖于室内空气与座椅非接触面的传热温差 $\Delta T$，相变座椅的相变温度提高，使室内空气的温度上升，才能保证一定的 $\Delta T$。但由于围岩释冷的存在，室内空气升温保持在很小的范围，仅有 $0.1 \sim 0.2℃$。而持续时间出现先增大后减小的原因在于相变温度低时，其熔化速率快，室内温度上升率先进入加速期，而后超出控制温度；而当相变温度高时，虽然室内温度上升还处于缓慢升温期，但由于相变温度高，相应的室内温度也高，使其先超出控制温度。这说明相变座椅中相变温度对室内空气温度 $T_{r1}$ 有一定的影响，而对控制时间 $\tau_1$ 的影响是一个非单调的过程，存在较优值。

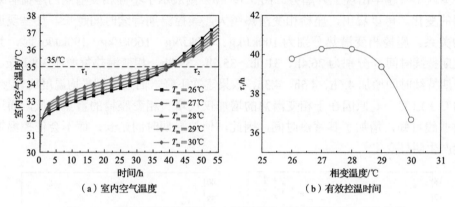

图 5.57　不同相变温度下室内空气温度及有效控温时间的变化曲线

（2）相变潜热

保持其余参数不变，相变材料潜热值选取 100kJ/kg、130kJ/kg、160kJ/kg、190kJ/kg，观察相变座椅相变分数变化及对室内空气温度的影响。

图 5.58 所示为相变温度为 26℃ 时，4 种不同相变潜热相变座椅的液相分数变化曲线。图中显示相变潜热越大，其熔化时间越长，熔化速率越慢。当相变潜热分别为 100kJ/kg、130kJ/kg、160kJ/kg、190kJ/kg 时，其完全熔化所需的时间分别为 29.5h、36.8h、43.8h、50.8h，相变潜热每增加 30kJ/kg，完全熔化所需时间增加了大约 7h，完全熔化时间与相变潜热近似呈线性关系。这是由于相变座椅在蓄热过程中其温度近似恒定，空气升温也很缓慢，座椅蓄热速率近似恒定。

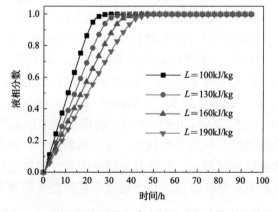

图 5.58　不同相变潜热相变座椅的液相分数变化曲线

相变材料完全熔化所需时间 $\tau_m$ 可根据式（5-54）进行简单估算,可知相变潜热越大,熔化所需时间越长,因而熔化速率越慢,且呈现近似的线性关系。

$$\tau_m = L / (Q_{cont} + Q_{non\text{-}c}) \qquad (5\text{-}54)$$

式中，$\tau_m$——相变材料完全熔化所需时间，s。

图 5.59（a）展示了相变温度为 26℃,选取不同相变潜热的座椅时室内空气温度随时间的变化。可以看出,不同相变潜热的座椅在初期具有相同的控温趋势,相变潜热越小,室内空气越早出现上升趋势。图 5.59（b）则展示了不同相变潜热的座椅有效控温时间的变化。可以看出,座椅相变潜热越大,其控温期持续时间越长,且呈现近似线性的关系。座椅相变潜热分别为 100kJ/kg、130kJ/kg、160kJ/kg、190kJ/kg 时,其室内控温期持续时间 $\tau_1$ 分别为 26.4h、31.0h、35.5h、39.8h,相变潜热每增加 30kJ/kg,室内控温期持续时间增加 4.6、4.5、4.3h,效果逐次下降。而控温期平均温度比较接近,为 33.4℃±0.1℃。其原因在于相变潜热的增加仅仅增大相变座椅的蓄热容量,通过液相分数曲线可知,增加了其蓄热时间,因此,使控温期时间延长,而不会使控温期空气温度产生明显变化。

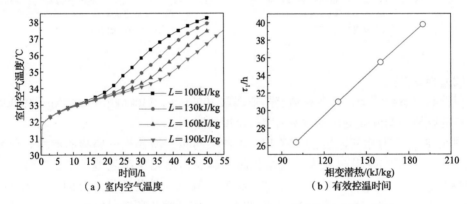

图 5.59　不同相变潜热对室内空气温度及有效控温时间的影响

（3）导热系数

保持其余参数不变,相变材料导热系数选取 0.2W/(m·K)、0.6W/(m·K)、1.0W/(m·K)、1.4W/(m·K)、1.8W/(m·K),观察相变座椅液相分数变化及对室内空气温度的影响。

图 5.60 所示为不同相变材料导热系数对液相分数的影响。总体显示,相变材料导热系数对其熔化的影响较小,相变材料导热系数越大,其熔化速率越快,但其增速效果随着导热系数的增大而显著降低。以第 40h 熔化状态为例,相变材料导热系数分别为 0.2W/(m·K)、0.6W/(m·K)、1.0W/(m·K)、1.4W/(m·K)、1.8W/(m·K) 的液相分数分别为 0.90、0.95、0.96、0.97、0.97。出现该现象的原因在于导热系数直接影响相变材料内部传热热阻,导热系数越大,传热热阻越小,因此熔化速率越快。但是外部空气与座椅非接触面温差小,意味着外部热阻大,导致当材料内部导热系数增大到一定值时,总热阻不会继续降低,其熔化速率也不会大幅增长,且增速效果逐渐降低。

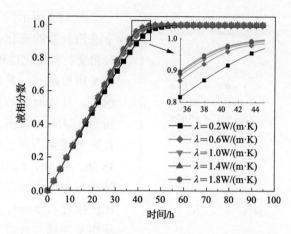

图 5.60　不同相变材料导热系数对液相分数的影响

　　图 5.61（a）所示为不同相变材料导热系数对室内空气温度的影响。可以看出，导热系数越大，控制期 $\tau_1$ 的温度越低，降低幅度随导热系数的增大而减小。从图 5.61（b）可以看出，控制期 $\tau_1$ 的持续时间基本相同。具体而言，5 种相变材料导热系数下的控温期持续时间均在 40h 左右，而 $\lambda=0.2W/(m \cdot K)$ 时的控温期平均温度为 33.6℃，其余 4 种导热系数下的控温期平均温度十分接近，为 33.4℃。原因在于相变材料的导热系数仅能影响相变座椅内部的导热热阻，当导热系数很小时，内部导热热阻大，热量难以向内部传递，蓄热减缓，使空气温度升高；而当导热系数超过一定值时，相变座椅内部传热很快，相变座椅蓄热效果增强，但外部传热热阻依然存在，导致蓄热增强效果不明显。

　　因此，相变座椅导热系数对控温期控温效果影响很小，但仍需选取合适值，计算结果显示，导热系数为 0.6 ~ 1.0W/(m·K) 较为合适。

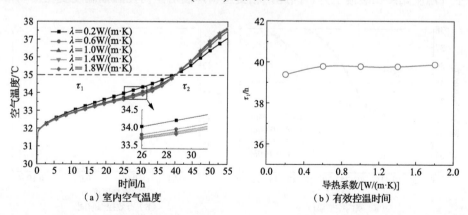

图 5.61　不同相变材料导热系数对室内空气温度及有效控温时间的影响

（4）座椅厚度

　　保持其余参数不变，相变座椅厚度选取 0.04m、0.06m、0.08m、0.10m，观察相变座椅液相分数变化及对室内空气温度的影响。

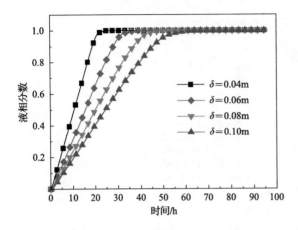

图 5.62　不同相变座椅厚度下液相分数的变化

图 5.62 所示为不同相变座椅厚度下液相分数的变化。相变座椅的厚度对相变材料熔化过程的影响非常明显，相变座椅越厚，其完全熔化所需时间越长。具体而言，相变座椅的厚度分别为 0.04m、0.06m、0.08m、0.10m 时，其完全熔化所需的时间分别是 25.4h、38.2h、50.8h、63.1h，完全熔化所需时间与相变座椅厚度近似成正比，其比值接近 6.3h/cm。原因有两方面：一是相变座椅与外界空气温差小，导致相变材料熔化以导热为主；二是随着相变座椅厚度的增加，座椅非接触面面积略微增大，使空气温度略有降低，而根据牛顿冷却公式，总传热量基本一致，两方面原因的共同作用使单位时间熔化的相变材料的质量基本相同，因而表现为完全熔化所需时间与相变座椅厚度近似成正比。

图 5.63（a）所示为不同相变座椅厚度下室内空气的升温曲线。在前 15h，不同厚度相变座椅的室内控温效果相同，但 15h 后，厚度越小的相变座椅，室内温度上升出现的时间越早，也就越早超出控制温度 35℃。从图 5.63（b）可以看出，座椅越厚，有效控温时间越长，但延长时间逐渐减小。具体而言，相变座椅的厚度分别为 0.04m、0.06m、0.08m、0.10m 时，其控温期持续时间分别是 23.5h、32.4h、39.8h、45.3h，而控温期平均温度十分接近，为 33.2℃、33.4℃、33.6℃、33.6℃。其原因在于相变座椅越厚，其相变材料含量越多，完全熔化所需时间越长，因而控温期持续时间越长。而延长的过程中空气温度始终在缓慢上升，因此，相变座椅厚度对室内控温期温度变化影响很小。

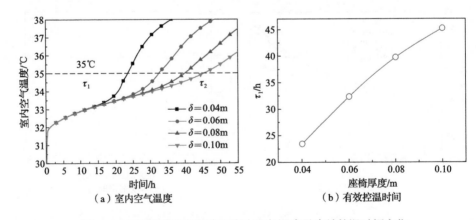

（a）室内空气温度　　　　　　　（b）有效控温时间

图 5.63　不同相变座椅厚度下室内空气温度及有效控温时间变化

虽然相变座椅厚度的增大能显著延长室内控温期持续时间，但其效果逐渐降低，且随着相变座椅厚度的增加，人员的活动空间逐渐减小，因此相变座椅的厚度也应选取合适值。在本计算条件下，相变座椅厚度选取 0.08 ~ 0.10m 较为合适。

# 5.4　耦合降温系统优化配置

通过 5.3 节中两种相变降温装置在硐室内的控温特性介绍可以看出，基于相变板的围岩蓄冷与相变蓄热耦合降温方法能在 96h 内有效控制硐室内温度，但相变材料的释冷量与室内热负荷在时间上存在强不匹配性；而基于相变座椅的耦合降温方法不占用额外的生存空间，但仅能在 40h 左右保障室内温度不超过控制温度。

针对这两种相变降温装置在避难硐室控温过程中表现出的不足，首先，本节分别对两种耦合降温系统提出优化方案。对于基于相变板进行控温的耦合降温系统，建议充分考虑全系统全过程的换热，尽量选择较低温度冷源进行蓄冷，并需要对相变板参数进行优化。而对于基于相变座椅进行控温的耦合降温系统，建议采用与相变板共同控温的方式来达到硐室内 96h 的控温要求。其次，本节针对改进后的耦合降温系统，采用双因素分析法，按照影响效果从小到大的顺序对影响因素进行较优参数的选择，以达到控温要求的同时节省相变材料用量、降低成本为目标，提出适用于工程的优选结果。最后，在相同蓄冷工况下，本节通过评价室内温度控制效果、相变材料使用量及占用硐室体积三方面，对比了仅利用相变板控温及相变板和相变座椅共同控温两种耦合降温系统的优化结果，最终提出了矿井避难硐室围岩蓄冷－相变蓄热耦合降温系统调配策略。

## 5.4.1　基于相变板的耦合降温系统优化

通过 5.3 节对基于相变板的耦合降温方法控温特性分析后可知，室内空气升温过程分为 3 个阶段：①急速升温期，此时室内热负荷主要由空气吸收；②控温期，相变材料开始熔化吸热，硐室围岩开始释放储存的冷量；③快速升温期，相变材料已经完全熔化，只有围岩进行释冷。控温期也有两个明显阶段，前一阶段空气升温缓慢，称为有效控温期；当相变材料熔化达到 80% 以后，空气升温速度加快，进入快速升温区。同时具有上述三个时期的升温曲线称为原始空气升温曲线，即未经优化的控温曲线。由于有效控温期之后的阶段空气升温较快，为将室内空气温度控制在 35℃ 之内，希望通过调节影响因素，使空气升温只处于急速升温期和有效控温期，此时的空气升温曲线称为目标空气升温曲线。图 5.64 所示为原始空气及目标空气升温曲线对比。

观察图 5.64 中的原始空气升温曲线可知，其有效控温时间较短，温度在有效控温期之后迅速上升并超出控制温度。因此，为保障降温效果，使其接近目标降温曲线，应当尽量平衡有效控温期温度并延长其持续时间。通过影响因素分析可知，蓄冷温度对室内热负荷呈线性影响；提高相变材料相变温度、增加相变板宽高比都会导致有效控温期温度升高并延长其持续时间；增加相变板数量既能降低有效控温期温度，又能延长其持续时间，但增加相变板数量会增加成本。因此，在进行耦合降温方法优化设计时，需要尽量降低蓄冷温度，相变材料、相变温度及相变板尺寸的选取存在较优值，相变板数量的选取存在最小值。

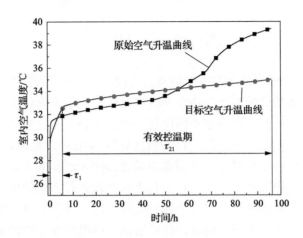

图 5.64 原始空气及目标空气升温曲线对比

四种影响因素中，相变板尺寸和相变温度为非单调影响，且相变板尺寸影响较小。为减少计算量，拟采用双因素分析法，分别将相变板尺寸、数量同相变温度进行优化，得出某一蓄冷温度下的各因素优化值。再按照相同优化方法，计算出不同蓄冷温度下各影响因素的优化值。

（1）相变板尺寸

由前面影响因素分析可知，相变板尺寸与相变温度对室内温度具有较为类似的影响效果，而相变板数量的增加与蓄冷温度的降低对室内温度都具有单调的正面影响。因此，这里选择相变板尺寸与相变温度进行双因素分析，找出任意相变温度下都具有较好控温表现的尺寸。

仍然采用人体热忍耐时间评价指标 $\gamma$ 作为控温效果的评价指标，$\gamma$ 值越大，控温效果越差。以蓄冷温度 25℃、相变板数量 190 块为例，图 5.65（a）所示为不同相变板尺寸下 $\gamma$ 随相变温度的变化，结果显示相变板尺寸对 $\gamma$ 的影响与相变温度具有强相关性。相变温度低于 28℃时，相变板尺寸对 $\gamma$ 的影响呈现非单调变化，而当相变温度高于 28℃时，宽高比越大，$\gamma$ 值越大。相变温度为 26～28℃时，$\gamma$ 由低到高排列的宽高比依次为 70/429、60/500、50/600、80/375，相变温度为 29～31℃时，$\gamma$ 由低到高的宽高比依次为 50/600、60/500、70/429、80/375。可以看出，当宽高比为 60/500 时，在任何相变温度下均具有较低的 $\gamma$ 值，可以选择该宽高比作为较优值。

为进一步探究不同相变板尺寸下 $\gamma$ 随相变温度变化的一般规律，在考虑宽高比的影响下，将 $\gamma$ 随相变温度的变化拟合成单一曲线，如图 5.65（b）所示。不同宽高比时 $\gamma$ 随相变温度变化的所有案例均由以下公式进行拟合：

$$\gamma + 1.9\left(1/12 - W/H\right) = a_1 x^3 + a_2 x^2 + a_3 x + a_4 , \quad (R^2 = 0.956) \quad (5\text{-}55)$$

式中，$x$——包含相变温度 $T_m$ 与宽高比 $W/H$ 的自变量，$x = T_m(12W/H)^{0.06}$；

$a$——自变量的系数，$a_1 = -0.01863$，$a_2 = 1.771$，$a_3 = -55.33$，$a_4 = 571.7$。

拟合公式为简单的三次多项式，可以方便地求解出不同相变板以及相变温度下的 $\gamma$ 值。

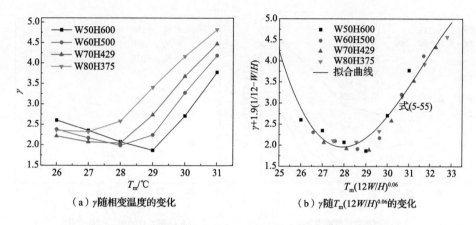

图 5.65　不同相变板尺寸下 $\gamma$ 随相变温度的变化及一般规律

（2）相变温度及相变板数量

在确定相变板尺寸后，即可进一步对相变温度进行优化。由于相变板数量对室内温度单调影响，选择相变温度和相变板数量进行双因素分析，可以同时得到优选相变温度及最少的相变板数量。

以蓄冷温度25℃、相变板宽高比为60/500为例，图5.66（a）所示为相变板数量从190块变化到298块时 $\gamma$ 随相变温度的变化。如同预想，任何相变温度下相变板数量对 $\gamma$ 都呈现单调影响。本例中，相变材料相变温度存在优选值29℃，此时相变板数量的使用量为298块。相变板实际数量与预估值相比较大，其中有3方面原因：首先，有效控温期平均温度不会如同预算时假设室内温度恒定在35℃，而是低于控制温度 $1 \sim 2$℃；其次，为保证升温过程处于有效控温期阶段，相变材料最多允许熔化80%；最后，相变材料的释冷使围岩的理论释冷量降低，从而变相加大了室内热负荷，因此相变材料选取的数量较预估值大。

为方便工程计算及运用，图5.66（b）所示为考虑相变板数量影响的条件下，将 $\gamma$ 随相变温度的变化拟合成单一曲线。不同相变板数量下 $\gamma$ 随相变温度变化的所有案例均由以下公式进行拟合：

$$\gamma + 3.4(N_{PCM}/175 - 1.1) = a_1 x^3 + a_2 x^2 + a_3 x + a_4，（R^2=0.967）\qquad(5\text{-}56)$$

式中，$x = T_m(190/N_{PCM})^{0.03}$；$a_1=0.042$；$a_2=-3.297$；$a_3=86.540$；$a_4=-751.950$。拟合公式为简单的最高阶次为三次的多项式，可以方便地求解出不同相变板数量以及相变温度下的 $\gamma$ 值。

（3）蓄冷温度

通过影响因素分析可知，围岩蓄冷温度越低，理论冷负荷越小，且呈线性关系。但实际操作过程中，由于室内温度并非维持在35℃，加上相变材料蓄热的存在，实际冷负荷呈现动态变化，需要对不同蓄冷温度下的耦合降温系统进行优化。

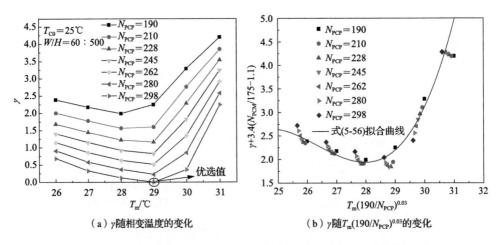

（a）$\gamma$ 随相变温度的变化　　　　　　　（b）$\gamma$ 随 $T_m(190/N_{PCP})^{0.03}$ 的变化

图 5.66　不同相变板数量下 $\gamma$ 随相变温度的变化及一般规律

按照相同的优化方式，本节还计算了蓄冷温度为 23℃、24℃条件下的相变板优化设计情况。优化设计过程中将对室内温度影响最小的相变板尺寸设定为优选的恒定值：W60H500L600。表 5.3 是以 $\gamma=0$ 时相变材料使用量最小为评价标准选取的优化配置。结果显示优选相变温度恒定在 29℃，相变板使用量随着蓄冷温度降低逐渐减少，分别为 298 块、243 块、192 块，而蓄冷温度每降低 1℃，相变板的实际需求量分别降低了 18% 和 21%。

表 5.3　3 种蓄冷温度下相变板优选相变温度及单元数量配置表

| 蓄冷温度 /℃ | 相变温度 /℃ | 实际相变板数量 / 块 |
| --- | --- | --- |
| 25 | 29 | 298 |
| 24 | 29 | 243 |
| 23 | 29 | 192 |

### 5.4.2　基于相变座椅与相变板的耦合降温系统优化

相变座椅无法独立承担 96h 室内的冷负荷，其原因在相变座椅的数量固定，相变材料使用量少，略微增大座椅厚度也无法达到控温要求，因此其优化方案为增加适量的相变板。然而，在添加相变板后，室内空气升温规律会发生变化，独立计算得到的相变座椅和相变板的优选相变温度都会随之发生变化。因此，本节基于建立的相变座椅与相变板的耦合降温系统模型，通过数值计算结果掌握其运行规律，最后通过影响因素分析及优化探究相变座椅与相变板的优选相变温度及所需求的最少相变板数量。

#### 1.　参数设置

耦合降温系统的计算参数主要包括相变板参数、相变座椅参数及初始状态参数。采用相同避难硐室参数进行计算。相变板内部相变材料选用石蜡 RT 27，其熔点为

27℃，导热系数为 0.6W/(m·K)，潜热焓值为 190kJ/kg，显热热容为 2kJ/（kg·K），密度为 770kg/m³。相变板尺寸参数为长 600mm、高 500mm、宽 60mm，数量为 220 块。相变座椅内部相变材料与相变板一致。相变座椅的数量与人数一致，为 50 个。相变座椅的几何尺寸初步设计如下：座椅椅面为边长 L=450mm 的正方形，厚度 δ 为 80mm；椅背面同样为边长 L=450mm 的正方形，厚度 δ 为 80mm。假设初始状态为围岩蓄冷已经完成的状态，蓄冷温度为 25℃。因此，硐室及硐室内空气、相变板及相变座椅的初始温度均为 25℃。

**2. 耦合降温系统控温特性分析**

图 5.67 展示了 96h 内相变座椅及相变板的液相分数曲线。从图中可以看出，相变座椅的熔化速率远大于相变板。具体而言，相变座椅在 66h 完全熔化，而相变板在 96h 内都没有熔化完，最终的液相分数为 0.98。这是由于相变座椅有一个与人体接触的接触面，其蓄热速率远大于与空气的对流换热速率，因此相变座椅较相变板先完成蓄热过程。再将图 5.67 中相变座椅熔化速率与图 5.56 中的数据进行对比，可以发现没有相变板时，相变座椅在 50.7h 完全熔化，说明相变板的添加使相变座椅的熔化时间延长了 15.3h。这是由于相较于仅使用相变座椅，相变板的加入能够进一步抑制空气升温速率，减小空气与相变座椅非接触面的温差，进而起到延缓相变座椅熔化的作用。

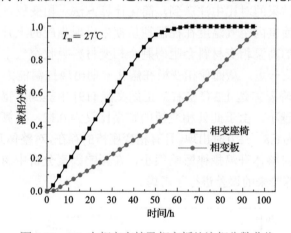

图 5.67　96h 内相变座椅及相变板的液相分数曲线

图 5.68 展示了室内空气温度变化及相变板和相变座椅非接触面的热流变化。可以看出，室内空气温度在 96h 内得到了有效控制。在经历了最开始的急速升温期后，室内空气升温进入控温期阶段。在控温期阶段，室内空气温度也呈现明显的先平稳再缓慢上涨的趋势，在控温期初期，室内空气温度为 30.5～31.0℃，而在控温期后期，室内空气温度缓慢升高并最终达到 33.8℃。室内空气温度出现这种变化与相变座椅及相变板的蓄热速率和熔化状态紧密相关。相变座椅非接触面的热流曲线仍然保持之前的规律，即先稳定蓄热，后进入过渡期，最后进入稳定放热期；而相变板的蓄热量较为稳定，为 7W 左右，且在相变座椅蓄热速率下降时有轻微的上升，为 11W 左右。因此，结合图 5.67，可以认为随着时间的延长，相变座椅因吸收人体恒定的热流而率先熔化完，

室内空气温度在相变座椅蓄热能力大幅下降时出现加速上升趋势,但由于有相变板的存在,空气升温速率被控制在很低的水平,最终使硐室内的温度达到在 96h 被控制在 35℃ 内的目标。

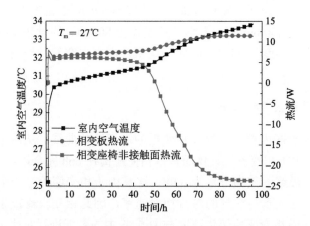

图 5.68　室内空气温度变化及相变板和相变座椅非接触面的热流变化

图 5.69 展示了由考虑自然对流的 Fluent 程序和简化计算程序得出的,蓄冷温度为 25℃、相变温度为 26℃ 条件下,单独由 190 块相变板进行控温的室内升温及相变板的熔化情况。从计算结果的对比中注意到,简化计算方法对相变板自身的熔化过程几乎没有产生影响,但使室内空气温度在控温期后期未出现相应的上升趋势。出现差异的原因在于,液化后的高温相变材料会阻碍剩余相变材料吸收空气中的热量,而简化计算方法没有考虑到这一点,从而使相变板在熔化末期出现控温能力增强、室内温度下降的现象,最大下降温差达 1.2℃ 左右。正如文献 [19] 中提到,宽高比越小,相变板内自然对流的影响越小,由于此处相变板的宽高比仅为 0.12,计算结果中该现象也仅在相变板液相分数为 0.8 ~ 1.0 时出现,且有相变座椅的存在,对整体升温规律影响不大。由于简化计算方法对整体升温规律影响很小,在影响因素分析中忽略其影响,但在系统优化中对简化计算带来的误差进行了考虑。

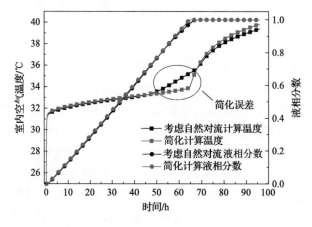

图 5.69　相变板采用简化计算方法的误差

3. 耦合降温系统影响因素分析

基于相变座椅与相变板的耦合降温系统包括相变座椅、相变板、围岩、空气及室内热源，影响耦合降温效果的因素较多。通过前述分析可知，相变座椅影响较大的因素包括相变温度、相变潜热及座椅厚度，而相变板影响较大的因素包括相变温度、相变板尺寸及相变板数量，再加上围岩蓄冷过程蓄冷温度的影响，一共有 7 个主要因素。这里，相变座椅与相变板的相变温度统一选取，相变潜热选取最大值 190kJ/kg，而相变座椅厚度也有一定空间限制，选取 8cm，相变板尺寸按照之前的优化结果选定，其长 600mm、宽 60mm、高 500mm。因此，本节分析的影响因素包括相变温度、相变板数量及蓄冷温度 3 个方面。

（1）相变温度

首先，观察相变温度对相变座椅、相变板液相分数及室内空气温度的影响。设定蓄冷温度为 25℃，相变板数量为 220 块，相变温度从 26℃依次变化到 30℃。

图 5.70 所示为不同相变温度下相变座椅与相变板的液相分数曲线。可以看到，相变温度变化对于相变座椅和相变板具有相同规律但不同程度的影响。相变温度的增加会减缓相变装置中相变材料的熔化速率，这一效果对于相变板的影响更加显著。以熔化时间 50h 为例，相变温度从 26℃变化到 30℃，相变座椅的液相分数从 0.96 下降到 0.87，降幅为 0.09；而相变板的液相分数从 0.47 下降到 0.22，降幅为 0.25。这是由于相变座椅蓄热量大部分来自人体接触导热，受相变温度影响较小；而相变板的蓄热量全部来自空气对流换热，受空气温度与相变温度共同影响，相变温度升高使相变板与空气的换热温差减小，进而降低了相变板的蓄热速率，因此出现明显的差异。

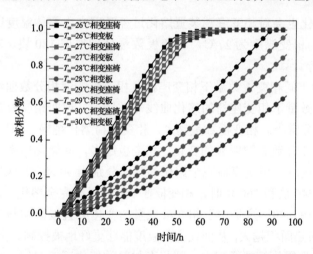

图 5.70 不同相变温度下相变座椅与相变板的液相分数曲线

图 5.71 所示为不同相变温度下的室内空气升温曲线。与单纯是相变座椅或是相变板时的情况类似，降低相变温度能在短期内更好地控制硐室内温度，但其控温期时间减短。虽然相变温度在 26℃时具有最低的控温期温度，但由于相变板在 90h 后完全熔化，室内空气温度开始快速上升并最终升至 35.8℃。相变温度为 27～30℃时，相变

板均未完全熔化，因此室内空气温度没有出现快速升温阶段，最终温度分别为33.8℃、34.3℃、34.8℃和35.3℃，即相变温度每升高1℃，室内空气升温约0.5℃。

采用人体热忍耐时间评价指标γ作为控温效果的评价指标，γ=0代表完全满足控温要求，γ>0代表不满足控温要求，且值越大，控温效果越差。图5.72给出了不同相变温度下γ的变化，可以看出图形呈现U形，说明相变温度选取较高或较低都不合适，需要选取中间值。这是由于相变温度较低时，相变材料易率先熔化完，导致后期无法进行温度控制；相变温度较高时，室内的温度会处于较高范围，随着缓慢升温的过程，也比较容易超出控制温度。

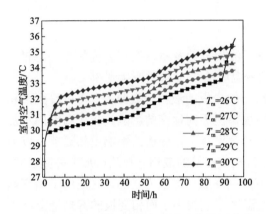

图5.71　不同相变温度下的室内空气升温曲线

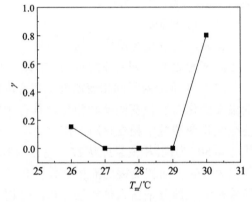

图5.72　γ随相变温度的变化曲线

（2）相变板数量

相变板数量变化也会对相变降温装置熔化过程及硐室内整体温度造成影响。设定蓄冷温度为25℃，相变温度为27℃，相变板数量分别选取180块、200块、220块、240块和260块进行计算。

图5.73所示为不同相变板数量下相变座椅及相变板的液相分数曲线。可以明显观察到，不同相变板数量下相变座椅的熔化曲线非常接近，说明相变板数量变化对相变座椅熔化过程影响非常小。相变板数量越多，相变座椅熔化越慢，如局部放大图所示。而相变板自身的液相分数有较明显的变化，相变板越多，其熔化速率越慢。相变板数量为180块和200块时，相变座椅完全熔化的时间分别为90.5h和94.1h，而相变板数量分别为220块、240块和260块时，相变板在96h内没有完全熔化，最终的液相分数分别为0.98、0.94和0.90。这是由于相变板数量的变化会直接影响与空气的总换热面积，数量越多，总换热面积越大，从而使空气温度能够更好地被控制。空气升温减缓后，相变材料从空气吸收的热量就会减少，使相变材料的熔化速率减缓。而相变板数量变化对相变座椅熔化速率影响极小的原因在于，相变座椅的蓄热量主要来源于人体接触传热，空气温度变化对相变座椅熔化速率的影响不够明显。

从图5.74可以看出，相变板数量的增加既延长了有效控温时间，又降低了避难硐室内空气温度。具体而言，相变板数量为180块和200块时，室内空气温度在最后均出现了快速升温阶段 $\tau_3$，使空气温度最终突破了控制温度。结合图 5.73 可知，这是由于相变板在 96h 内已全部熔化。而相变板数量分别为 220 块、240 块和 260 块时，室内空气温度均处于控温期 $\tau_2$，且温度依次降低，最终室内空气温度分别为 33.8℃、33.5℃和 33.2℃，即相变板数量每增加 20 块，室内空气温度降低 0.3℃。这是由于相变板数量的增多既增大了总的蓄热量，又增加了换热面积。其中，总蓄热量的增加使控温期时间延长，而增加换热面积会使空气升温速率减缓。

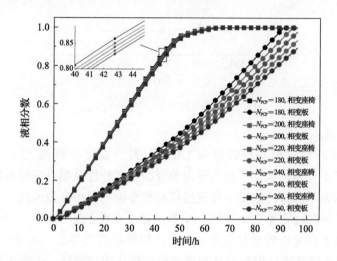

图 5.73　不同相变板数量下相变座椅及相变板的液相分数曲线

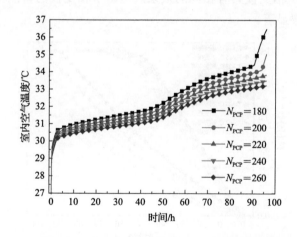

图 5.74　不同相变板数量下空气的温度变化

由于相变板数量的增加既能延长控温期的持续时间，又能降低空气温度，相变板数量越多，室内越容易达到控制要求。但是相变板数量增多会增加初投资，因而需要寻找到优化值，即采用最少的相变板满足室内控温需求。如图 5.75 所示，随着相变板数量增多，人体热忍耐指标 $\gamma$ 呈现显著的下降趋势。当相变板数量增加到 200 块时，人体热忍耐评价指标 $\gamma$ 为 0.0087，接近 0，因此可以认为该计算条件下最少的相变板用量为 200 块。

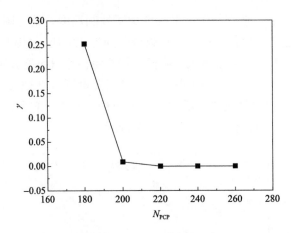

图 5.75　γ 随相变板数量的变化曲线

（3）蓄冷温度

相变温度为 27℃，相变板数量为 220 块，蓄冷温度分别选 22℃、23℃、24℃、25℃、26℃，计算不同蓄冷温度下相变降温装置的熔化特性及耦合降温系统的控温特性。

图 5.76 所示为不同蓄冷温度下相变座椅与相变板的液相分数曲线。可以明显看出，相变座椅仍然保持其稳定蓄热的特性，受蓄冷温度变化的影响较小，而相变板受到较大影响。这是由于相变座椅蓄热主要依赖于座椅接触面的导热，而非接触面蓄热所占的比例较小，因此降低蓄冷温度会使相变座椅的熔化速率减缓，但幅度很小。类似地，蓄冷温度的降低对于相变板具有相同的效果，但由于相变板的蓄热全部来自与空气的对流换热，影响效果显著。

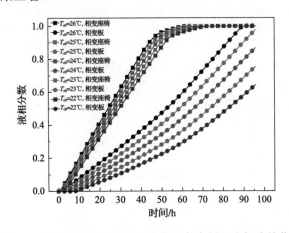

图 5.76　不同蓄冷温度下相变座椅与相变板的液相分数曲线

图 5.77 所示为不同蓄冷温度下的空气升温曲线。从图中可以看出，仅有蓄冷温度为 26℃时室内空气温度在最后出现了快速升温期，致使室内温度突破 35℃。其原因与相变降温装置的熔化状态紧密相关，如图 5.76 所示，蓄冷温度为 26℃时，相变板在 89.5h 已完全熔化，从而使室内温度在后 6h 出现较快的升温过程，其余情况相变板中的相变材料均未完全熔化。在控温期阶段，不同蓄冷温度下空气升温表现出相同趋势，

且蓄冷温度每升高 1℃，室内空气温度升高 0.4 ～ 0.5℃，出现空气温度变化小于蓄冷温度变化的原因在于相变降温装置具有蓄热作用。

图 5.78 展示了相变温度为 27℃时不同蓄冷温度条件下人体热忍耐时间评价指标 $\gamma$ 的变化情况。与室内空气升温情况一致，仅有蓄冷温度在 26℃时室内没有达到控温要求，并且可以预见，$\gamma$ 随蓄冷温度的上升将呈现增长趋势，即蓄冷温度越高，相同条件下室内温度环境越难以控制。

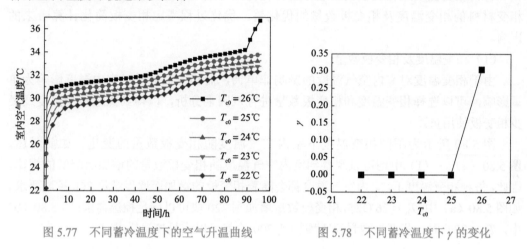

图 5.77　不同蓄冷温度下的空气升温曲线　　　图 5.78　不同蓄冷温度下 $\gamma$ 的变化

#### 4. 耦合降温系统优化

基于相变座椅与相变板的耦合降温方法具有自己独特的控温规律。在最开始的急速升温期 $\tau_1$，空气吸收热量急速升温，当与硐室内围岩、相变座椅及相变板达到一定温差后，空气升温大幅减缓，进入控温期 $\tau_2$。而控温期过程以相变座椅完全熔化作为分界线，可以分为两个明显阶段：前一阶段 $\tau_{21}$ 相变座椅与相变板联合蓄热，室内升温极其缓慢；后一阶段 $\tau_{22}$ 仅有相变板蓄热，室内升温速率略有上升。当相变板熔化完后即进入快速升温期 $\tau_3$，室内温度再次出现快速升温。基于相变座椅与相变板的耦合降温方法的典型控温曲线如图 5.79 所示。

通过影响因素分析可知，相变温度及蓄冷温度对硐室室内空气温度的影响要大于相变板数量对硐室室内温度的影响。其中，增大相变温度尽管能够延长控温期持续时间，但同时也会增大控温期的平均温度，使 $\gamma$ 值变化趋势为 U 形，因此需要选择优化值；相变板数量增加能够延长控温期持续时间，同时降低控温期的平均温度，但板数量越多，投资成本越大，且效果并不显著，因此需要进行合理选择；而蓄冷温度越低，硐室

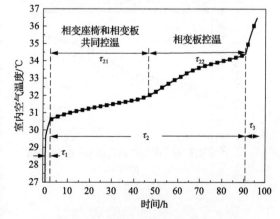

图 5.79　基于相变座椅与相变板的耦合降温方法的典型控温曲线

内的负荷越小，空气温度越容易控制，因此蓄冷温度越低越好，但蓄冷温度受避难硐室当地环境及制冷条件影响，不属于可调节因素，因此不同蓄冷温度都需要进行计算，了解变化趋势。

综上所述，为了优化基于相变座椅与相变板相结合的耦合降温方法，本节先以蓄冷温度25℃为例，在满足控温要求的前提下，以相变材料使用量最少为目标，针对相变材料相变温度及相变板数量进行组合优化，再采用相同方式给出不同蓄冷温度下相变材料的相变温度及相变板数量的优化值。优化过程考虑相变板简化计算带来的影响。

（1）相变温度及相变板数量

由于相变温度对室内空气温度的影响非单调，而相变板数量对室内温度影响为单调影响，可以选择相变温度和相变板数量进行双因素分析，以得到优选相变温度及最少相变板使用量。

图 5.80 所示为不同相变温度下室内空气温度随相变板数量的变化。如前所述，图 5.80（a）～（f）中均可以观察到室内空气温度随相变板数量的增加而降低的规律。因此，每种相变温度下，室内空气温度都会随着相变板的增加而逐步满足 96h 控温要求。如图 5.80（a）中，$T_{m} = 26℃$时，相变板数量增加到 220 块可以满足控温需求；图 5.80（b）中，$T_{m} = 27℃$时，相变板数量仅需增加到 200 块就可以满足控温需求。

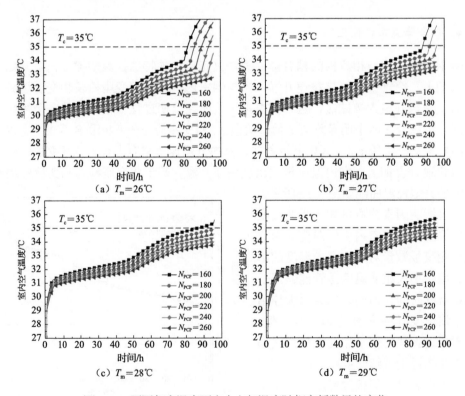

图 5.80　不同相变温度下室内空气温度随相变板数量的变化

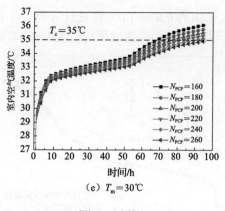

（e）$T_m = 30℃$

图 5.80（续）

为了更加直观地进行评价，图 5.81
利用人体热忍耐时间评价指标 $\gamma$ 归纳不
同相变温度下相变板数量对室内空气的
影响。由于纵坐标 $\gamma$ 是评判控温效果的
指标，$\gamma$ 越小，代表控温效果越好，而
横坐标代表相变板数量，相变板数量越
小说明相变材料用量越少，综合考虑
控温效果及相变材料用量。图 5.81 中
左下角的曲线，即 $T_m = 28℃$ 时具有最好
的控温效果，最少的相变材料用量为
180 块。不仅如此，从图 5.18 还可以观
察到在不同相变温度下，$\gamma$ 指标随着相

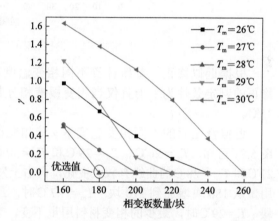

图 5.81　不同相变温度下 $\gamma$ 随相变板数量的变化规律

变板数量的增加都呈现下降趋势，且近似线性，由此可推断出不同相变温度时耦合降
温系统所需的最少相变板数量。例如 $T_m = 27℃$ 时，最少的相变材料用量为 202 块左右；
$T_m = 29℃$ 时，最少的相变材料用量为 205 块左右；而 $T_m = 26℃$ 及 $T_m = 30℃$ 时的控温效果
均不理想。然而前面已有描述，采用简化的相变板计算方法会在相变板液相分数达到
$0.8 \sim 1.0$ 时产生一定误差，使室内空气温度更低，此时计算出的最少相变材料用量结
果偏小，因此需对计算结果进行一定的修正。

图 5.82 给出了简化计算方法误差的近似修正。在产生误差的区域，考虑自然对流
的计算结果在液相分数为 $0.8 \sim 1.0$ 时近似线性上升，而简化计算方法的计算结果温度
上升幅度很小，假设为零。因此可以将误差修正过程近似描述为左上图中的直角三角形，
修正后的温度 $T'$ 表达式为

$$T' = T + \frac{f - 0.8}{0.2} \Delta T$$

（5-57）

式中，$T'$——采用近似修正后的温度，℃；

　　　$T$——原始温度，℃；

　　　$f$——液相分数；

　　　$\Delta T$——最大误差，℃。

其中，液相分数取值范围为 0.8 ～ 1.0；经统计计算，不同情况下最大误差 $\Delta T$ 的范围为 1.1 ～ 1.3℃，由于其变化很小，选取平均值 $\Delta T$ =1.2℃进行代替计算。

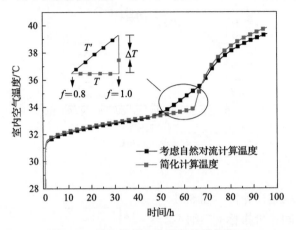

图 5.82 简化计算方法误差的近似修正

根据近似修正，重新计算不同相变温度下 $\gamma$ 随相变板数量的变化规律，而进行修正的判定条件为：当且仅当相变板液相分数为 0.8 ～ 1.0 时，室内空气温度近似于35℃。

近似修正后的不同相变温度下 $\gamma$ 随相变板数量的变化规律如图 5.83 所示。对比图 5.81 可知，$T_m = 26$℃、$T_m = 29$℃和 $T_m = 30$℃时的 3 条曲线基本未发生变化，而 $T_m = 27$℃和 $T_m = 28$℃的曲线有较大变化，向右上发生偏移。$T_m = 28$℃时，最少的相变材料用量从 180 块增加到 210 块；$T_m = 27$℃时，最少的相变材料用量从 202 块增加到 220块；$T_m = 29$℃时，最少的相变材料用量不变，为 205 块左右；而 $T_m = 26$℃及 $T_m = 30$℃时的控温效果仍然不理想。因此，蓄冷温度为 25℃下的优选相变温度为 29℃，最少相变板使用量为 205 块。由图 5.80 可知，当相变温度低时，相变材料熔化较快，其液相分数为 0.8 ～ 1.0 时空气温度远低于控制温度 35℃，不满足修正要求；而当相变温度高时，相变材料熔化慢，最终液相分数小于或接近 0.8，也不满足修正要求。仅当相变温度适中时（本例中的 $T_m = 27$ ～ 28℃）才会满足近似修正的判定条件，使其最终结果不至于偏小。

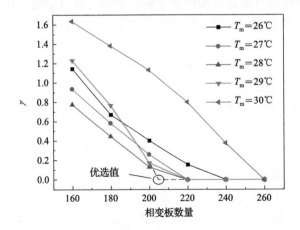

图 5.83 近似修正后的不同相变温度下 $\gamma$ 随相变板数量的变化规律

（2）蓄冷温度

按照相同的计算方法及优化步骤（包括近似修正），还给出了蓄冷温度为 23℃和24℃下的优化结果，如表 5.4 所示。

表 5.4　3 种蓄冷温度下优选相变温度及相变板数量配置表

| 蓄冷温度 /℃ | 相变温度 /℃ | 相变板数量 / 块 |
| --- | --- | --- |
| 25 | 29 | 205 |
| 24 | 28 | 165 |
| 23 | 28 | 93 |

可以看到，基于相变座椅和相变板的耦合降温系统在不同蓄冷温度下都具有近似的优选相变温度 28 ～ 29℃。优选相变温度在蓄冷温度很低时保持不变的原因在于，当蓄冷温度降低 1℃时，如果相变温度同样降低 1℃，那么其熔化速率会加快，空气温度在后期将更容易超过控制温度。相变板数量呈大幅下降的趋势表现为，蓄冷温度每降低 1℃，相变板用量减少 20% ～ 44%。

### 5.4.3　耦合降温系统优化配置对比

基于影响因素分析结果及双因素方法进行优化后，两种耦合降温系统都能有效地控制室内温度，使硐室内温度在 96h 内满足控温需求。然而可以看到，这两种相变降温装置会对硐室内的升温过程、相变材料用量产生不同影响。为确定更加适用于矿井避难硐室的耦合降温系统，还需从控温效果、相变材料用量和占用硐室体积三个方面对两种耦合降温方法的最终优化结果进行对比分析。

图 5.84 分别给出了蓄冷温度 25℃条件下，单独基于相变板及相变座椅和相变板共同作用下的耦合降温系统的优化控温结果。可以看出，在 96h 内，两种耦合降温系统都能有效控制硐室内温度上升。不同的是，相变座椅与相变板相结合的耦合降温方法能够在前期控温过程中具有更低的控温温度。具体而言，相变座椅尚未熔化完时，基于相变座椅与相变板控温的室内温度比单独相变板控温低 1.4℃，而相变座椅完全熔化后，温差逐渐减小，最后两条曲线趋于一致。因此，相较于仅采用相变板进行耦合降温，基于相变座椅与相变板的耦合降温系统在控温效果方面更具优势。

图 5.85 分别给出了蓄冷温度 25℃条件下，两种耦合降温系统最终优化结果的相变材料用量对比。结果显示，两种耦合降温系统的相变材料总用量基本一致。基于相变板优化方案中相变

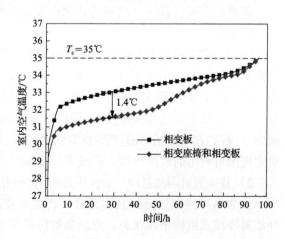

图 5.84　两种耦合降温系统的最终优化控温过程对比

材料总用量为 5.36m³，而基于相变座椅与相变板优化方案中相变材料总用量为 5.38m³，两者几乎无差别。因此，在相变材料使用量方面，两种耦合降温系统基本一致。

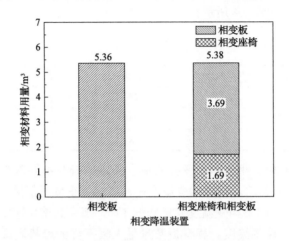

图 5.85　两种耦合降温系统优化方案相变材料用量对比

从避难硐室内部布置角度出发，座椅本身为硐室内必需品，不占用硐室体积，而相变板需要进行悬挂安装，会占用硐室体积。如图 5.85 所示，对于相变座椅与相变板的优化方案，座椅中相变材料的用量为 1.69m³，占到了总用量的 31.4%，相变板用量为 3.69m³，占据剩下的 68.6%。因此，相变座椅和相变板耦合降温系统所占的硐室体积比单独使用相变板的耦合降温系统减少大约 31.4%，为 1.69m³。

### 5.4.4　耦合降温系统配置策略

耦合降温系统配置策略是建立在运行特性研究、影响因素分析及优化对比之上的。本章通过所提出的围岩蓄冷模型、围岩蓄冷－相变蓄热耦合降温模型，揭示了围岩蓄冷参数对蓄冷效果的影响，不同围岩蓄冷温度、不同相变降温装置配置对硐室控温效果的影响，并获得定量的配置参数，最终确定配置策略。

避难硐室围岩蓄冷－相变蓄热耦合降温系统配置策略如图 5.86 所示，其过程分为以下几步。

1）了解矿井环境参数，确定岩土参数，以耦合降温模型计算结果为基础选择耦合降温方法的具体应用形式。以本章设计参数及计算结果为例，若矿井围岩初始温度在 18℃以下，则可以采用围岩控温方法，无须设置相变装置；若矿井围岩初始温度在 28℃以下（低于优选相变温度），则可以采用相变蓄热控温方法，在硐室内设置相变装置即可；若矿井围岩初始温度在 28℃以上，建议采用围岩蓄冷－相变蓄热耦合降温方法，确定周围可利用的自然冷源，若没有，宜借用采掘工作面处的冷源进行蓄冷。

2）若需要对硐室蓄冷，宜采用连续/间歇相结合的蓄冷策略，并计算最佳送风参数，得到围岩蓄冷控制策略。具体而言，在达到蓄冷工况前采用连续蓄冷模式，之后采用间歇蓄冷模式维持蓄冷状态。送风参数包括送风温度、送风速度、间歇因子和间歇周期，需根据围岩传热模型及围岩间歇蓄冷模型进行计算并优化选择。

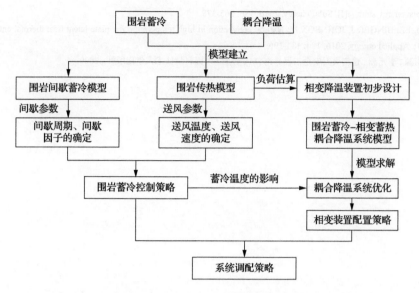

图 5.86　避难硐室围岩蓄冷-相变蓄热耦合降温系统配置策略

3）若需要设置相变降温装置，应先估算室内热负荷，优先设计相变座椅，后补充设计相变板。以围岩传热模型估算室内热负荷，选取潜热大且安全无毒的常温相变材料，计算所需相变材料数量，优先设计为相变座椅，若座椅无法满足控温需求，则补充设计相变板。

4）初步决定相变降温装置的组合形式后，应对耦合降温系统进行优化，以最终确定相变装置配置策略。根据建立的围岩蓄冷-相变蓄热耦合降温系统模型，在当前蓄冷温度的条件下，主要计算参数包含相变温度、相变板数量及尺寸等。由于系统较为复杂，可采用简单的双因素分析法对主要参数进行计算，选取较优设计参数。

总体而言，硐室内温度是受多种影响因素共同影响的，不同因素的影响机理和效果均不相同，图 5.86 中的调配策略综合考虑了多种影响因素，为避难硐室围岩蓄冷-相变蓄热耦合降温系统提供了科学的设计依据，为井下矿工生命安全提供了可靠的保障。

## 参 考 文 献

[1] YUAN Y P, GAO X K, WU H W, et al. Coupled cooling method and application of latent heat thermal energy storage combined with pre-cooling of envelope: method and model development[J]. Energy, 2017, 119: 817-833.

[2] GAO X K, YUAN Y P, CAO X L, et al. Coupled cooling method and application of latent heat thermal energy storage combined with pre-cooling of envelope: sensitivity analysis and optimization[J]. Process safety and environmental protection, 2017, 107: 438-453.

[3] 郭平业. 我国深井地温场特征及热害控制模式研究 [D]. 北京：中国矿业大学，2009.

[4] SHARMA A, TYAGI V V, CHEN C R, et al. Review on thermal energy storage with phase change materials and applications[J]. Renewable and sustainable energy reviews, 2009, 13: 318-345.

[5] RUBITHERM. PCM RT LINE: wide-ranging organic PCM for your application [EB/OL].(2014-6-23)[2016-12-16]. www. rubitherm.eu/en/index.php/productcategory/organische-pcm-rt/.

[6] YU C Y, LIN C H, YANG Y H. Human body surface area database and estimation formula[J]. Burns, 2010, 36(5): 616-629.

[7] 戴钢生. 传热学 [M]. 2 版. 北京：高等教育出版社，1999.

[8] YUAN Y P, CAO X L, XIANG B, et al. Effect of installation angle of fins on melting characteristics of annular unit for latent

heat thermal energy storage[J]. Solar energy, 2016, 136: 365-378.

[9] VOGEL J, FELBINGER J, JOHNSON M. Natural convection in high temperature flat plate latent heat thermal energy storage systems[J]. Applied energy, 2016, 184: 184-196.

[10] 霍然, 胡源, 李元洲. 建筑火灾安全工程导论 [M]. 合肥: 中国科学技术大学出版社, 2009.

# 第6章 基于压风的矿井避难硐室内空气品质保障

空气品质是人员生存安全的基础，但事故后矿井巷道中蔓延的有毒有害气体和避难硐室内人员代谢产生的有害气体将导致室内空气品质恶化。矿井压风不仅能够满足硐室内人员供氧与有害气体浓度控制要求，还可以作为避难硐室空气幕阻隔系统的空气源，以阻挡巷道蔓延的有毒有害气体进入硐室生存室，还可以作为空气净化装置的动力，以实现无电源的硐室空气品质控制。本章通过试验与数值分析研究优化避难硐室内压风通风系统的布局，并确定硐室内供风量与有害气体浓度的关系；通过理论分析与试验研究，优化空气净化装置在避难硐室内的配置与布局，并优化气幕阻隔系统以提高其对巷道有毒有害气体的阻隔效率。

## 6.1 避难硐室压风管路系统设计

### 6.1.1 压风供风方式

矿井避难硐室内的压风通常由位于地面的空气压缩机产生，压缩空气主要通过沿矿井巷道铺设的专用压风管道或地面垂直钻孔中的供风管道进入避难硐室内。在矿山事故发生后，尽管井下供电极有可能中断，但地面供电状态不受事故的影响。另外，避难硐室通常在距离爆炸事故多发的采掘工作面以外 500 ~ 1000m 范围内，爆炸发生时，爆炸冲击波造成硐室压风管路被毁坏的可能性较小。为了最大限度保障供风管路的可靠性，采用专用压风管道为矿井避难硐室提供压风时，一般会对进入避难硐室前 50m 的供风管路采取埋地保护或在接头处砌砖或利用管路保护板进行加固保护，相应的保护措施如图 6.1 所示。

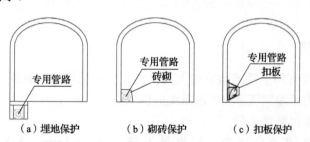

（a）埋地保护　　　（b）砌砖保护　　　（c）扣板保护

图 6.1　避难硐室专用管路的保护措施

矿井压风管路进入避难硐室后，应在管路上加设阀门、三级过滤器、减压阀，并在压风出口处利用消音器降低出风口噪声的影响。图 6.2 为常见的矿井压风进入矿井避难硐室后的管路连接与供风口布局方式。然而现场测试的结果表明，在压风供风时，压风流经三级过滤器时会产生较大的噪声，因此建议将三级过滤器设置在避难硐室过渡室内，避难时通过门、墙的隔音作用，降低生存室内的噪声。

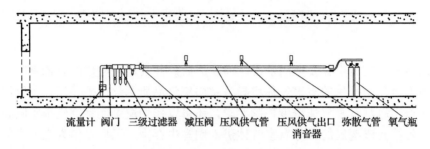

流量计　阀门　三级过滤器　减压阀　压风供气管　压风供气出口　弥散气管　氧气瓶
　　　　　　　　　　　　　　　　　　　消音器

图 6.2　避难硐室压风供气管路连接与供风口布局方式

通过地面钻孔供风（氧）被认为是矿井避难硐室内供氧与空气净化最有效的措施。《暂行规定》第 21 条要求：有条件的矿井宜为永久避难硐室布置由地表直达硐室的钻孔，钻孔直径应不小于 200mm。钻孔地表出口应有必要的保护装置并储备自带动力压风机，数量不少于 2 台。通过该钻孔可为避难硐室供给氧气（空气），并借助该钻孔实现通风、供电、通信等。地面钻孔供氧应在地面或该硐室所在水平以上两个水平的进风巷道上开孔，确保供氧安全可靠。图 6.3 所示为地面钻孔为避难硐室供风的现场图。

（a）压缩机　　　　　　　　（b）地面钻孔供风管　　　　　　　（c）硐室内进风口

图 6.3　地面钻孔为避难硐室供风的现场图 [1]

### 6.1.2　需风量计算

矿井压风不仅可用于避难硐室内人员供氧，也可通过空气置换达到硐室空气净化的目的，并可作为压缩空气幕与喷淋系统的供气源。

（1）避难硐室供氧需风量

《暂行规定》第 8 条要求：供氧量不低于 0.5L/（min·人），氧气含量应在 18.5% ～ 23.0% 之间。为保障避难硐室内 $O_2$ 环境满足人员呼吸要求，使用压风供氧时应将 $O_2$ 浓度维持在合理的范围。根据物质守恒定律，则有

$$GC_{in}(O_2) = G_{out}C_{out}(O_2) + Nv(O_2) \tag{6-1}$$

式中，$G$ ——避难硐室的供风速率，$m^3/h$；

$C_{in}(O_2)$ ——进风口 $O_2$ 的体积分数；

$G_{out}$ ——避难硐室的排风速率，$m^3/h$；

$C_{out}(O_2)$ ——排风口 $O_2$ 的体积分数；

$v(O_2)$ ——避灾时人均 $O_2$ 代谢速率，$m^3/(h \cdot 人)$。

为保证避难硐室内压力平衡，硐室内排风速率与供风速率相同，即

$$G_{out} = G \qquad (6-2)$$

则有

$$G = G_{out} = \frac{(O)}{C_{in}(O_2) \quad C_{out}(O_2)} \qquad (6-3)$$

满足避难硐室供氧需求的人均供风量为

$$(\quad) = \frac{}{N} = \frac{(O)}{C_{in}(O_2) \quad C_{out}(O_2)} \qquad (6-4)$$

通常空气中 $O_2$ 的体积分数为 21%，因此可将进入避难硐室内空气中 $O_2$ 的体积分数取值为 21%。若避难硐室内 $O_2$ 浓度维持在要求的下限值，即 $C_{out}(O_2)$ =18.5%，室内人均耗氧量为 0.5L/min，则可计算出硐室内满足供氧要求的最小供风量为 20L/min。

（2）避难硐室净化需风量

对硐室生存室内的某一类有害气体组分，则根据物质守恒定律，采用压风净化时，该气体的浓度随时间变化的表达式为

$$V\left[C(\tau + \Delta\tau) - C(\tau)\right] = Nv\Delta\tau - G\Delta\tau\left[C_{out}(\tau) - C_{in}(\tau)\right] \qquad (6-5)$$

式中，$C_{out}(\tau)$ ——排风口有害气体浓度；

$C_{in}(\tau)$ ——进风口有害气体浓度；

$\Delta\tau$ ——单位时间，h。

压风供风时 $C_{in}(\tau)$ 可视为常数，排风口气流来源于室内，可近似认为排风口有害气体浓度与室内有害气体平均浓度相等，即 $C_{out}(\tau) = C(\tau)$。通过求解微分方程可得

$$C(\tau) = \frac{Nv}{G} + C_{in} - \left(\frac{Nv}{G} + C_{in} - C_0\right) e^{-\frac{G}{V}\tau} \qquad (6-6)$$

式中，$C_0$ ——室内初始有害气体浓度。

可以看出，室内有害气体最终浓度由净化风量及进风口风流中有害气体浓度决定。忽略无穷小项，可得出满足避难硐室内有害气体净化的风量为

$$G \geqslant k\frac{Nv}{C(\tau) - C_{in}} \qquad (6-7)$$

式中，$k$ ——修正系数。

（3）避难硐室快速净化 CO 需风量

《暂行规定》第 8 条要求：避难硐室内 CO 浓度不大于 0.0024%。处理 CO 的能力应能保证在 20min 内将 CO 浓度由 400ppm 降到 24ppm 以下。结合表 2.1 与表 2.3 可知，在 20min 内人体代谢引起的室内 CO 浓度变化可忽略不计。采用压风置换时可认为新鲜风流中 CO 浓度为 0，室内人均占用空间取 $3m^3$，则式（6-6）可简化为

$$C(\tau) = C_0 e^{-\frac{G}{3N}\tau} \tag{6-8}$$

初始 CO 浓度为 0.04% 时，在人均占用空间为 $3m^3$ 的避难硐室内，人均供风量 $0.1 \sim 0.45m^3/min$ 范围内不同人均供风量下 CO 浓度随时间变化的曲线如图 6.4 所示。

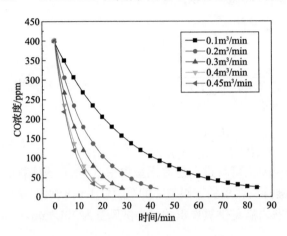

图 6.4　不同人均供风量下 CO 浓度随时间变化的曲线

由图 6.4 可看出，在人均供风量恒定条件下，生存室内 CO 浓度随时间呈下降趋势，但梯度逐渐减小，人均供风量越大，曲线下降趋势越明显。人均供风量 $0.1m^3/min$ 时，CO 浓度从 400ppm 下降到 24ppm 耗时约 90min；人均供风量 $0.3m^3/min$ 时，耗时 25min；人均供风量 $0.45m^3/min$ 时，耗时 20min。可以看出，满足《暂行规定》中 CO 快速净化速率要求的人均供风量应为 $0.45m^3/min$，远大于满足室内 $CO_2$ 净化所需风量。

在 CO 浓度为 400ppm 环境中，持续暴露 30min 不会对人体造成生理危害[2,3]。结合图 6.4 可看出，人均供风量 $0.1m^3/min$ 时，30min 内 CO 浓度可从 400ppm 降至 150ppm，对人体影响更小。人员进入避难硐室生存室避灾初期，若 CO 浓度过高，可暂时利用自救器、压风面罩或压风袋呼吸[4]。因此，建议避难硐室建设或相关标准修订时，适当延长 CO 浓度从 400ppm 快速净化到 24ppm 的时间，以降低避难硐室供风的难度，节约建设成本，而不影响硐室使用安全。

### 6.1.3　压风管路计算

根据《煤矿井下安全避险"六大系统"建设完善基本规范》要求，压风自救系统的管路规格应按矿井需风量、供风距离、阻力损失等参数计算确定，但主管路直径不小于 100mm，采掘工作面管路直径不小于 50mm。

为井下安全避险系统供风的空气压缩机供风量计算如下：

$$G_{总} = G_1 + G_2 + G_3 \tag{6-9}$$

式中，$G_{总}$——井下安全避险系统总需风量，$m^3/h$；

　　　$G_1$——避难硐室用风量，$m^3/h$；

　　　$G_2$——可移动式救生舱用风量，$m^3/h$；

　　　$G_3$——采掘工作面压风自救系统用风量，$m^3/h$。

空气压缩机出口压力计算如下[5]：

$$P_{空} = P_a + \sum \Delta P_i + 0.1 \tag{6-10}$$

式中，$P_a$——用气地点压力，MPa；

　　　$\Delta P_i$——第 $i$ 路管道压力损失，按每千米损失 $0.03 \sim 0.04$MPa 计算；

0.1——《煤炭工业矿井设计规范》中规定用气地点压风管压力高于风动工具额定压力 0.1MPa。

避难硐室压风供风管路直径简化计算如下[6]：

$$d_i = 20\sqrt{G_i} \tag{6-11}$$

式中，$d_i$——第 $i$ 段压风供风管路直径，mm；

　　　$G_i$——第 $i$ 段管路风量，$m^3/min$。

压风管压力校核时，管路的压力损失选取最远一路管道进行验算，要求主管、干管的压力损失不得大于 0.05MPa。各段管道的压力损失由下式计算[7]：

$$\Delta P_i = k_s \frac{L_i}{d_i^5} G_i^{1.85} \times 10^{-12} \tag{6-12}$$

式中，$k_s$——安全系数，取 1.1 ~ 1.2；

　　　$L_i$——考虑局部损失在内的第 $i$ 段管路折算长度，m。

# 6.2　压风状态下室内空气品质保障及供风系统优化

## 6.2.1　试验分析

### 1. 试验设计

（1）试验环境及原理

避难硐室压风净化试验在山东国泰科技有限公司的矿井避难硐室实验室开展，该实验室配套有容积流量为 $11.3m^3/min$ 的螺杆式空气压缩机，压风通过掩埋的通风管路进入避难硐室。在生存室内距离地面高 1.8m 的长通道两侧各有 3 个供风口，相邻供风口间距为 4.8m，供风量由管路上的总阀门控制。在两端墙体距离地面高 2.4m 的位置，各有一个直径为 110mm 的单向自动排气阀，经测试，排气阀将在室内相对压力达到 180Pa 时自动打开排出气体。图 6.5 所示为避难硐室压风净化试验的环境及设备。

（a）空压机　　　　　　　　　　　　（b）试验场景

图 6.5　避难硐室压风净化试验的环境及设备

基于硐室尺寸与常见矿井避难硐室规模，本试验将研究 50 人避难时应用压风去除硐室内 $CO_2$ 气体的效果。考虑到试验的成本，试验采用高压 $CO_2$ 气瓶及分布在两侧的弥散供气管路模拟人体释放 $CO_2$ 气体。弥散供气管长 10m、直径 15mm、管上的供气孔直径 1.5mm、孔间距 100mm。通过连接在 $CO_2$ 气瓶上的电加热型 $CO_2$ 减压阀，将 $CO_2$ 释放速率设为 25L/min，以代替避难时期 50 人释放的 $CO_2$ 气体。

为节省试验时间及成本，试验过程将硐室内的初始 $CO_2$ 浓度上升到约 1%。试验时硐室内人均供风量为 $0.1m^3/min$。为了对试验结果进行比较，本节开展了两项不同工况的测试，其中一项测试中仅用压风去除室内 $CO_2$，而另一项测试中除向室内通压风外，还利用风扇进行搅拌。

（2）数据采集

室内共布置 7 个 $CO_2$ 浓度测点，测点位置分布如图 6.6 所示。

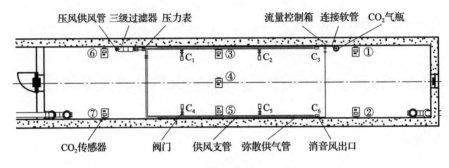

图 6.6　传感器及供气管路布局

$CO_2$ 体积浓度由矿用红外 $CO_2$ 传感器测量，监测数据通过软件平台自动保存。压风的通风量由安装在供风管道上的涡街流量计测量，$CO_2$ 流量由电加热型 $CO_2$ 减压阀上的浮子流量计测量。图 6.7 显示了本试验所用测量仪器及数据采集系统平台界面。

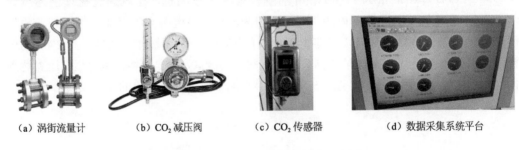

（a）涡街流量计　　　（b）$CO_2$ 减压阀　　　（c）$CO_2$ 传感器　　　（d）数据采集系统平台

图 6.7　测量仪器及数据采集系统平台界面

（3）试验步骤

1）检查数据采集系统，确保测试数据能上传至监控系统平台，并自动保存。

2）试验操作人员进入生存室，关闭硐室密闭门。

3）开启 $CO_2$ 气瓶阀门，将 $CO_2$ 流量调到最大，使室内 $CO_2$ 浓度上升到约 1%。

4）开启电风扇，使室内空气搅拌均匀，然后关闭风扇（另一组试验中风扇一直开启）。

5）调节 $CO_2$ 减压阀，使两侧的 $CO_2$ 流量分别为 12L/min 与 13L/min。

6）开启空压机，通过供风管上的阀门将通风量调节到 $5m^3/min$。

**2. 试验结果**

图 6.8 所示为人均供风量为 0.1m³/min 时测点 $CO_2$ 浓度随时间的变化。可以看出，在初始 $CO_2$ 浓度为 1.1% 的避难硐室内，人均供风量为 0.1m³/min 时各测点的浓度值均存在下降趋势，表明硐室供风速率为每人 0.1m³/min 时可以将硐室内 $CO_2$ 浓度控制在 1% 以下，满足 $CO_2$ 浓度控制需要。在通风初期，室内 $CO_2$ 浓度呈现明显的下降趋势，而 1h 后逐渐进入平稳状态，室内 $CO_2$ 浓度基本维持平衡，范围为 0.25% ～ 0.75%。可以看出，各测点浓度值具有一定的差异，在 7 个监测点中，4 个监测点 $CO_2$ 浓度高于 0.5%，3 个监测点浓度低于 0.5%，最高浓度与最低浓度相差约 0.5%，表明室内 $CO_2$ 浓度分布均匀性较差。

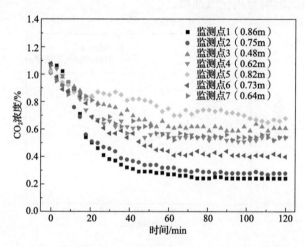

图 6.8　人均供风量为 0.1m³/min 时测点 $CO_2$ 浓度随时间变化

图 6.9 所示为室内人均供风量为 0.1m³/min 且有风扇搅拌时监测点 $CO_2$ 浓度随时间的变化。可以看出，风扇的扰动作用使室内各测点的 $CO_2$ 浓度混合更加均匀，各测点间的浓度差值在 0.1% 以内。在进入动态平衡后，室内 $CO_2$ 浓度取值范围为 0.45% ～ 0.52%。

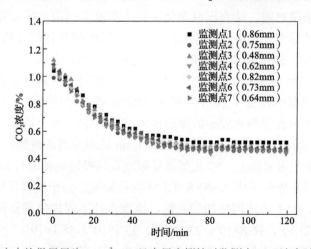

图 6.9　室内人均供风量为 0.1m³/min 且有风扇搅拌时监测点 $CO_2$ 浓度随时间变化

图 6.10 所示为有、无风扇扰动作用下监测点平均 $CO_2$ 浓度随时间的变化情况。可以看出，在室内 $CO_2$ 浓度趋于稳定之前，与无风扇搅拌时相比，搅拌作用下监测点的平均 $CO_2$ 浓度值较低，二者浓度差最大可接近 0.06%。但风扇的搅拌作用对室内平均 $CO_2$ 浓度变化趋势并无显著的影响，两种工况下室内 $CO_2$ 浓度均在 70 ～ 80min 后进入相对稳定状态。进入动态平衡后，二者室内平均浓度值基本相等，浓度差值小于 0.02%。

通过试验结果的分析可以得出，对于避难硐室内 $CO_2$ 浓度的控制，室内人均供风量为 $0.1m^3/min$ 时可将室内整体浓度控制在 0.8% 以下，平均 $CO_2$ 浓度约为 0.5%。然而，仅在压风的作用下，室内 $CO_2$ 浓度整体分布不够均匀，不良的通风组织将使室内局部区域 $CO_2$ 浓度较高而影响室内空气品质。

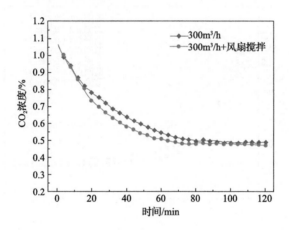

图 6.10　有、无风扇扰动作用下监测点平均 $CO_2$ 浓度随时间的变化情况

### 6.2.2　数值模型建立及求解

（1）模型建立与网格划分

为了与试验结果对照，结合压风净化试验中实验室结构与矿山井下常见避难硐室内人员布局，本节建立了与 6.2.1 节所述实验室相同内部几何尺寸的 50 人型避难硐室物理模型，在模型中 50 人呈 4 排分布于矿井避难硐室内，在人体头部设置一个面积为 $0.08m^2$ 的正方形作为人体呼出气体的出口。为了研究硐室内新风进风口和污风排风口布局的影响，在模型中预设了 20 个直径为 0.075m 的圆形进风口、4 个直径为 0.225m 的圆形排风口和 1 个直径为 0.32m 的圆形排风口。其中，10 个进风口分两排位于室内顶部，另外 10 个进风口分两排位于离地面高 1.8m 的硐室通道两侧，4 个面积相等的排风口分别位于硐室两端墙壁上。50 人型避难硐室几何模型如图 6.11 所示。

数值模型的网格划分采用 ANSYS ICEM 软件完成。由于模型结构复杂，进行了非结构化网格划分。为了验证网格的独立性，选取 5 种不同规模网格模型进行分析，网格数量分别为 $11.2×10^5$、$16.8×10^5$、$23.1×10^5$、$33.4×10^5$、$45.1×10^5$。

图 6.12 比较了 5 种不同网格下不同时刻室内 $CO_2$ 的浓度。可以发现，当网格数量

为 $16.8×10^5$ 以上时，网格数量的增加对数值计算结果几乎没有影响。考虑到计算精度与计算机资源的占有率，选择网格数为 $23.1×10^5$ 的网格模型作为分析对象。

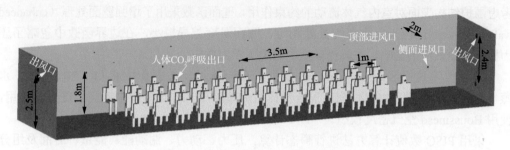

图 6.11　50 人型避难硐室几何模型

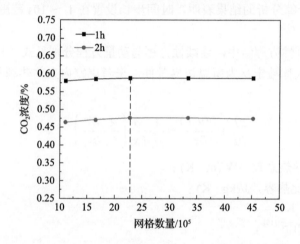

图 6.12　5 种不同网格下不同时刻室内 $CO_2$ 的浓度

（2）边界与初始条件设置

不考虑人体代谢产生的微量气体组分含量，人体呼出 $CO_2$ 混合气体的边界类型定义为 velocity-inlet 入口，气体成分中 $O_2$、$N_2$、$CO_2$、水蒸气的体积分数为 16%、78%、4%、2%。人均 $CO_2$ 气体释放率取 0.5L/min，可计算出 $CO_2$ 入口速度为 0.13m/s。呼出气体温度为 35℃，人体表面温度为 32℃。

不考虑空气中微量气体含量，硐室内压风进风口的边界类型定义为 velocity-inlet 入口，压风气体组分中 $O_2$、$CO_2$、$N_2$、$H_2O(g)$ 的体积分数为 21%、78%、0.03%、0.97%。室内人均供风量取 0.1m³/min，当进风口数量为 6 个时，可计算出入口速度为 3.204m/s。考虑硐室内面临的热环境，入口温度为 32℃。排风口的边界类型设为 outflow 出口。排风口的使用数量将根据工况确定。硐室墙壁与其他边界数值计算中不作为速度入口与出口的边界面均设置为绝热的墙体边界。

为了与试验结果进行对比，室内初始气体成分中未考虑水蒸气，$O_2$、$N_2$、$CO_2$ 的体积分数为 20.95%、78%、1.05%，初始温度为 28℃。

（3）求解设置

在 Fluent 中，对湍流问题的求解经常使用 Standard $k$-$\varepsilon$、RNG $k$-$\varepsilon$ 和 Realizable $k$-$\varepsilon$

这 3 个湍流模型 [8]。Sorensen 等 [9] 的研究表明，Realizable $k$-$\varepsilon$ 对室内气流具有良好的整体性能。因此，选用 Realizable $k$-$\varepsilon$ 湍流模型分析压风供风状态下室内空气品质变化。考虑围护结构表面对室内气体流动的约束作用，壁面函数采用了增强壁面处理（enhanced wall treatment）。由于室内压力处处相等、壁面温度差异较小，在边界函数中忽略了压力梯度与热效应的影响。在湍流模型中考虑了浮力效应。

组分传输使用 Species Transport 模型，在流体材料数据库中将 $O_2$、$N_2$、$CO_2$、水蒸气导入材料项后，将它们列入混合气体组成基础项。计算模型中考虑了重力的作用，使用 Boussinesq 空气密度模型。

采用 PISO 数值计算方法进行瞬态计算，压力、动力、湍动能、能量、时间及组分等选项均采用二阶迎风格式进行离散。能量项的收敛标准值为 $10^{-6}$，其余选项的收敛标准值为 $10^{-3}$。数值计算分析的结果表明，时间步长设置在 $1 \sim 10\mathrm{s}$ 范围时计算结果与时间步长无关。

数值计算的控制性方程组中，连续性方程与动量方程分别见式（4-1）与式（4-2）。

在本模型中，人体被定义为恒温边界条件，未考虑室内人体热源与黏性摩擦产量，故能量控制方程为

$$\frac{\partial T}{\partial \tau} + \frac{\partial (u_j T)}{\partial x_j} = \frac{1}{\rho_a} \frac{\partial}{\partial x_j} \left( \frac{\lambda_a}{C_a} \frac{\partial T}{\partial x_j} \right) \tag{6-13}$$

式中，$\lambda_a$——空气导热系数，$\mathrm{W/(m \cdot K)}$；

$C_a$——空气比热容，$\mathrm{J/(kg \cdot K)}$；

$T$——温度，K。

组分运输方程如下 [10]：

$$\frac{\partial (\rho_a C_s)}{\partial \tau} + \frac{\partial (\rho_a u_j C_s)}{\partial x_j} = \frac{\partial}{\partial x_j} \left( D_s \frac{\partial (\rho_a C_s)}{\partial x_j} \right) + S_s \tag{6-14}$$

式中，$C_s$——组分的体积浓度；

$D_s$——组分的扩散系数；

$S_s$——组分的产生速率。

$k$、$\varepsilon$ 的输运控制方程可分别见式（4-4）与式（4-5）。

（4）数值模型验证

为了对数值模型进行验证，开展了与无风扇搅拌作用工况参数基本相同的数值计算。需要注意的是：①在数值模型中，人体 $CO_2$ 释放出口与试验中 $CO_2$ 出口布局不同，但总 $CO_2$ 释放速率与试验值相等；②数值模型中进风口与试验中进风口稍有差异，但安装位置和供风速率与试验值相等。

图 6.13 比较了数值计算结果中硐室内 $CO_2$ 平均浓度与试验中测点的平均浓度。可以发现，数值计算结果与试验结果均呈现出与 $CO_2$ 浓度随时间单调递减的变化趋势，且在室内 $CO_2$ 浓度相对稳定前二者的 $CO_2$ 浓度差值小于 0.6%。在数值计算中，在通风后室内 $CO_2$ 浓度由 1.1% 快速下降，在 $80 \sim 100\mathrm{min}$ 后趋于相对稳定状态。尽管在趋于稳定状态前，数值计算结果稍微高于试验测点平均值，但二者偏差小于 10%。进

入稳定状态后，二者间差值有所下降，偏差小于 4%。总体而言，数值计算结果与试验结果之间偏差小于 10%，二者 $CO_2$ 浓度变化趋势基本保持一致，表明数值模型具有较高的可信度，适合应用于本节的研究。

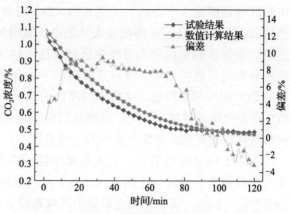

图 6.13　数值计算结果与试验结果的比较

### 6.2.3　影响因素分析

#### 1. 进风口数量与布局

图 6.14 显示了避难硐室内人均供风量为 $0.1m^3/min$ 时，进风口布置在通道两侧不同布局下室内 $CO_2$ 浓度分布。可以看出，人均通风量为 $0.1m^3/min$ 时室内的 $CO_2$ 浓度范围总体分布在 0.3%～0.7%。因此，可以判断避难硐室内人均通风量为 $0.1m^3/min$ 满足将室内 $CO_2$ 浓度控制在 1% 以内的要求。然而，不同进风口布局下室内 $CO_2$ 浓度分布存在一定差异，室内 $CO_2$ 浓度并未随进风口数量的增加而更加均匀。

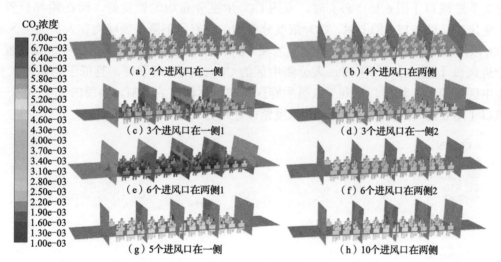

图 6.14　人均供风量为 $0.1m^3/min$ 时进风口在侧面不同布局下室内 $CO_2$ 浓度分布

由图 6.14 还可以看出，当进风口位于硐室内通道侧面一侧时，在人员集中的区域布置 3 个进风口 [图 6.14（d）] 时的 $CO_2$ 浓度比仅布置 2 个进风口 [图 6.14（a）] 时的浓度分布更加均匀；然而，当一侧的进风口增加到 5 个且有 2 个进风口位于非人员集中区 [图 6.14（g）] 时，室内 $CO_2$ 浓度则有所上升且 $CO_2$ 分布的均匀性明显下降，表现为在人员集中区域 $CO_2$ 浓度较高，而在非人员集中区两端 $CO_2$ 浓度较低；当将一侧的 3 个进风口中的两个位于非人员集中区域 [图 6.14（c）] 时，室内 $CO_2$ 浓度更高且气体分布均匀性更差。同样可以看出，进风口布置在硐室内通道两侧时，在人员集中的区域每侧设 3 个进风口 [图 6.14（f）] 时的 $CO_2$ 浓度分布明显优于每侧布置 2 个进风口 [图 6.14（b）]；而在非人员集中区域增加进风口数量 [图 6.14（h）] 或将部分进风口布置在硐室内非人员集中区域 [图 6.14（e）] 时，在相同供风量下，室内 $CO_2$ 浓度分布均匀性将显著下降。其原因如下：在两端非人员集中区域增加进风口后，两端的 $CO_2$ 浓度相对较低，从排风口流出的气体中 $CO_2$ 浓度较低，降低了风流置换去除 $CO_2$ 有害气体的效率。因此，当排风口位于避难硐室两端、进风口设置在通道侧面时，应将进风口设置在人员集中分布的区域范围。

由图 6.14 还可以看出，在人员集中区域两侧各设 3 个进风口 [图 6.14（f）] 和仅在一侧设置 3 个进风口 [图 6.14（d）] 时，室内 $CO_2$ 浓度分布范围基本相同，范围均为 0.3% ～ 0.5%。但在两侧人员集中区域各设 3 个进风口时，室内人员集中区域的 $CO_2$ 浓度分布明显优于仅在一侧设置 3 个进风口的 $CO_2$ 浓度分布。因此，当排风口位于硐室两端、进风口布置在室内通道侧面时，进风口设置在人员集中区域并均匀分布在两侧时将更有利于室内空气品质的控制。

图 6.15 所示为人均供风量为 $0.1m^3/min$ 时进风口在顶部不同布局下室内 $CO_2$ 浓度分布。可以看出，进风口位于室内顶部、人均供风量为 $0.1m^3/min$ 时，4 种不同的进风口布局下室内的 $CO_2$ 体积浓度范围总体分布在 0.3% ～ 0.6%。当仅在硐室中间顶部设置 2 个进风口 [图 6.15（a）] 时，室内 $CO_2$ 浓度分布均匀性良好。而在顶部设置 4 个进风口 [图 6.15（b）] 时，$CO_2$ 浓度分布均匀性有所下降，表现为在人员集中区域 $CO_2$ 浓度较高，而在两端非人员集中区域 $CO_2$ 浓度较低。当顶部人员集中区域设置 6 个进风口 [图 6.15（c）] 时，人员集中区的 $CO_2$ 浓度有所下降，且低于两侧非人员集中区域的 $CO_2$ 浓度，更利于人员生存区有害气体浓度的控制。当顶部设置 10 个进风口 [图 6.15（d）] 时，室内 $CO_2$ 浓度整体分布更加均匀。

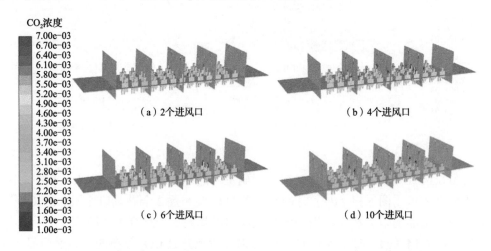

图 6.15　人均供风量为 $0.1m^3/min$ 时进风口在顶部不同布局下室内 $CO_2$ 浓度分布

由图 6.14 与图 6.15 比较还可以看出，当新鲜空气从顶部进入硐室内时，室内下部的 $CO_2$ 浓度较上部低，更利于人员呼吸区域室内空气品质的控制。但在室内均布置 6

个进风口条件下，进风口位于人员集中区域两侧与位于硐室顶部时室内的 $CO_2$ 浓度分布差异不显著。

## 2. 排风口数量与布局

图 6.16 所示为人均供风量为 $0.1m^3/min$ 时排风口不同布局状态下室内 $CO_2$ 浓度分布。比较图 6.16（a）～（d）可以发现，在室内人员集中区域长通道两侧各 3 个进风口的情况下，当仅在硐室的一端墙壁上设置一个排风口［图 6.16（a）］时，室内的 $CO_2$ 浓度分布均匀性较差，表现为在设置排风口一端附近非人员集中区域 $CO_2$ 浓度明显低于未设置排风口的一端。当分别在硐室两端墙体上各设置一个排风口时，室内 $CO_2$ 浓度分布具有明显的改善，两个排风口同时设置在墙体下部［图 6.16（b）］或上部［图 6.16（c）］，或一上一下［图 6.16（d）］时，硐室内的 $CO_2$ 浓度分布没有显著差异。因此，应同时在避难硐室内两端设置排风口。比较图 6.16（e）与（f）可以发现，当 6 个进风口呈两排分布在硐室顶部时，排风口位于硐室两端壁面上部的 $CO_2$ 浓度比位于两端下部时的浓度有所下降。其原因为进风口位于顶部时，室内下部 $CO_2$ 浓度低、上部 $CO_2$ 浓度高。

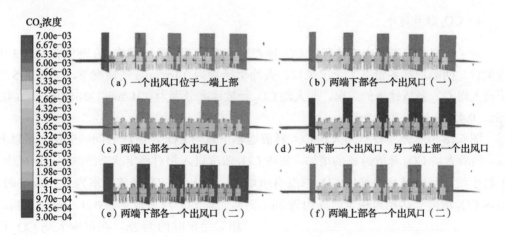

图 6.16　人均供风量为 $0.1m^3/min$ 时排风口不同布局状态下室内 $CO_2$ 浓度分布

## 3. 供风量

为了研究供风量对避难硐室内空气质量的影响，在两侧各设有 3 个进风口、两端顶部各设有 1 个排风口、室内人均 $CO_2$ 代谢速率为 $0.5L/min$ 的情况下，分析了 5 种不同供风量的工况，即避难硐室内的人均供风量分别为 $0.1m^3/min$、$0.15m^3/min$、$0.2m^3/min$、$0.25m^3/min$ 和 $0.3m^3/min$。

图 6.17 绘制了不同人均供风量时室内 $CO_2$ 浓度随时间变化的曲线。可以看出，当人均供风量等于或大于 $0.1m^3/min$ 时，室内 $CO_2$ 浓度均随时间减小，直到趋于相对稳定。随人均供风量的增加，室内 $CO_2$ 浓度到达相对稳定的时间逐渐变短，相对稳定后硐室内 $CO_2$ 浓度越来越低。在人均供风量为 $0.3m^3/min$ 时，在约 1h 时室内 $CO_2$ 浓度趋于稳定，

室内 $CO_2$ 平均浓度值低于 0.2%，此时在避难硐室内将会具有较好的空气品质。在人均供风量为 $0.1m^3/min$ 时，在约 2h 时室内 $CO_2$ 浓度趋于稳定，平均 $CO_2$ 浓度约为 0.46%，室内绝大部分区域的 $CO_2$ 体积浓度将控制在 0.5% 以内。

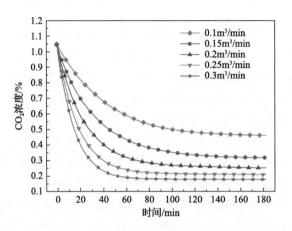

图 6.17　不同人均供风量时室内 $CO_2$ 浓度随时间变化的曲线

### 4. $CO_2$ 释放速率

为了研究避难硐室内人体释放 $CO_2$ 速率对室内空气质量的影响，在两侧各设有 3 个进风口、两端顶部各设有 1 个出风口、人均供风量为 $0.1m^3/min$ 的情况下，分析了 5 种不同人均 $CO_2$ 释放速率的工况，即人均 $CO_2$ 释放速率分别为 0.3L/min、0.35L/min、0.4L/min、0.45L/min 和 0.5L/min。

图 6.18 所示为 5 种不同人均 $CO_2$ 释放速率下室内 $CO_2$ 浓度随时间的变化。可以发现，随着人均 $CO_2$ 释放速率的增加，室内 $CO_2$ 浓度进入相对稳定状态的时间有所减少，但趋于稳定状态时室内平均 $CO_2$ 浓度有所增加。当人均 $CO_2$ 释放速率为 0.3L/min 时，室内 $CO_2$ 浓度到达相对稳定时间约为 3h；而当人均 $CO_2$ 释放速率为 0.5L/min 时，到达相对稳定时约为 2h。在室内人均 $CO_2$ 释放速率分别为 0.3L/min、0.35L/min、0.4L/min、0.45L/min 和 0.5L/min 共 5 种不同工况下，室内 $CO_2$ 浓度分布相对稳定后其浓度值分别为 0.322%、0.363%、0.404%、0.445% 和 0.483%。

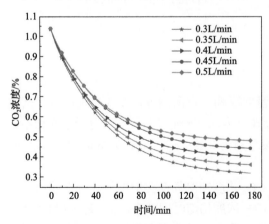

图 6.18　5 种不同人均 $CO_2$ 释放速率下室内 $CO_2$ 浓度随时间的变化

### 6.2.4　典型工况分析

为了更加切近工程实际地反映避灾过程中避难硐室内 $CO_2$ 浓度分布与通风特征参数的关系，取人均 $CO_2$ 释放速率为 0.34L/min，在室内初始 $CO_2$ 浓度为 0.03%、人均供风量为 0.1m³/min 的情况下，获取硐室内 $CO_2$ 浓度分布与 $CO_2$ 浓度随时间变化情况。

图 6.19 所示为两种不同通风组织模式（即 6 个进风口分别位于两侧和顶部）下室内 $CO_2$ 浓度分布情况。可以看出，在排风口射流影响区，$CO_2$ 浓度较低，浓度值在 0.3% 以下；而在射流影响区之外，室内 $CO_2$ 浓度整体分布比较均匀，浓度范围为 0.3% ～ 0.45%。两种通风组织模式下室内 $CO_2$ 浓度分布都比较均匀。

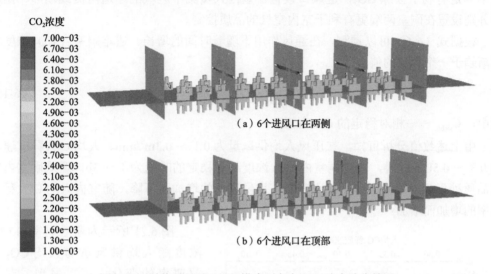

（a）6个进风口在两侧

（b）6个进风口在顶部

图 6.19　两种不同通风组织模式下室内 $CO_2$ 浓度分布情况

图 6.20 显示了两种不同通风组织模式下室内平均 $CO_2$ 浓度随时间的变化。可以看出，在初始 $CO_2$ 浓度为 0.03% 的 50 人型避难硐室内，人均供风量为 0.1m³/min 时，室内 $CO_2$ 浓度将在初期约 2h 内快速增长到相对稳定的状态，$CO_2$ 浓度值为 0.33%。与金龙哲等开展的 80 人真人试验中，人均供风量为 0.1m³/min 条件下室内测点平均 $CO_2$ 浓度稳定在 0.3% ～ 0.34%[11-13] 的结果相符合。

由图 6.19 与图 6.20 可以断定，在两种通风组织模式下人均供风量 0.1m³/min 可以将硐室内 $CO_2$ 浓度整体控制在 0.5% 以内，平均 $CO_2$ 浓度控制在 0.35% 以下，具有较好的室内空气品质。同时可以看出，在避难初期两侧送风模式获得的平均 $CO_2$ 浓度稍微低于顶部送风模式的平均浓度，但其差异并不显著，差值小于 0.01%。在进入稳定状态后，两种通风模式下的室内平均 $CO_2$ 浓度值近似相等。

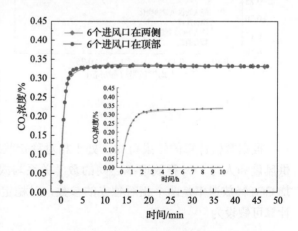

图 6.20　两种不同通风组织模式下室内平均 $CO_2$ 浓度随时间的变化

### 6.2.5　系统优化

由以上分析可知，人均供风量 $0.1m^3/min$ 可将避难硐室内整体的 $CO_2$ 浓度控制在 1%以下，然而不良的通风组织将使室内局部区域 $CO_2$ 浓度较高而影响室内空气品质。进风口和排风口的布局对室内 $CO_2$ 平均浓度与流场分布具有一定的影响，增加进风口数量不一定有利于去除 $CO_2$，进风口设置在室内人员集中区域的通道两侧或顶部、排风口分别设置在硐室两端更有利于室内空气的品质控制。

根据式（6-6）可以预测，在通风作用下随着时间的增长，避难硐室内 $CO_2$ 浓度将逐渐趋于一个稳定的值，即

$$C_{stable} = \lim_{\tau \to +\infty} C(\tau) = \frac{Nv}{G} + C_{in} \tag{6-15}$$

式中，$C_{stable}$——相对稳定的 $CO_2$ 浓度。

由上述数值分析可知，在压风人均供风量为 $0.1 \sim 0.3m^3/min$、人均 $CO_2$ 释放速率为 $0.3 \sim 0.5L/min$ 时，避难硐室内 $CO_2$ 浓度趋于稳定的时间为 $1 \sim 3h$。避难硐室内空气品质处于相对稳定时，$CO_2$ 浓度随人均供风量的增加而下降，随室内人均 $CO_2$ 释放速率的增加而增加。

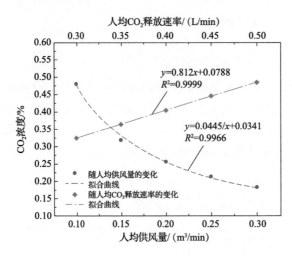

图 6.21　避难硐室内 $CO_2$ 浓度随人均供风量
与人均 $CO_2$ 释放速率的变化

图 6.21 所示为避难硐室内 $CO_2$ 浓度随人均供风量与人均 $CO_2$ 释放速率的变化。可以发现，在人均 $CO_2$ 释放速率为 $0.5L/min$ 的情况下，处于相对稳定时的避难硐室内 $CO_2$ 浓度随室内人均供风量的增加而单调递减，二者呈反比例关系，拟合关系为 $y=0.0445/x+0.0341$，$R^2=0.9966$。同时可以发现，在人均供风量为 $0.1m^3/min$ 的情况下，处于相对稳定状态时的避难硐室内 $CO_2$ 浓度随室内人均 $CO_2$ 释放速率的增加而线性增加，线性拟合关系为 $y=0.812x+0.0788$，$R^2=0.9999$。

根据数值计算的结果可知，处于相对稳定状态时，避难硐室内的 $CO_2$ 浓度与人均供风量和人均 $CO_2$ 释放速率之间的数学关系与式（6-15）相似。由于人均供风量与人均 $CO_2$ 释放速率是两个相对独立的参数，对稳定时避难硐室内相对稳定的 $CO_2$ 浓度的计算可假设为

$$C_{stable} = a\frac{Nv}{G} + C_{in} \tag{6-16}$$

将图 6.21 中对应的值代入式（6-16），可求出 $a$ 的最优解为 0.92。因此，通风状态

下室内空气品质处于稳态时的室内 $CO_2$ 浓度可计算为

$$C_{stable} = 0.92\frac{N\nu}{G} + C_{in} \tag{6-17}$$

对比式（6-15）与式（6-17）可知，通过优化避难硐室内的新风进风口和污风排风口，在室内空气品质处于相对稳态时室内 $CO_2$ 浓度值将低于理论计算值，这表明优化避难硐室内通风系统可促进室内空气品质的改善。

在有效的通风组织模式下，人均供风量 $0.1m^3/min$ 可将硐室内平均 $CO_2$ 浓度控制到 0.5% 以下。人均供风量达 $0.3m^3/min$ 时，可将室内 $CO_2$ 浓度控制在 0.2% 内。

真实避灾过程中，人体 $CO_2$ 代谢速率约为 0.34L/min。在较好的通风组织模式下，人均通风量 $0.1m^3/min$ 时室内的 $CO_2$ 浓度将在 2h 内达到相对稳定状态，室内平均 $CO_2$ 浓度控制在 0.35% 以下，整体浓度分布在 0.5% 以内。

《暂行规定》第 13 条要求：避难硐室的供风量不低于 $0.3m^3/(min·人)$。在不考虑压风控温的条件下，当室内人均供风量达 $0.1m^3/min$ 时，即可将室内 $CO_2$ 浓度控制在 0.5% 以下，可满足硐室供氧与空气净化的需要。对于绝大部分低温矿井避难硐室，人均供风量 $0.3m^3/min$ 将会增加避难硐室压风供给难度，增加不必要的硐室建设成本，影响煤矿企业修建井下避难硐室的积极性。2016 版《煤矿安全规程》中第 691 条规定了井下压风自救系统平均每人空气供给量不得少于 $0.1m^3/min$。结合 2016 版《煤矿安全规程》，建议在相关标准修订时，将硐室人均供风量修改为不低于 $0.1m^3/(min·人)$。

## 6.3　基于压风的空气净化装置配置布局优化

### 6.3.1　基于压风动力的吸附净化装置工作原理

在无新鲜空气稀释有害气体浓度的情况下，避难硐室内人体代谢产生的有害气体成分可以通过吸收剂（或吸附剂）去除。在使用时，若将有害气体吸收剂直接敞开堆放于硐室生存室内，则占用的面积比较大，且难以满足硐室内空气净化的要求，并可能造成粉尘危害。因此，需借助风机作用，选择风量适合的风机与良好的气体净化药品，确定 $CO_2$、CO 气体净化药品形状、药品用量，并合理组织药品与风机的叠放顺序，形成净化效果良好的空气净化装置。

避难硐室空气净化装置主要由箱体、风机、$CO_2$ 吸收剂药床及 CO 吸收剂药床等组成。生存室内含 $CO_2$ 与 CO 气体成分的污浊空气在风机的负压作用下，分别通过 $CO_2$ 吸收剂药床及 CO 吸收剂药床后变成洁净的空气，以一定流速从风机出风口吹向生存室内，供人体呼吸后，又变成含 $CO_2$ 与 CO 的有害气体，然后进入空气净化装置，再次净化循环，其工作原理如图 6.22 所示。

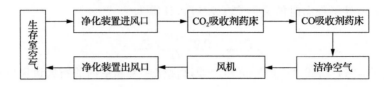

图 6.22　基于压风动力的吸附净化装置的工作原理

为克服灾害时期避难硐室内由供电短缺造成的空气品质控制难题，近年来，针对避难硐室内有害气体去除开发的净化装置较多使用气动电动机风机或人力风机作为净化装置的动力设备。其中，气动电动机风机主要依靠矿井压风或高压空气瓶供给的高压流动空气作为动力源，气动马达运行所需的流动空气压力通常为 0.1 ～ 0.5MPa。

### 6.3.2　净化装置配置计算

采用空气净化装置吸收有害气体时，根据物质守恒定律可得避难硐室内有害气体浓度随时间变化的表达式[14]：

$$V\left[C(\tau+\Delta\tau)-C(\tau)\right]=Nv\Delta\tau-\sum_{i=1}^{k}W_i\left[C_{\mathrm{in}i}(\tau)-C_{\mathrm{out}i}(\tau)\right]\Delta\tau \tag{6-18}$$

式中，$i$——避难硐室内使用的净化装置的编号；

　　　$k$——避难硐室内使用的净化装置总数量，台；

　　　$W_i$——第 $i$ 个净化装置的供风速率，$\mathrm{m^3/h}$；

　　　$C_{\mathrm{in}i}(\tau)$——第 $i$ 个净化装置进风口有害气体浓度；

　　　$C_{\mathrm{out}i}(\tau)$——第 $i$ 个净化装置出风口有害气体浓度。

当第 $i$ 个净化装置有效净化效率 $\eta_i$ 已知时，$C_{\mathrm{out}i}(\tau)$ 与 $C_{\mathrm{in}i}(\tau)$ 的关系如下：

$$C_{\mathrm{out}i}(\tau)=\left(1-\eta_i\right)C_{\mathrm{in}i}(\tau) \tag{6-19}$$

假设室内有害气体浓度分布均匀，则室内空气净化装置的进风口有害气体浓度与室内 $CO_2$ 浓度相同，即

$$C_{\mathrm{in}1}(\tau)=C_{\mathrm{in}2}(\tau)=\cdots=C_{\mathrm{in}i}(\tau)=C(\tau) \tag{6-20}$$

若避难硐室内配置的空气净化装置的供风速率与有效净化效率均相同，即

$$W_1=W_2=\cdots=W_i=W \tag{6-21}$$

$$\eta_1=\eta_2=\cdots=\eta_i=\eta \tag{6-22}$$

则式（6-18）可简化为

$$C'(\tau)+\frac{kW}{V}C(\tau)=\frac{Nv}{V} \tag{6-23}$$

通过求解微分方程可得

$$C(\tau)=\frac{Nv}{kW\eta}-\left(\frac{Nv}{kW\eta}-C(0)\right)\mathrm{e}^{-\frac{kW\eta}{v}\tau} \tag{6-24}$$

由式（6-24）可得，当 $\tau\to+\infty$ 时，

$$\lim_{\tau \to +\infty} C(\tau) = \frac{Nv}{kW\eta} \tag{6-25}$$

由式（6-24）与式（6-25）可以看出，当避难硐室内人员数量和有害气体代谢速率一定时，避难硐室内有害气体浓度随时间呈指数变化。而当运行时间增大到一定值后，室内有害气体浓度仅与避难硐室内净化装置数量及其风量、有效净化效率相关。

根据 $CO_2$ 固体吸收剂吸收效率的定义，单位时间避难硐室内 $CO_2$ 吸收剂的消耗速率可以采用以下公式计算[15]：

$$m_C = \frac{m_c}{D} = \frac{\dfrac{Nv}{22.4} \times 44 \times 10^{-3}}{D} \tag{6-26}$$

式中，$m_C$——$CO_2$ 吸收剂消耗速率，kg/s；

　　　$m_c$——$CO_2$ 吸收剂反应消耗速率，kg/s；

　　　$D$——固体吸收剂的 $CO_2$ 吸收效率，即吸收单位质量的 $CO_2$ 消耗的吸收剂的质量。

$Ca(OH)_2$ 和 LiOH 通常用于去除密闭空间内人体代谢产生的 $CO_2$ 气体。考虑到经济成本，避难硐室内通常用 $Ca(OH)_2$ 作为 $CO_2$ 吸收剂。根据 $Ca(OH)_2$ 和 $CO_2$ 之间的化学反应方程，当 $Ca(OH)_2$ 完全消耗时 $CO_2$ 吸收效率等于 0.595，但事实上，$CO_2$ 吸收剂通常不会完全消耗。《隔绝式氧气呼吸器和自救器用氢氧化钙技术条件》（MT 454—2008）规定，$Ca(OH)_2$ 用于氧气呼吸器或自救器时，对 $CO_2$ 的有效吸收效率必须大于等于 0.33。避难硐室净化装置的 $CO_2$ 吸收剂更换周期可由下式计算：

$$T_C = \frac{M}{m_C \times 3600} = \frac{MD}{\dfrac{Nv}{22.4} \times 44 \times 3.6} \tag{6-27}$$

式中，$T_C$——$CO_2$ 吸收剂的更换周期，h；

　　　$M$——净化装置内填充的 $CO_2$ 吸收剂的质量，kg。

### 6.3.3　布局优化试验研究

#### 1.　试验设计

（1）试验环境

为检验式（6-25）在避难硐室空气净化装置配置计算中的适用性，并得出合理的布局方式，在山东国泰科技有限公司避难硐室内开展了净化装置的布局试验研究。试验中同样使用"$CO_2$ 气瓶 + 弥散管"释放 $CO_2$ 气体模拟硐室内 50 人代谢产生的 $CO_2$。相关原理与 6.2 节相同。试验选用的空气净化装置具备手摇和气动风机两种驱动方式，如图 6.23 所示。

净化装置的长、宽、高外形尺寸分别为 1.8m、

图 6.23　试验采用的空气净化装置

0.6m、1.5m，出风口尺寸为 0.2m×0.2m，出风口中心距离地面高度为 0.4m。净化装置上、下两层共有 7 个装 $CO_2$ 吸收剂的箱子，试验时分别在每个箱子内平铺 5kg 的 $Ca(OH)_2$ 作为 $CO_2$ 吸收剂。为保证试验过程中风机平稳运行，以压风（静压 0.5MPa）为动力驱动净化装置的气动风机工作。

（2）试验工况

为了研究空气净化装置配置数量与布局对避难硐室内 $CO_2$ 浓度分布的影响。硐室内分别布置 1～3 台空气净化装置，开展了 5 种不同布局工况的试验，不同工况中硐室内空气净化装置的布局方式如图 6.24 所示。

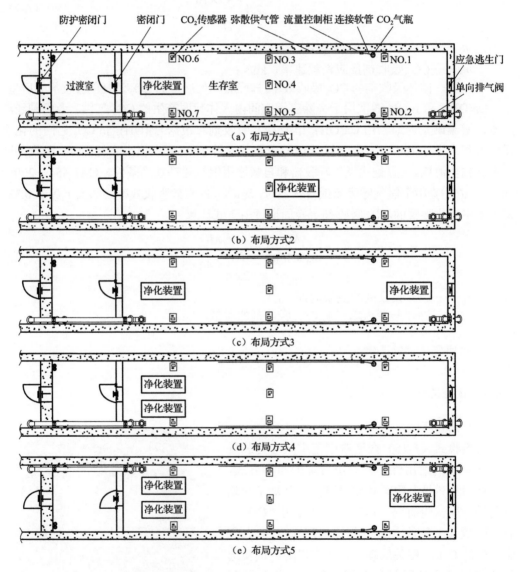

图 6.24 不同工况中硐室内空气净化装置的布局方式

由图 6.24 可见，配置 1 台净化装置时，分别为硐室一端放置 1 台装置 [图 6.24（a）]

和硐室中央放置 1 台装置［图 6.24（b）］；配置 2 台净化装置时，分别为硐室两端各放置 1 台装置［图 6.24（c）］和硐室一端放置 2 台装置［图 6.24（d）］；配置 3 台净化装置时，硐室一端放置 2 台、另一端放置 1 台装置［图 6.24（e）］。

人体代谢 $CO_2$ 释放速率为 0.5L/(min·人)。在 $CO_2$ 初始浓度约为 1% 的避难硐室环境开始运行空气净化装置。

（3）测点布置与数据采集

试验中的 $CO_2$ 浓度监测点布置与图 6.6 相同。净化装置的出风口风速通过电子风速表（GM8902）测量，进、出风口的 $CO_2$ 浓度通过便携式多参数气体检测仪（MX6 iBrid）测量。仪器外观如图 6.25 所示。

（a）电子风速表　　　　　　　（b）便携式多参数气体检测仪

图 6.25　试验检测仪器及设备

（4）试验过程

1）将净化装置按照试验布局模式放置于避难硐室，并将压风接至净化装置的气动风机，调试净化装置，确保供风压力足够、风机正常运行后关闭压风。

2）打开监控系统电源，确保传感器读数能稳定上传并自动保存到监控系统平台。

3）将加热型 $CO_2$ 减压阀接上电源，打开 $CO_2$ 气瓶使硐室内 $CO_2$ 浓度升高，并打开硐室内两端电风扇搅拌使室内空气分布比较均匀。

4）室内 $CO_2$ 浓度平均值上升到 1% 后，关闭风扇，快速将 $CO_2$ 收收剂 $Ca(OH)_2$ 加入净化装置药箱内（每台净化装置共 7 个药箱，每个药箱添加 5kg）。

5）装药完成后打开 $CO_2$ 供气瓶，调节 $CO_2$ 减压阀，使两侧流量分别为 12L/min 和 13L/min。

6）打开空压机及压风管路阀门，将空气净化装置气动风机的供风压力调节为 0.5MPa 后，开启气动风机使净化装置运行。

7）空气净化装置运行期间，测量装置出风口风速、$CO_2$ 浓度及进风口附近 $CO_2$ 浓度。

8）空气净化装置运行 1h 后，结束试验，并保存试验数据。

重复以上试验步骤，依次进行所有工况的试验。

（5）试验误差分析

本节主要通过试验研究检验公式（6-25）在指导避难硐室内空气净化装置配置计算

过程中的适用性，并得出合理的装置布局方式。试验对象（空气净化装置）的主要参数为出口风速与进、出口气体中 $CO_2$ 浓度，对于装置配置及布局效果，主要以避难硐室内各监测点的 $CO_2$ 气体浓度值为判断依据。试验误差主要由测点位置、仪器精确度、监测平台数据保存时噪点产生和系统延迟性等几个方面引起。为了减少检测仪器产生的试验误差，研究中采用的 $CO_2$ 监测传感器和便携式多参数气体检测仪的精度均为 0.01%，试验时测量的 $CO_2$ 气体浓度范围为 0.60% ~ 1.5%，测量误差小于 2%；电子风速表的精确度为 0.001m/s，试验时测量风速范围为 3 ~ 5m/s，误差小于 0.1%；监测平台保存数据的保存周期为 1min，试验过程中 $CO_2$ 浓度的变化小于 0.05%/min。为进一步减少误差，测量净化装置进、出风口的 $CO_2$ 气体浓度时，便携式多参数气体检测仪在进、出风口位置随机抽取 5 个监测点测量后取浓度平均值；测量净化装置出口风速时，在出风口位置随机抽取 5 个监测点测量后取风速平均值。由以上分析可知，通过合理选用仪器、测点及数据处理，可保证整个试验误差小于 5%。

2. 结果分析

（1）净化装置性能分析

通过对净化装置性能的测试得出：在气动电动机风机供风压力为 0.5MPa 的情况下，未添加 $CO_2$ 吸收剂时，净化装置出风口风速为 4.6 ~ 4.8m/s；添加 $CO_2$ 吸收剂后，出风口风速为 4 ~ 4.2m/s，循环风量为 9.6 ~ 10.08m³/min。试验测得了进风口不同 $CO_2$ 浓度时出风口的 $CO_2$ 浓度，如表 6.1 所示。

表 6.1 空气净化装置出、入口 $CO_2$ 浓度及净化效率

| 入口 $CO_2$ 浓度 /% | 出口 $CO_2$ 浓度 /% | 测试时间 /min | 净化效率 /% |
|---|---|---|---|
| 1.00 | 0.75 ~ 0.80 | 10 | 20 ~ 25 |
| 0.90 | 0.68 ~ 0.75 | 10 | 17 ~ 24 |
| 0.80 | 0.60 ~ 0.65 | 10 | 18 ~ 25 |
| 0.70 | 0.55 ~ 0.58 | 10 | 17 ~ 21 |

由表 6.1 可知，空气净化装置在 0.5MPa 供风压力、$CO_2$ 吸收剂装药 35kg 的情况下，对 $CO_2$ 的有效净化效率为 17% ~ 25%。室内 $CO_2$ 浓度不同时，净化装置有效净化效率不同。

（2）试验数据与理论分析比较

为验证公式（6-25）在避难硐室内空气净化装置配置计算中的适用性，取每台净化装置的风量为 9.6m³/min、净化效率为 20%，将采用 2 台和 3 台净化装置时室内 $CO_2$ 平均浓度值与理论计算值进行比较，比较结果如图 6.26 所示。

由图 6.26 可以看出，在初始 $CO_2$ 浓度约为 1% 的环境中，50 人型的避难硐室分别配置 2 台净化装置和 3 台净化装置时，室内的 $CO_2$ 气体平均浓度均随时间单调递减，且 $CO_2$ 浓度下降梯度随时间减小。这表明采用 2 台空气净化装置可将室内 $CO_2$ 浓度控制在 1% 以下。在两种不同布局情况下，理论计算预测的平均 $CO_2$ 浓度与试验平均浓度值随时间的变化趋势基本一致。由图 6.26（a）可以看出，采用 2 台净化装置时，不

同时刻预测值与理论值之间的浓度差小于 0.05%，平均浓度值与理论值偏差小于 5%。由图 6.26（b）可以看出，采用 3 台净化装置时，不同时刻预测值与理论值之间的浓度差值小于 0.07%，平均浓度值与理论值偏差小于 8%。由此说明式（6-25）适用于避难硐室内空气净化装置配置计算。

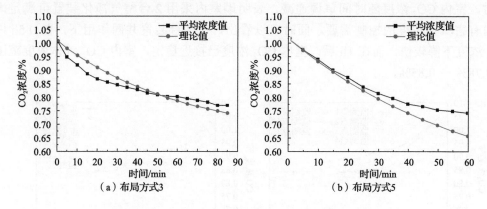

图 6.26 试验数据与理论值比较

（3）空气净化装置布局分析

图 6.27 所示为 50 人型避难硐室内布置 1 台净化装置时两种不同布局情况下室内 $CO_2$ 浓度随时间的变化曲线。由曲线可看出 1 台净化装置时，60min 内室内监测点 $CO_2$ 浓度随时间近似单调线性递增，表明净化装置在此使用期间性能比较稳定，但使用 1 台净化装置不能满足 50 人型硐室内空气净化的需要。同时，可以发现室内各监测点 $CO_2$ 浓度差值较小，浓度差在 0.15% 以内。因此，可认为采用净化装置净化时室内 $CO_2$ 浓度分布比较均匀。

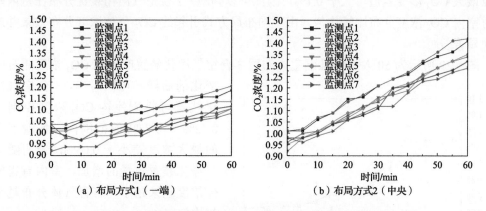

图 6.27 50 人型避难硐室内布置 1 台净化装置时两种不同布局情况下室内 $CO_2$ 浓度随时间的变化曲线

比较图 6.27（a）与（b）发现，硐室内放置 1 台净化装置时，装置位于中央时室内 $CO_2$ 浓度增长梯度明显大于放置于一端时的梯度。当 1 台装置位于硐室一端时，1h 后室内 $CO_2$ 浓度分布为 1.08% ～ 1.22%；而当 1 台装置位于硐室中央时，1h 后室内

$CO_2$ 浓度分布为 $1.28\% \sim 1.42\%$。因此，硐室内仅放置 1 台空气净化装置时，应将装置放置于硐室一端。

图 6.28 所示为 50 人型避难硐室内布置 2 台空气净化装置时两种不同布局情况下室内 $CO_2$ 浓度随时间变化的曲线。可以看出，50 人型避难硐室内配置 2 台净化装置时，室内 $CO_2$ 浓度随时间单调递减，表明硐室内采用 2 台空气净化装置可满足硐室内有害气体浓度的控制需要。同时可以看出，在 2 台装置共同作用下，前 0.5h 内 $CO_2$ 浓度下降较快，而在 1h 后，室内 $CO_2$ 浓度已接近稳定，室内 $CO_2$ 气体浓度范围为 $0.78\% \sim 0.85\%$。

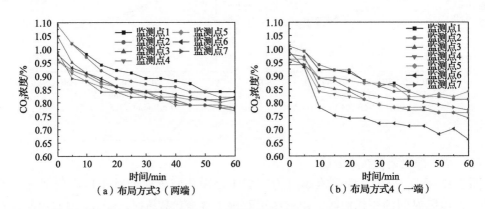

（a）布局方式3（两端）　　　　　　（b）布局方式4（一端）

图 6.28　50 人型避难硐室内布置 2 台空气净化装置时两种不同布局情况下室内 $CO_2$ 浓度随时间变化的曲线

由图 6.28（a）可知，2 台净化装置分布在硐室两端时，室内各测点最大 $CO_2$ 浓度差值小于 $0.07\%$；由图 6.28（b）可知，2 台净化装置并列布置在硐室一端时，室内各测点最大 $CO_2$ 浓度差值可大于 $0.1\%$。因此可以判断，2 台空气净化装置分布在室内两端时室内 $CO_2$ 浓度分布比较均匀，由不同布局方式引起的 $CO_2$ 气体浓度分布效果并未呈现显著差距。

图 6.29 所示为 50 人型避难硐室内布置 3 台空气净化装置时室内 $CO_2$ 浓度随时间变化的曲线。可以看出，3 台空气净化装置可将硐室内 $CO_2$ 浓度控制在 $0.72\% \sim 0.77\%$ 的范围内，各测点之间最大浓度差小于 $0.05\%$，表明随空气净化装置数量的增加，室内有害气体浓度越来越小，有害气体分布越来越均匀。

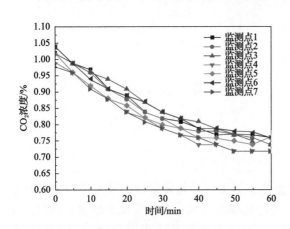

图 6.29　50 人型避难硐室内布置 3 台空气净化装置时室内 $CO_2$ 浓度随时间变化的曲线

3．试验结论

1）空气净化装置的有效净化效率随环境中 $CO_2$ 浓度变化而变化。对风量为 $9.60 \sim 10.08\text{m}^3/\text{min}$、有效净化效率为 16%～25% 的净化装置，50 人型避难硐室采用 1 台净化装置不能满足室内空气净化需要，采用 2 台净化装置可将 $CO_2$ 浓度控制在 0.85% 以下，满足空气净化要求。

2）使用空气净化装置净化吸收 $CO_2$ 气体时，室内各点 $CO_2$ 浓度差值小于 0.15%，随室内空气净化装置数量的增加，有害气体浓度越来越低，分布越来越均匀。

3）采用 2 台空气净化装置时，差异性并不显著，但 2 台净化装置分布在硐室两端时，室内 $CO_2$ 浓度分布比 2 台净化装置并列布置在硐室一端更加均匀。

# 6.4　基于压风的硐室空气幕系统优化

## 6.4.1　系统结构与原理

### 1. 避难硐室空气幕系统结构组成

为了避免事故后产生的有害气体随人员涌入避难硐室，主要通过安装在避难硐室防护密闭门周边的压缩空气幕阻隔巷道有害气体涌入避难硐室。同时，在避难硐室过渡室内安装压缩空气喷淋系统，吹洗掉人员着装上携带的灰尘与有害气体，并通过气体喷淋形成一定的正压环境而尽量减少巷道有害气体的涌入。空气幕与喷淋的气源主要由矿井压风提供，并配备一定量的压缩空气瓶作为辅助备用气源，供气源的压力应不小于 0.3MPa。图 6.30 所示为空气幕与喷淋系统安装实景。

目前，尽管大多数已建的矿井避难硐室在过渡室安装了空气幕与喷淋系统，但实际效果不佳，空气幕与喷淋系统对巷道有害气体的阻隔效果较低，甚至可能由于空气幕的"卷吸效应"加速巷道有害气体涌入避难硐室。根据现场调研，我国矿井避难硐室常见门框尺寸为宽 800mm、高 1600mm，门墙厚度一般为 500～800mm。空气幕主要安装在避难硐室门框的顶部和门框的三侧（上、左、右），且不同矿井避难硐室空气幕系统在结构参数、气流角度等方面存在较大差异。

图 6.30　空气幕与喷淋系统安装实景

避难硐室空气幕系统主要由气源、减压装置、供气管路、阀门及气幕终端连接组成，其结构及工作原理如图 6.31 所示。

在门框尺寸固定和供风压力恒定的条件下，影响空气幕系统阻隔效率的主要因素包括空气幕的结构参数、安装位置与气流角度。管孔气幕的结构参数主要包括孔径与孔间距，气刀空气幕的结构参数主要为缝隙宽度。

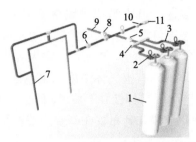

1—压缩空气瓶；2—气瓶减压阀；3—连接软管；4—集流管；5—总阀门；6—联动控制开关；

7—空气幕；8—压缩空气换气阀；9—压风供气管；10—压差传感器；11—消音器。

图 6.31　空气幕系统结构及工作原理 [16]

### 2. 空气幕系统阻隔效率的计算

通过门框的风量 $G_m$ 与空气幕供风量 $G_c$ 之间的线性关系如下 [17]：

$$G_m = G_n - G_c \left( \varphi \sqrt{\frac{S_D}{S_C}} + 1 \right) \qquad (6\text{-}28)$$

式中，　$G_m$ ——通过空气幕门框的风量，$m^3/s$；

　　　　$G_n$ ——通过无空气幕门框的风量，$m^3/s$；

　　　　$G_c$ ——空气幕供风量，$m^3/s$；

　　　　$S_D$ ——门框面积，$m^2$；

　　　　$S_C$ ——空气幕的气流出口面积，$m^2$；

　　　　$\varphi$ ——相关系数。

其中，$\varphi$ 与紊流系数 ($\alpha$) 及喷射角 ($\theta$) 有关，表达式如下：

$$\varphi = \frac{\sqrt{3}}{2} \sqrt{\frac{\alpha}{\cos\theta}} \, \text{th} \frac{\sin\theta\cos\theta}{\alpha} \qquad (6\text{-}29)$$

通常用经过门框的风量减少程度来衡量空气幕对巷道有害气体的阻隔效率，空气幕阻隔效率计算式如下 [18]：

$$\eta_Z = \frac{G_n - G_m}{G_n} \times 100\% \qquad (6\text{-}30)$$

式中，$\eta_Z$ ——空气幕的阻隔效率，%。

若通过空气幕的风量最终进入一个体积为 $V$ 的空间，则式（6-30）可表达如下：

$$\eta_Z = \frac{(G_n - G_m)/V}{G_n/V} \times 100\% \qquad (6\text{-}31)$$

对体积 $V$ 为常数的几何空间，式（6-31）可表达如下：

$$\eta_Z = \frac{C_n - C_m}{C_n} \times 100\% \qquad (6\text{-}32)$$

式中，$C_n$ ——无空气幕时室内的有害气体浓度；

　　　　$C_m$ ——有空气幕时室内的有害气体浓度。

### 6.4.2 试验设计

#### 1. 试验环境与原理

试验在山东国泰科技有限公司的 50 人型避难硐室实验室进行，利用进入避难硐室过渡室前的一段敞开空间模拟井下充满有毒有害气体巷道环境。过渡室的尺寸为长 4m、宽 3.61m、高 3m，敞开空间的尺寸为长 5m、宽 3.61m、高 3m，硐室门框尺寸为宽 0.8m、高 1.6m，门墙厚度 0.72m，门框底边距地高度为 0.33m，如图 6.32 所示。

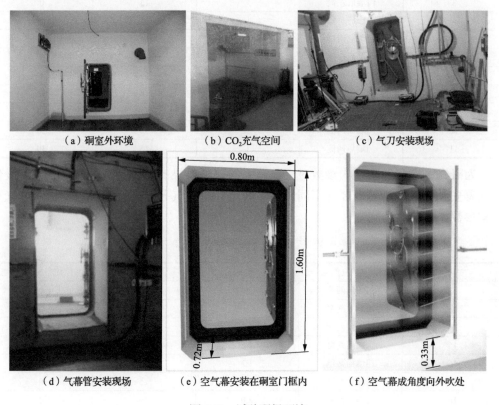

（a）硐室外环境　　　　（b）$CO_2$ 充气空间　　　　（c）气刀安装现场

（d）气幕管安装现场　　（e）空气幕安装在硐室门框内　　（f）空气幕成角度向外吹处

图 6.32　试验现场环境

试验选择 $CO_2$ 气体为标志性气体。用厚度为 1mm 的透明塑料布将敞开空间密封，通过 $CO_2$ 气瓶、连接管路及弥散管道向密封后的空间释放 $CO_2$ 气体，利用风扇搅拌使 $CO_2$ 气体分布均匀，$CO_2$ 气体浓度达到试验要求后，关闭风扇。预先进入生存室的试验人员进入过渡室，并关闭密闭门，调节空气幕供风压力，打开压风控制阀门使空气幕工作，然后打开防护密闭门。通过监测防护密闭门两侧空间中的 $CO_2$ 浓度变化情况，判断空气幕系统对有害气体的阻隔效果。

#### 2. 试验工况设计

试验时将供风压力调为 0.3MPa，空气幕系统供风支管的管径为 25mm。试验在巷道环境中初始 $CO_2$ 浓度为 2% 的情况下进行。为了便于试验结果对比，进行了无空气幕时巷道气体涌入过渡室的试验，并将该组试验列为工况 1。为研究空气幕的安装位置、气流角度对空气幕系统阻隔效果的影响，以孔直径 1mm、孔间距 15mm 的管道空气幕进行了 10 组不同工况的试验测试，不同工况相关参数如表 6.2 所示。

表 6.2 不同安装位置及气流角度的管道空气幕工况

| 工况 | 安装位置 | 孔径 /mm | 孔间距 /mm | 气流角度 / (°) |
| --- | --- | --- | --- | --- |
| 1 | 无空气幕 | — | — | — |
| 2 | 门墙后上侧 | 1 | 15 | 0 |
| 3 | 门墙后左侧 | 1 | 15 | 0 |
| 4 | 门墙后右侧 | 1 | 15 | 0 |
| 5 | 门墙后两侧 | 1 | 15 | 0 |
| 6 | 门墙后三侧 | 1 | 15 | 0 |
| 7 | 门框内两侧 | 1 | 15 | 0 |
| 8 | 门框内三侧 | 1 | 15 | 0 |
| 9 | 门墙后两侧 | 1 | 15 | 10 |
| 10 | 门墙后两侧 | 1 | 15 | 20 |
| 11 | 门墙后两侧 | 1 | 15 | 30 |

为研究管道空气幕结构参数对空气幕系统阻隔效果的影响，基于试验获得的最佳空气幕安装方式，对另外 8 种不同尺寸参数的管道空气幕分别进行试验测试，空气幕结构参数如表 6.3 所示。

表 6.3 不同结构参数的管道空气幕工况

| 工况 | 安装位置 | 孔径 /mm | 孔间距 /mm | 气流角度 / (°) |
| --- | --- | --- | --- | --- |
| 12 | 门墙后两侧 | 1 | 10 | 0 |
| 13 | 门墙后两侧 | 1 | 20 | 0 |
| 14 | 门墙后两侧 | 1.2 | 15 | 0 |
| 15 | 门墙后两侧 | 1.2 | 30 | 0 |
| 16 | 门墙后两侧 | 1.2 | 40 | 0 |
| 17 | 门墙后两侧 | 1.5 | 15 | 0 |
| 18 | 门墙后两侧 | 2.0 | 15 | 0 |
| 19 | 门墙后两侧 | 2.0 | 25 | 0 |

为研究气刀缝隙宽度对空气幕系统阻隔效果的影响，基于试验获得的最佳空气幕安装方式，分别对缝隙宽度为 0.05mm、0.1mm 与 0.2mm 的气刀空气幕进行了 3 组试验测试，具体工况参数如表 6.4 所示。

表 6.4 不同气刀缝隙宽度的试验工况

| 工况 | 安装位置 | 气刀缝隙宽度 /mm | 气流角度 / (°) |
| --- | --- | --- | --- |
| 20 | 门墙后两侧 | 0.05 | 0 |
| 21 | 门墙后两侧 | 0.1 | 0 |
| 22 | 门墙后两侧 | 0.2 | 0 |

**3．试验数据采集**

传感器测量范围为 $0 \sim 10\%$，自动采集系统的数据采集频率为 1 次 /min。数据监测系统由 7 个 $CO_2$ 传感器及自动采集系统组成。其中，过渡室内布置 3 个传感器，编号分别为 1 号、2 号、3 号，模拟环境中布置 4 个 $CO_2$ 传感器，编号分别为 4 号、5 号、6 号、7 号，监测点高度均为 1.05m，试验中 $CO_2$ 浓度监测点分布如图 6.33 所示。

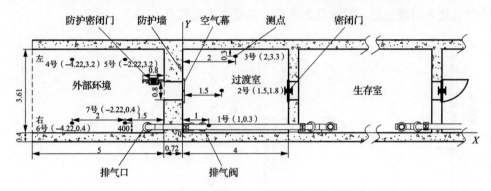

图 6.33　试验中 $CO_2$ 浓度监测点分布

**4．试验过程**

矿井事故后，分布在井下不同工作区域的工作人员将在不同时刻达到避难硐室。若同一工作区的幸存人员同时到达避难硐室，以每个工作区人数最多 20 人，平均每人穿过门框耗时 10s 计算，则需耗时 200s，考虑到打开与关闭防爆密闭门消耗的时间。本试验中以 5min 为试验参考时间。具体试验过程如下。

1）根据试验工况要求将待测空气幕安装到相应位置，在 0.3MPa 的管道压风供风情况下检查空气幕系统的状态，确保空气幕系统无堵塞、无泄漏。

2）开启电源检查监测系统，确保所有传感器正常且读数可上传到监控系统平台。

3）关闭防护密闭门，密封外部环境空间，然后向该空间充 $CO_2$ 气体，并利用风扇搅拌，直到 $CO_2$ 气体浓度为 2% 后关闭风扇，将 $CO_2$ 充气流量分别调到 12L/min 和 13L/min。

4）在供风压力 0.3MPa 时开启空气幕供风阀门，空气幕工作后迅速打开防护密闭门，观察防护密闭门开启后外环境与过渡室内 $CO_2$ 浓度变化情况，持续时间为 5min。

5）关闭空气幕供风阀门，将过渡室内 $CO_2$ 浓度降到正常浓度值。

重复以上试验步骤完成所有待测工况。

### 6.4.3　影响因素分析

**1．气幕安装数量分析**

图 6.34 所示为没有空气幕（工况 1）与空气幕安装在硐室门墙后不同位置（工况 2～工

况 6）时不同监测点 $CO_2$ 浓度随时间的变化情况。可以看出，室外 $CO_2$ 浓度约为 2% 时，打开硐室防护密闭门后的 2min 内，室外气体快速涌入过渡室内，室外与生存室内 $CO_2$ 浓度差值快速减小。在无空气幕时，试验 5min 后过渡室内 $CO_2$ 浓度达到 1.3% ~ 1.5%，平均浓度 1.4%；空气幕工作时，试验 5min 后过渡室内的 $CO_2$ 平均浓度均在 1.0% 以下，由此说明，避难硐室空气幕对巷道有害气体具有一定的阻隔效果。需要注意的是，在图 6.34（a）中，由于监测点 2 正对门框中部，且距离门框距离较近，无空气幕时，$CO_2$ 混合气体进入过渡室后，监测点 2 的 $CO_2$ 浓度高于监测点 1、3。

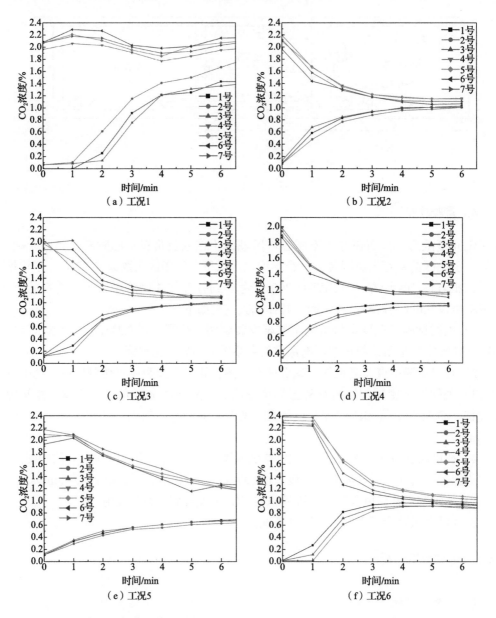

图 6.34　无空气幕与空气幕安装在硐室门墙后不同位置时不同监测点 $CO_2$ 浓度随时间的变化情况

根据物质守恒定律，结合图 6.34（a）中 2 ～ 4min 的试验数据，可计算出无空气幕时有害气体穿过避难硐室门框的速率为 0.17m/s。气体流入门框时，雷诺数约为 10000，因此可以判断有害气体流经门框时为湍流状态。

由图 6.34（b）与（f）看出，空气幕分别安装在门墙后紧贴门框上侧和三侧时，试验 5min 后室外与过渡室内的 $CO_2$ 浓度已接近相等，空气幕系统对有害气体阻隔效果较差。其原因如下：当空气幕安装在门框三侧时，上侧空气幕喷出的气流对左右两侧空气幕喷出气流的冲击作用造成气流紊乱，产生气流"卷吸"作用而加速有害气体进入过渡室内的速度，因而对有害气体的阻隔效果最差；当空气幕安装在门框上侧时，由于气流的衰减，门框下侧的气流风速变小，对有害气体的阻隔效果也较差。由图 6.34（c）～（e）看出，空气幕安装在左侧、右侧或两侧时，短时期内（5min 以内）均能形成一定浓度差，其阻隔效果比空气幕安装在门框上侧和三侧时的阻隔效果好。通过比较还可看出，空气幕安装在门框两侧时，短期内到达平衡后过渡室 $CO_2$ 浓度最低，与室外浓度差值最大，对有害气体的阻隔效果最好，结合图 6.34（a）与（e）的 $CO_2$ 浓度值及式（6-32），计算出空气幕阻隔效率在 55% ～ 60% 范围内。

**2. 气幕安装在门框内、外的有害气体阻隔效果分析**

图 6.35 所示为空气幕安装在硐室门框内不同安装数量（工况 7 与工况 8）时不同测点 $CO_2$ 浓度随时间的变化情况。可以看出，空气幕位于门框内时，安装在门框左右两侧比安装在门框三侧具有更好的阻隔效果。由图 6.35（a）可知，空气幕安装在门框内两侧时，试验 5min 后过渡室内 $CO_2$ 浓度小于 0.9%，与室外浓度差值约为 0.2%；而由图 6.35（b）可知，空气幕安装在门框内三侧时，室内外 $CO_2$ 浓度差值小于 0.1%。由图 6.34（e）中曲线可知，当空气幕安装在门墙后两侧时，5min 后过渡室内 $CO_2$ 浓度小于 0.7%，与室外平均浓度差值为 0.7%。由图 6.35（a）与图 6.34（e）比较可以判断，安装在硐室门墙后的空气幕比安装在门框内的空气幕具有更好的阻隔效果。其原因是空气幕安装在门框内时，门框两侧墙壁对气流的反射作用引起气流方向紊乱，造成一定的卷吸作用。

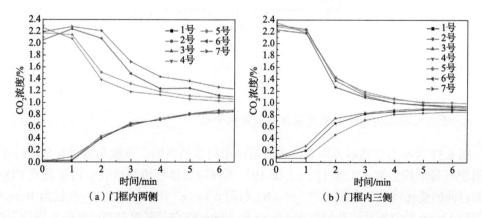

图 6.35  空气幕安装在硐室门框内不同安装数量（工况 7 与工况 8）时
不同测点 $CO_2$ 浓度随时间的变化情况

3. 气流喷射角度

图 6.36 所示为空气幕分别安装在硐室门墙后两侧、气流角度不同（工况 9～工况 11）时有害气体环境与过渡室内监测点 $CO_2$ 浓度随时间的变化情况。可以看出，试验 5min 后，气流向外 10° 喷出时，过渡室内 $CO_2$ 浓度为 0.9%，室内外浓度差值小于 0.3%；气流向外 20° 喷出时，过渡室内 $CO_2$ 浓度为 1.0%，室内外浓度差值小于 0.2%；气流向外 30° 喷出时，过渡室内 $CO_2$ 浓度为 0.9%，室内外浓度差值小于 0.2%。与图 6.34（e）比较可知，气流角度与门框平行时的阻隔效果比气流角度向外成 10°、20°、30° 角度时的阻隔效果好，随着气流角度的增加，阻隔效率有所下降。其原因为空气流斜着门墙流出时，在门框墙壁的阻挡作用下，气流产生反射而引起风流紊乱。

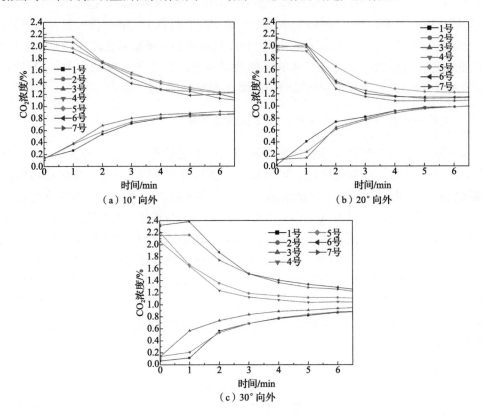

图 6.36　空气幕分别安装在硐室门墙后两侧、气流角度不同（工况 9～工况 11）时有害气体环境与过渡室内监测点 $CO_2$ 浓度随时间的变化情况

4. 管道气幕结构尺寸对空气幕阻隔效果的影响

图 6.37 所示为空气幕分别安装在避难硐室门墙后两侧、气流角度平行门框时不同管道空气幕结构参数（工况 12～工况 19）下有害气体环境与过渡室内监测点 $CO_2$ 浓度随时间的变化情况。由图 6.37（a）、（b）和图 6.34（e）比较可以看出，孔径为 1mm 时，孔间距 15mm 的空气幕比孔间距为 10mm 和 20mm 的空气幕对有害气体的阻隔效果好；由图 6.37（c）～（e）可以看出，孔径为 1.2mm 时，孔间距 30mm 的空气幕比孔间距

为 15mm 和 40mm 的空气幕对有害气体的阻隔效果好。其中，空气幕的孔径为 1.2mm、孔间距为 30mm 时，试验 5min 后过渡室内 $CO_2$ 最小浓度值为 0.8%，$CO_2$ 平均浓度差为 0.6%；由图 6.37（c）、（f）、（g）看出，孔间距为 15mm 时，孔径为 1mm 的空气幕比孔径为 1.2mm、1.5mm 与 2.0mm 的空气幕对有害气体的阻隔效果好；由图 6.37（g）看出，孔径为 2.0mm、孔距为 25mm 时，过渡室内 $CO_2$ 最小浓度值为 0.75%，$CO_2$ 浓度差值达 0.25%，对巷道有害气体的阻隔效果较差；由图 6.34（e）与图 6.37（d）比较可以看出，孔径为 1mm、孔距为 15mm 的空气幕对有害气体的阻隔效果最好，其次为孔径为 1.2mm、孔距为 30mm 的空气幕。

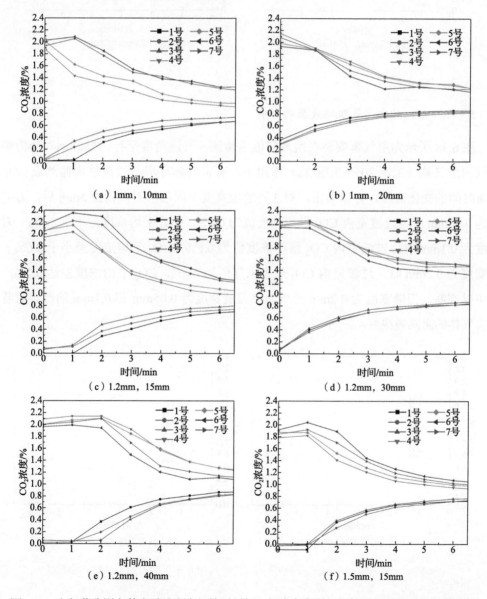

图 6.37　空气幕分别安装在避难硐室门墙后两侧、气流角度平行门框时不同管道空气幕结构参数（工况 12～工况 19）下有害气体环境与过渡室内监测点 $CO_2$ 浓度随时间的变化情况

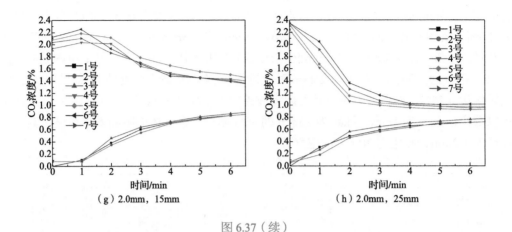

（g）2.0mm，15mm  　　　（h）2.0mm，25mm

图 6.37（续）

### 5. 气刀结构对空气幕阻隔效果的影响

图 6.38 所示为空气幕安装在硐室门墙后两侧、气流角度平行门框时不同结构参数的气刀空气幕（工况 20 ～工况 22）作用下，有害气体环境与过渡室内监测点 $CO_2$ 浓度随时间的变化情况。可以看出，对 3 种缝隙宽度不同的气刀，试验 5min 后，刀缝宽度为 0.05mm 时，过渡室内 $CO_2$ 最小浓度值为 0.8%，$CO_2$ 平均浓度差小于 0.5%；刀缝宽度为 0.1mm 时，过渡室内 $CO_2$ 最小浓度值为 0.8%，$CO_2$ 平均浓度差小于 0.6%；刀缝宽度为 0.2mm 时，过渡室内 $CO_2$ 最小浓度值为 0.6%，$CO_2$ 平均浓度差达 0.7%。由此可以判断，刀缝宽度为 0.2mm 的气刀比刀缝宽度为 0.05mm 和 0.1mm 的气刀对巷道有害气体的阻隔效果好。

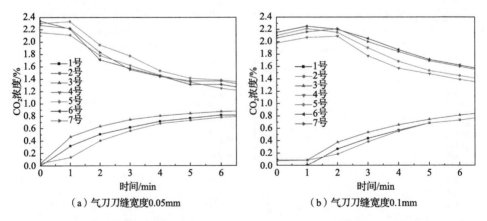

（a）气刀刀缝宽度0.05mm  　　　（b）气刀刀缝宽度0.1mm

图 6.38　空气幕安装在硐室门墙后两侧、气流角度平行门框时不同结构参数的
气刀空气幕（工况 20 ～工况 22）作用下，有害气体环境与过渡室内监测点 $CO_2$ 浓度
随时间的变化情况

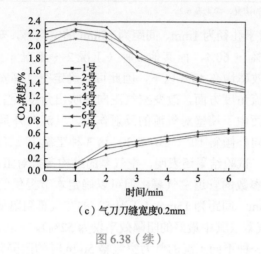

（c）气刀刀缝宽度0.2mm

图 6.38（续）

## 6.4.4　系统优化

参照工况 1 中试验数据，根据式（6-32），可计算出管道空气幕在 19 种不同工况下，在 5min 时对巷道环境中有害气体的阻隔效率，如表 6.5 所示。

表 6.5　不同安装位置、孔径、孔间距及气流角度下的阻隔效率

| 工况 | 安装位置 | 孔径 /mm | 孔间距 /mm | 气流角度 / (°) | 5min 内阻隔效率 /% |
| --- | --- | --- | --- | --- | --- |
| 2 | 顶部 | 1 | 15 | 0 | 27～30 |
| 3 | 左侧 | 1 | 15 | 0 | 31～32 |
| 4 | 右侧 | 1 | 15 | 0 | 25～29 |
| 5 | 两侧 | 1 | 15 | 0 | 55～60 |
| 6 | 三侧 | 1 | 15 | 0 | 30～35 |
| 7 | 门墙内两侧 | 1 | 15 | 0 | 37～40 |
| 8 | 门墙内三侧 | 1 | 15 | 0 | 35～38 |
| 9 | 两侧 | 1 | 15 | 10 | 35～40 |
| 10 | 两侧 | 1 | 15 | 20 | 28～30 |
| 11 | 两侧 | 1 | 15 | 30 | 36～41 |
| 12 | 两侧 | 1 | 10 | 0 | 48～52 |
| 13 | 两侧 | 1 | 20 | 0 | 39～44 |
| 14 | 两侧 | 1.2 | 15 | 0 | 43～50 |
| 15 | 两侧 | 1.2 | 30 | 0 | 41～43 |
| 16 | 两侧 | 1.2 | 40 | 0 | 30～35 |
| 17 | 两侧 | 1.5 | 15 | 0 | 37～40 |
| 18 | 两侧 | 2.0 | 15 | 0 | 38～41 |

| 19 | 两侧 | 2.0 | 25 | 0 | 47～50 |

注：工况1为无空气幕时的情况，参见表6.2。

由表 6.5 可知，对于孔径为 1mm、间距为 15mm 的空气幕，安装在门墙后两侧（工况 5）阻隔效率为 55%～60%，而其他 6 种（工况 2～工况 4，工况 6～工况 8）安装位置的空气幕阻隔效率均在 40% 以下，因此可以确定空气幕安装在门墙后两侧优于其他安装方式。在气流角度方面，改变空气流向外吹出角度后空气幕阻隔效果并未呈现线性相关关系，然而由于墙壁对气流的反射作用，气流向外呈现一定角度后阻隔效率有所降低，在气流向外倾斜 10°、20°、30° 这 3 种工况下（工况 9～工况 11）最好的阻隔效率仅达 41%。试验结果还表明，空气幕的结构参数对阻隔效率具有显著影响。尽管未得出最佳结构参数的管道空气幕，但可以确定本节提供的 9 种不同参数的管道空气幕中，孔径为 1mm、间距为 15mm（工况 5）的空气幕阻隔效果优于其他 8 种（工况 12～工况 19）空气幕（其中最好的阻隔效率仅为 52%）。

同理，可计算出 3 种不同工况的气刀空气幕 5min 时的阻隔效率，如表 6.6 所示。

表 6.6　不同气刀缝隙宽度下的阻隔效率

| 工况 | 安装位置 | 气刀缝隙宽度 /mm | 气流角度 /（°） | 5min 内阻隔效率 /% |
| --- | --- | --- | --- | --- |
| 20 | 两侧 | 0.05 | 0 | 40～46 |
| 21 | 两侧 | 0.1 | 0 | 43～48 |
| 22 | 两侧 | 0.2 | 0 | 52～56 |

由表 6.6 可知，对于气刀，随着气刀缝隙宽度的增加，阻隔效率有所增加，当气刀缝隙宽度为 0.2mm 时，阻隔效率为 52%～56%，对有害气体的阻隔效果与孔径 1mm、间距 15mm 的管道气幕未存在显著性差异。然而，由于气刀缝隙宽度较小，容易受到供风质量及环境的影响，气源与环境中的杂质进入气刀缝隙后易造成局部受阻，并难以恢复。另外，由于气刀的结构比较精密，对材质要求较高，其经济成本接近管道空气幕的 20 倍，远高于管道空气幕的成本。

通过对试验数据的分析与比较，可对空气幕进行以下优化。

1）对于结构形式及参数相同的空气幕，空气幕安装在避难硐室门墙后门框的两侧时对巷道有害气体的阻隔效果优于其他安装方式。

2）从空气幕吹出的空气流向外成一定角度时，门框内两侧墙壁对气流的反射作用使门框内气流紊乱，促使巷道有害气体进入过渡室。因此，气流角度与门框平行比向外成一定角度对有害气体的阻隔效果更有利。

3）对于管道空气幕，孔径为 1mm、孔间距为 15mm 的空气幕阻隔效果较好；对于气刀，气刀缝隙宽度为 0.2mm 的空气幕阻隔效果较好。

4）在 $CO_2$ 浓度为 2% 的外部环境中，孔径为 1mm、孔间距为 15mm 的管道空气幕安装在门框两侧且气流角度与门框平行时，对巷道有害气体的有效阻隔率为 55%～60%。

　　5）孔径为 1mm、孔间距为 15mm 的管孔气幕与气刀缝隙宽度为 0.2mm 的气刀对巷道内有害气体的阻隔效果无显著性差异。为节约建设成本，推荐选择管孔结构空气幕。

# 参 考 文 献

[1] TRACKEMAS J D, THIMONS E D, BAUER E R, et al. Facilitating the use of built-in-place refuge alternatives in mines[R]. Washington DC: National Inst. for Occupational Safety and Health, 2015.

[2] 余秉良，张恒太，牟晓非，等．低浓度一氧化碳对人体生理功能的影响 [J]．航天医学与医学工程，1997, 10(5): 328-332.

[3] 牟晓非，钟浩，余秉良．低浓度一氧化碳对视觉功能影响的研究 [C]// 第三届全国人－机－环境系统工程学术会议论文集，1997: 215-220.

[4] 张祖敬，王克全．矿井避难硐室环境有害气体浓度控制技术 [J]．煤炭科学技术，2015, 43(3): 59-63.

[5] 王英敏．矿内空气动力学与矿井通风系统 [M]．北京：冶金工业出版社，1994.

[6] 李磊，黄园月，宝海忠．金属矿山井下压风自救系统参数设计 [J]．金属矿山，2012, 434(8): 150-152.

[7] 张永强．大柳煤矿压风自救系统设计方案 [J]．煤矿安全，2013, 44(8): 181-183.

[8] MENG X J, WANG Y, LIU T N, et al. Influence of radiation on predictive accuracy in numerical simulations of the thermal environment in industrial buildings with buoyancy-driven natural ventilation[J]. Applied thermal engineering, 2015, 96: 473-480.

[9] SORENSEN D N, NIELSEN P V. Quality control of computational fluid dynamics in indoor environments [J]. Indoor air, 2003, 13(1): 2-17.

[10] ZHANG S, WU Z, ZHANG R, et al. Dynamic numerical simulation of coal mine fire for escape capsule installation[J]. Safety science, 2012, 50(4): 600-606.

[11] 尤飞，金龙哲，韩海荣，等．避难硐室压风供氧系统压风量研究 [J]．中国安全科学学报，2012, 22(07): 116-120.

[12] 李芳玮，金龙哲，韩海荣，等．矿井避难硐室压风供风量及其载人实验 [J]．辽宁工程技术大学学报（自然科学版），2013, 32(1): 55-58.

[13] 金龙哲．避难硐室供风量的研究与试验 [C]// 中国职业安全健康协会 2013 年学术年会论文集，2013, 10: 946-952.

[14] ZHANG Z J, YUAN Y P, WANG K Q. Effects of number and layout of air purification devices in mine refuge chambers[J]. Process safety and environmental protection, 2016, 105: 338-347.

[15] NORFLEET W, HORN W. Carbon dioxide scrubbing capabilities of two new non-powered technologies[J]. Habitation, 2003, 9(1-2): 67-78.

[16] ZHANG Z J, YUAN Y P, WANG K Q, et al. Experiencial study on influencing factors of air curtain systems barrier efficiency for mine refuge chamber[J]. Process safety and environmental protection, 2016, 102: 534-546.

[17] 巴图林．工业通风原理 [M]．刘永年，译．北京：中国工业出版社，1965.

[18] 湖南大学，同济大学，太原工学院．工业通风 [M]．北京：中国建筑工业出版社，1980.

# 第7章 基于压风的避难硐室热湿环境保障技术

## 7.1 压风状态下矿井避难硐室传热特性研究

接入避难硐室的矿井压风不仅可以供氧、净化有害气体与除湿，还具有一定的降温作用。在压风状态下，矿井避难硐室内"围岩－空气－人体热源"的动态耦合传热特性受室内热源功率、墙体面积、围岩热物性、供风量与供风温度等参数的影响。由于供风管路较长（>1km），且接入避难硐室前50m的管路一般进行了埋地保护，进入硐室内的供风温度与围岩温度接近。本节将重点研究在供风温度与初始围岩温度相等时，避难硐室内围岩与空气的动态耦合传热特性。通过建立墙体厚度为2.5m的50人型避难硐室几何模型，利用Fluent软件深入分析避难硐室动态传热特性及影响因素。根据分析结果，建立供风温度与初始围岩温度相等条件下避难硐室室温热工计算方法，为判断矿井压风是否满足避难硐室控温要求提供理论支撑。

### 7.1.1 压风状态下避难硐室传热过程理论分析

（1）压风状态下的室温计算

实际工程中，利用矿井压风控制避难硐室环境温度时室温是动态变化的。在单位时间内，室温增长值较小，由于室内空气吸收的热量远小于围岩吸收的热量和通风带走的热量，因此可以忽略室内空气温度上升吸收的热量，根据能量守恒定理有

$$G\rho_a C_a \left[ T(0,\tau) - T_{in} \right] + q(\tau) A_w = Q \tag{7-1}$$

式中，$T_{in}$——避难硐室内进风口的供风温度，℃。

根据牛顿冷却定律，对围岩壁面有

$$q(\tau) = h \left[ T(0,\tau) - T(r_0,\tau) \right] \tag{7-2}$$

通过式（7-1）与式（7-2）的转换，可得

$$q(\tau) = \frac{hG\rho_a C_a}{G\rho_a C_a + \alpha A_w} \left[ \frac{Q}{G\rho_a C_a} + T_{in} - T(r_0,\tau) \right] \tag{7-3}$$

故利用矿井压风控温时，避难硐室壁面边界条件为

$$-\lambda \frac{\partial t(r,\tau)}{\partial r} \bigg|_{r=r_0} = \frac{hG\rho_a C_a}{G\rho_a C_a + \alpha A_w} \left[ \frac{Q}{G\rho_a C_a} + T_{in} - T(r_0,\tau) \right] = h_0 \left[ T_q - T(r_0,\tau) \right] \tag{7-4}$$

令

$$h_0 = \frac{hG\rho_a C_a}{G\rho_a C_a + \alpha A_w} = \text{const} , \quad T_q = \frac{Q}{G\rho_a C_a} + T_{in} = \text{const}$$

则可将压风通风时避难硐室内的传热过程等效为恒温边界条件下的深埋地下建筑传热过程求解。参照式（3-36），通风状态下避难硐室围岩表面温度可近似计算为

$$T(r_0,\tau) = \left( \frac{Q}{G\rho_a C_a} + T_{in} - t_0 \right) f_1(Fo,Bi) + T_0 \tag{7-5}$$

根据式（7-2）、式（7-3）和式（7-5）可推导出，压风状态下避难硐室内环境温度增长值可近似计算为

$$\Delta T(0,\tau) = \frac{hA_w}{G\rho_a C_a + hA_w} \left( \frac{Q}{G\rho_a C_a} + T_{in} - T_0 \right) f_1(Fo,Bi) + \frac{Q + G\rho_a C_a (T_{in} - T_0)}{G\rho_a C_a + hA_w} \tag{7-6}$$

当供风温度与初始围岩温度相等（即 $T_{in} = T_0$）时，室内环境温度可计算为

$$T(0,\tau) = \frac{hA_w Q}{G\rho_a C_a (G\rho_a C_a + hA_w)} f_1(Fo,Bi) + \frac{Q}{G\rho_a C_a + hA_w} + T_0 \tag{7-7}$$

尽管由式（7-7）可近似预测出压风状态下避难硐室环境温度随时间的变化，但由于 $f_1(Fo,Bi)$ 的计算过于复杂，式（7-7）在工程设计中难以发挥作用。

（2）恒温状态下避难硐室需风量计算

根据《暂行规定》要求，避难硐室内温度达到 35℃后，必须采取降温措施使室内环境温度不高于 35℃。假设压风控温过程中避难硐室内环境温度维持在恒定的温度 $T_c$，即恒温使用过程，则根据牛顿冷却定律，对围岩壁面有

$$q(\tau) = h\left[ T_c - T(r_0,\tau) \right] \tag{7-8}$$

出风口温度等于室内环境温度，即 $T_{out} = T_c$，由能量守恒定理有

$$G\rho_a C_a (T_{out} - T_{in}) = G\rho_a C_a (T_c - T_{in}) = Q - q(\tau) A_w \tag{7-9}$$

式中，$T_{out}$——避难硐室排风口温度，℃。

结合式（3-36），可求解出维持避难硐室内恒温的供风量为

$$G = \frac{Q - q(\tau) A_w}{\rho_a C_a (T_c - T_{in})} = \frac{Q - hA_w \left[ T_c - T(r_0,\tau) \right]}{\rho_a C_a (T_c - T_{in})} = \frac{Q - hA_w (T_c - T_0)\left[ 1 - f_1(Fo,Bi) \right]}{\rho_a C_a (T_c - T_{in})} \tag{7-10}$$

### 7.1.2　压风状态下避难硐室传热数值模型

（1）数值模型与网格划分

根据表 3.9 中所列围岩调热圈的计算方法，在 96h 的防护期内，位于砂岩中的避难硐室围岩调热圈的影响范围约为 2m。因此，本节建立了一个墙体厚度为 2.5m 的 50 人型避难硐室物理模型，如图 7.1 所示。

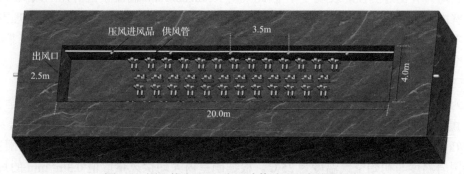

图 7.1　压风状态下 50 人型矿井避难硐室物理模型

为了与第 4 章 4.1 节的试验结果进行比较,在该模型中避难硐室内部尺寸与试验硐室尺寸相同（长 20m、宽 4m、高 3m）。沿硐室长边两侧各设有 5 个直径为 0.075m 的进风口。进风口距离地面高 1.8m,相邻进风口之间的距离为 3.5m。避难硐室两端各设有一个直径为 0.225m 的排风口,排风口中心点距离地面高 2.7m。室内人体模型尺寸与人员分布与图 4.5 中的物理模型相同。

为了保证数值计算结果与网格无关,分别对网格数为 $9.7\times10^5$、$15.6\times10^5$、$21.3\times10^5$、$27.5\times10^5$、$31.5\times10^5$ 和 $41.4\times10^5$ 的 6 种不同网格进行相同工况下的无关性分析。

图 7.2 比较了相同的工况下 6 种不同网格模型下避难硐室内环境温度随时间的变化情况。可以看出,当网格数为 $21.3\times10^5$ 以上时,数值计算结果与网格无关。考虑到计算资源的经济性,选用网格数为 $27.5\times10^5$ 的网格模型。

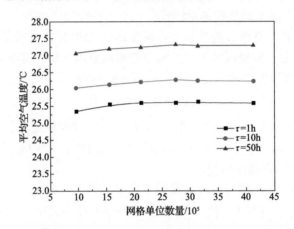

图 7.2　不同网格模型下避难硐室内环境温度随时间的变化情况

（2）湍流模型设置

根据避难硐室内人均供风量的要求,本节分析中避难硐室内人均供风量限制在 $100\sim500$L/min 的范围。根据雷诺数（$Re$）的定义式可计算出 $Re$ 的范围为 $(0.11\times10^5)\sim(2.81\times10^6)$,即在压风供给状态下,避难硐室中的空气流动状态可视为湍流状态。Realizable $k$-$\varepsilon$ 湍流模型在分析封闭空间的流动与传热时,在气流、温度与压力方面均具有良好的性能表现 [1-6],因此采用 Realizable $k$-$\varepsilon$ 湍流模型研究压风供给状态下硐室内围岩与空气的动态传热过程。在湍流模型中,选择了强化壁面作用的处理方法,同时考虑了压力梯度效应和热效应,并考虑了重力作用下的空气浮力效应。避难硐室内的空气流速较低,几乎没有机械能转化为热能,因此忽略了黏性加热。

（3）初始条件与边界条件

为了确保避难硐室围护结构的稳定性与安全性,避难硐室通常建造在力学强度优于煤岩的砂岩巷道中。常见砂岩的导热系数、比热容和密度分别为 $2$W/(m·K)、$920$J/(kg·K) 和 $2400$kg/m³。硐室内人体表面的热流密度为 $60$W/m²。矿井避难硐室的初始围岩温度与初始空气温度为 $25℃$。根据硐室内人均供风量取值 $0.3$m³/min 的规定,可计算出模型中 10 个进风口同时工作时进风口风速为 $6$m/s,供风温度为 $25℃$。

（4）其他求解设置

重力加速度取值为 $9.81m/s^2$，压力为 101325Pa。空气密度采用 Boussinesq 假设，初始空气密度为 $1.225kg/m^3$。采用 PISO 数值计算方法进行瞬态计算。压力、动力、湍动能、能量、时间及组分等选项均采用二阶迎风格式进行离散。能量项的收敛标准为 $10^{-6}$，其余选项收敛标准为 $10^{-3}$。通过不同时间步长的取值计算，证明在数值计算收敛的情况下，在时间步长 1～30s 内计算结果不受影响。在本研究所涉及的数值分析中，时间步长在计算逐步收敛后的最终取值为 10s。

（5）模型验证

为了利用第 4 章 4.1 节的试验结果对上述数值模型进行验证，通过该模型分析了自然对流状态下硐室内温度随时间的变化特征。其中，围岩热物理参数、人体边界的总热流密度及初始条件与第 4 章中的试验参数保持一致，即围岩密度为 $1600kg/m^3$、比热容为 $840J/(kg \cdot K)$、导热系数为 $0.81W/(m \cdot K)$、人体表面热流密度为 $60W/m^2$。避难硐室的初始环境温度为 25℃，初始围岩温度为 22.3℃。结合试验结果的有效性，数值分析的总时长为 10.5h。

图 7.3 比较了数值计算的平均空气温度与试验获得的平均空气温度随时间的变化情况，并以初始围岩温度为参照值绘制出二者之间的偏差曲线。可以看出，数值计算结果与试验结果具有相同的变化趋势。在 0.5～10.5h 内二者之间的温差小于 0.5℃。在 0.5～1h 内偏差从 3.3% 减小到 2%，而在 1～10.5h 内偏差值范围为 2%～3%，数值计算结果与试验结果比较接近，证明了数值模型的可靠性。

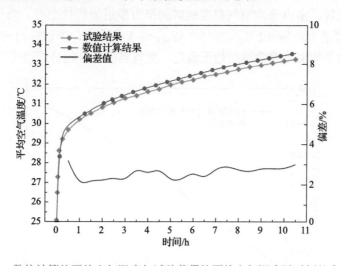

图 7.3　数值计算的平均空气温度与试验获得的平均空气温度随时间的变化情况

### 7.1.3　动态传热特性

（1）室温上升趋势

图 7.4 所示为 96h 内避难硐室内平均空气温度随时间的变化曲线。可以看出，室内平均空气温度随时间单调递增。在压风控温状态下，避难硐室内环境温度仍呈现出在

避灾初期快速上升而后进入缓慢增长的变化特征。在快速上升期间,室内平均空气温度在 0.5h 内从 25℃ 迅速上升到 30.2℃ 左右,增长幅度为 5.2℃。在 96h 时,室内平均空气温度为 32.73℃,即在 0.5 ~ 96h 内室内平均空气温度增长幅度小于 3℃。可推断出当初始围岩温度为 27℃ 时,在 96h 时避难硐室中的气温将小于 35℃。以上表明:对建造在砂岩中初始围岩温度小于 27℃ 的避难硐室,当人均供风量为 $0.3m^3/min$ 时,室内平均空气温度不超过 35℃,不需采取通风以外的控温措施。

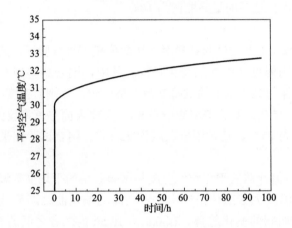

图 7.4　96h 内避难硐室内平均空气温度随时间的变化

图 7.5 所示为在缓慢升温期 1 ~ 96h 内避难硐室内平均空气温度随时间平方根的变化曲线。可以发现,室内平均空气温度随时间平方根近似线性上升。当 $\tau$ =1h 时,预测值与线性值之差最大,为 0.2℃。当 $1h^{1/2} \leqslant \sqrt{\tau} \leqslant 3.5h^{1/2}$ 时,差值随时间逐渐减小。这可能是由于表面平均换热系数逐渐趋于稳定、空气温度上升趋势缓慢所致。

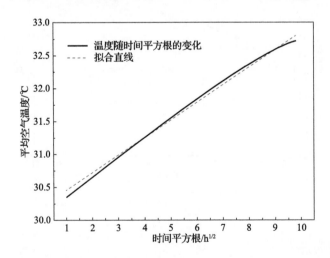

图 7.5　缓慢升温期 1 ~ 96h 内避难硐室内平均空气温度随时间平方根的变化

根据数值计算结果,拟合直线的数学表达式为 $y=0.2625x+30.203$,$R^2=0.9956$。因此,在缓慢升温期 1 ~ 96h 内,避难硐室平均环境温度可以表示为

$$T(0,\tau) = K\sqrt{\tau} + b = K\sqrt{\tau} + B + T_0 \qquad (7\text{-}11)$$

式（7-11）表明在初始围岩温度已知的情况下，预测压风状态下避难硐室内的环境温度首先需要确定 $K$ 与 $B$ 的计算方法。$K$ 值与 $B$ 值可能受围岩的热物性、供风量、热源功率和硐室墙壁面积等因素的影响。在这些主要控制因素中，围岩的热物性参数独立于其他影响因素。因此，$K$ 值与 $B$ 值的计算式可以假设如下：

$$K = f(G, Q, A_w, h, \lambda, \rho, C_p) = f(G, Q, A_w, h)f(\lambda, \rho, C_p) \qquad (7\text{-}12)$$

$$B = F(G, Q, A_w, h, \lambda, \rho, C_p) = F(G, Q, A_w, h)F(\lambda, \rho, C_p) \qquad (7\text{-}13)$$

在影响因素分析中，将主要讨论不同因素引起的 $K$ 值和 $B$ 值的变化，得出相应的计算方法。

（2）温度分布

图 7.6 显示了在 0.5h、1h、10h、40h、70h、96h 共 6 个不同时刻矿井避难硐室内的环境温度分布。可以看出，在 0.5h 时室内环境温度分布均匀性较差，温度范围为 $27 \sim 30.5℃$，进风口下部与受射流影响区域的空气温度相对较低。随着时间的增加，环境温度分布越来越均匀。在 1h 时，硐室环境温度为 $28.5 \sim 31℃$；在 10h 时，环境温度为 $29.5 \sim 31.5℃$，相差小于 $2℃$；在 40h 时，环境温度为 $31 \sim 32.5℃$，并可观察到 0.5m 范围内的围岩温度从外向里逐步上升；在 70h 时，环境温度为 $31.5 \sim 33℃$；在 96h 时，室内环境温度整体低于 $34℃$，温差小于 $1.5℃$。

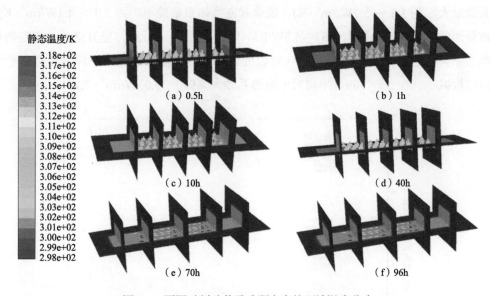

图 7.6　不同时刻矿井避难硐室内的环境温度分布

图 7.7 显示了在 2h、10h、40h、50h、70h、96h 共 6 个不同时刻矿井避难硐室围岩温度的分布。可以看出，随着时间的延长，围岩温度影响区域逐渐扩大。在 2h 时，壁面温度约为 $26.5℃$，围岩影响区主要集中在壁面附近。在 10h 时，壁面温度超过 $27℃$，岩石受影响范围较 2h 时显著增加，从 40h、50h、70h、96h 的温度可以看出，围岩温

度影响区随时间逐步呈环形向外扩展。96h 时受影响区域的半径约为 2.2m，小于 2.5m，与文献 [7] 中给出的 2m 参考值比较接近。

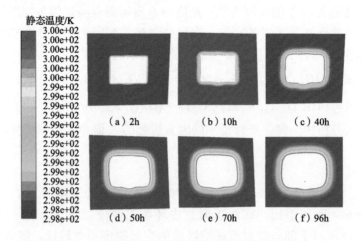

图 7.7　不同时刻矿井避难硐室围岩温度的分布

（3）对流换热系数

图 7.8 所示为不同方向围岩表面对流换热系数随时间的变化曲线。可以看出，在不同方向的围岩表面，对流换热系数存在一定的差异。具体表现如下：竖直壁面对流换热系数最大，为 $5.3 \sim 5.7 \mathrm{W/(m^2 \cdot K)}$，底面对流换热系数最小，为 $3.9 \sim 4.1 \mathrm{W/(m^2 \cdot K)}$，顶部壁面的对流换热系数为 $4.6 \sim 4.8 \mathrm{W/(m^2 \cdot K)}$。在 $5 \sim 30 \mathrm{h}$ 内，竖直壁面对流换热系数略有下降，这可能是由于硐室内环境温度逐渐均匀，热浮力作用下降而使竖直壁面气流速度减小。在 $5 \sim 96 \mathrm{h}$，平均对流换热系数为 $4.91 \sim 5.03 \mathrm{W/(m^2 \cdot K)}$。

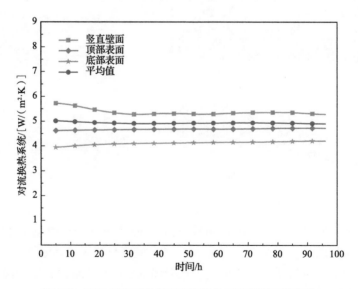

图 7.8　不同方向围岩表面对流换热系数随时间的变化

### 7.1.4 影响因素分析

通风控温时,避难硐室围岩与空气的动态耦合传热特性受围岩的热物性、初始围岩温度、硐室墙壁面积、室内热源功率、供风量及供风温度等因素的影响。本节仅研究供风温度与初始围岩温度相等时的情况。由于当供风温度与初始围岩温度相等时,室温的增长趋势与初始围岩温度无关,本研究将不考虑供风温度和初始围岩温度的影响。为了研究其余控制性因素的影响,对每个影响因素进行了分析。为了比较,每个数值计算工况下仅改变一个参数值,而其他参数取值与上述常见矿井避难硐室情况相同。相关参数的取值如表 7.1 所示。

表 7.1  不同工况的参数取值范围

| 项目 | 参数 | 符号 | 单位 | 取值 |
|---|---|---|---|---|
| 初始条件 | 初始围岩温度 | $T_0$ | ℃ | 25 |
| | 初始环境温度 | $T(0)$ | ℃ | 25 |
| 材料属性 | 围岩导热系数 | $\lambda$ | W/(m·K) | 1.0, 1.5, 2.0, 2.5, 3.0 |
| | 围岩比热容 | $C_p$ | J/(kg·K) | 800, 860, 920, 1000, 1100 |
| | 围岩密度 | $\rho$ | kg/m³ | 1500, 2000, 2400, 3000, 3500 |
| 人体热边界 | 人体产热功率 | $q_m$ | W/m² | 50, 60, 70, 80, 90 |
| | 等效热源功率 | $Q$ | W | 5000, 6000, 7000, 8000, 9000 |
| 空气入口条件 | 进风口风速 | $\nu$ | m/s | 2, 3, 4, 6, 8, 10 |
| | 等效供风量 | $G$ | m³/h | 300, 450, 600, 900, 1200, 1500 |
| | 供风温度 | $T_{in}$ | ℃ | 25 |
| 避难硐室墙壁面积 | 生存室长度 | $L_{in}$ | m | 14, 16, 18, 20 |
| | 等效面积 | $A_w$ | m² | 220, 248, 276, 304 |

硐室墙壁面积的变化是通过修改硐室的内部长度实现的。为了使数值计算结果的可靠性不受到影响,修改长度后模型的网格划分参数与上述网格模型划分时保持一致。

（1）围岩热物性

图 7.9 显示了在围岩导热系数分别为 1.0W/(m·K)、1.5W/(m·K)、2.0W/(m·K)、2.5W/(m·K) 和 3.0W/(m·K) 共 5 种不同工况下,避难硐室内平均空气温度随时间的变化曲线。可以看出,随着围岩导热系数的增大,在缓慢升温期室内空气升温速率逐渐减小。在围岩导热系数不同的情况下,临界平衡温度值基本相等,范围为 30.1 ~ 30.4℃。

图 7.10 显示了 5 种不同围岩导热系数工况下平均空气温度随时间平方根的变化曲线。可以看出,不同工况下平均空气温度随时间平方根近似线性上升,温度增长梯度随围岩导热系数增大而减小。

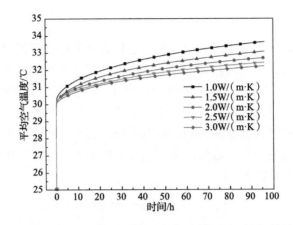

图 7.9　不同围岩导热系数下避难硐室内平均空气温度随时间的变化

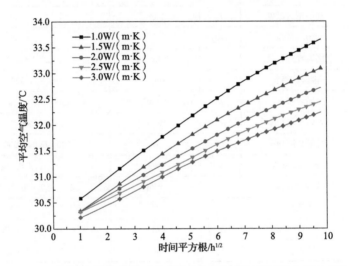

图 7.10　不同围岩导热系数工况下平均空气温度随时间平方根的变化

图 7.11 显示了在围岩密度分别为 1500kg/m³、2000kg/m³、2400kg/m³、3000kg/m³ 和 3500kg/m³ 共 5 种不同工况下，避难硐室内平均空气温度随时间的变化曲线。可以看出，随着围岩密度的增大，在缓慢升温期硐室环境升温速率逐渐减小。不同围岩密度时，临界平衡温度值基本相等，约为 30.2℃，温度差小于 0.1℃。

图 7.12 显示了在 5 种不同围岩密度下平均空气温度随时间平方根的变化曲线。可以看出，在围岩密度不同的情况下，室内平均空气温度随时间平方根近似线性上升，温度增长梯度随围岩密度的增加而减小。

图 7.13 显示了在围岩比热容分别为 800J/(kg·K)、860J/(kg·K)、920J/(kg·K)、1000J/(kg·K) 和 1100J/(kg·K) 共 5 种不同工况下，避难硐室平均空气温度随时间的变化曲线。可以发现，在缓慢升温期，随着围岩比热容的增大，空气升温速率逐渐减小。不同围岩比热容时，临界平衡温度值仍约等于 30.1℃，温差值小于 0.1℃。

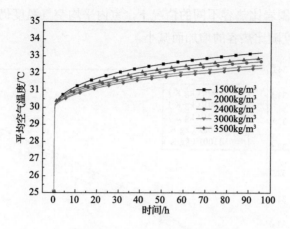

图 7.11　不同围岩密度下的平均空气温度随时间的变化

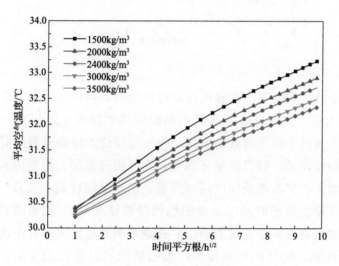

图 7.12　不同围岩密度下平均空气温度随时间平方根的变化

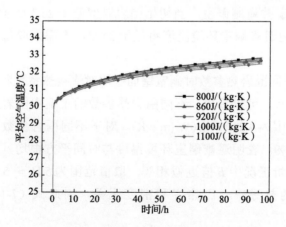

图 7.13　不同围岩比热容下平均空气温度随时间的变化

　　图 7.14 表明在围岩比热容不同的情况下，室内平均空气温度仍随时间平方根线性上升，温度增长梯度随比热容的增加而减小。

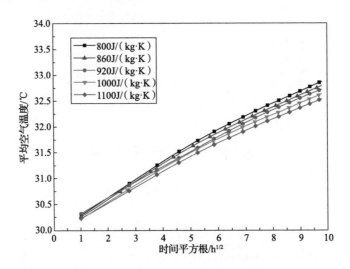

图 7.14　不同围岩比热容下平均空气温度随时间平方根的变化

　　以上数值分析结果表明，在通风与室内热源的共同作用下，对于不同围岩热物性参数的避难硐室，快速升温期所经历的时间基本都在 0.5h 以内，临界平衡温度值基本相等，这表明在矿井避难硐室内，传热过程进入缓慢升温期时的临界平衡温度与岩石的热物性无关。研究结果还表明，在缓慢升温期，随着围岩导热系数、比热容和密度的增大，室温增长梯度逐渐降低，但不是线性减小关系。在不同的围岩性质下，硐室环境温度随时间平方根的线性增长梯度（$K$）随着围岩导热系数、比热容和密度的增大逐渐减小。这表明，矿井避难硐室建造在砂岩中比建造在煤岩中更有利于室温控制。此外还可以发现，当初始围岩温度为 25℃ 时，在 96h 内上述不同围岩热参数的避难硐室中的环境温度均未超出 33.7℃，这表明对于建造在矿井常见围岩类型中的矿井避难硐室，当初始围岩温度低于 26.3℃ 且室内人均供风量为 0.3m³/min 时，96h 内避难硐室环境温度将低于 35℃，不需采取压风以外的其他降温措施。

　　表 7.2 列出了不同围岩热参数时硐室壁面平均对流换热系数和室温随时间平方根变化的线性拟合关系。可以看出，不同围岩热参数的工况中围岩表面对流换热系数基本相等，取值范围为 4.88 ～ 4.96W/(m² · K)。对于不同围岩参数的工况，通过线性拟合后，均有 $R^2$>0.99，表明避难硐室环境温度与时间平方根均具有良好的线性增长关系。以上所有分析工况中 $B$ 值近似相等，取值范围为 5.11 ～ 5.42℃，即式（7-13）中的 $B$ 值与围岩的热导率、比热容和密度无关。因此式（7-13）可以进一步简化为

$$B = F(G, Q, A_w, h) \tag{7-14}$$

表 7.2　不同围岩热参数时硐室壁面平均对流换热系数和室温随时间平方根变化的线性拟合关系

| $A_w$/m² | $G$/ (m³/h) | $Q$/W | $\lambda$/ [W/(m·K)] | $\rho$/ (kg/m³) | $C_p$/ [J/(kg·K)] | $H$/ [W/(m²·K)] | 拟合公式 | $K$ | $B$ | $R^2$ |
|---|---|---|---|---|---|---|---|---|---|---|
| 304 | 900 | 6000 | 1 | 2400 | 920 | 4.88 | $y=0.3397x+30.42$ | 0.3397 | 5.420 | 0.9945 |
| 304 | 900 | 6000 | 1.5 | 2400 | 920 | 4.92 | $y=0.2909x+30.289$ | 0.2909 | 5.289 | 0.9920 |
| 304 | 900 | 6000 | 2 | 2400 | 920 | 4.92 | $y=0.2625x+30.203$ | 0.2625 | 5.203 | 0.9956 |
| 304 | 900 | 6000 | 2.5 | 2400 | 920 | 4.94 | $y=0.2418x+30.144$ | 0.2418 | 5.144 | 0.9961 |
| 304 | 900 | 6000 | 3 | 2400 | 920 | 4.94 | $y=0.2212x+30.124$ | 0.2212 | 5.124 | 0.9937 |
| 304 | 900 | 6000 | 2 | 2400 | 800 | 4.92 | $y=0.2784x+30.218$ | 0.2784 | 5.218 | 0.9923 |
| 304 | 900 | 6000 | 2 | 2400 | 860 | 4.93 | $y=0.2736x+30.188$ | 0.273 | 5.188 | 0.9934 |
| 304 | 900 | 6000 | 2 | 2400 | 1000 | 4.95 | $y=0.2591x+30.162$ | 0.2617 | 5.162 | 0.9923 |
| 304 | 900 | 6000 | 2 | 2400 | 1100 | 4.93 | $y=0.2509x+30.142$ | 0.2509 | 5.142 | 0.9941 |
| 304 | 900 | 6000 | 2 | 1500 | 920 | 4.90 | $y=0.3071x+30.314$ | 0.3055 | 5.314 | 0.9905 |
| 304 | 900 | 6000 | 2 | 2000 | 920 | 4.91 | $y=0.2797x+30.241$ | 0.2797 | 5.241 | 0.9950 |
| 304 | 900 | 6000 | 2 | 3000 | 920 | 4.94 | $y=0.2473x+30.133$ | 0.2455 | 5.133 | 0.9941 |
| 304 | 900 | 6000 | 2 | 3500 | 920 | 4.96 | $y=0.2332x+30.112$ | 0.2261 | 5.112 | 0.9938 |

图 7.15 分别绘制出了 $K$ 值随 $1/\sqrt{\lambda}$（$\rho$ 与 $C_p$ 保持不变）和 $1/\sqrt{\rho C_p}\times10^3$（$\lambda$ 保持不变）的变化及相应拟合直线。可以发现，$K$ 值与 $1/\sqrt{\lambda}$ 和 $1/\sqrt{\rho C_p}\times10^3$ 均具有明显的线性增长关系。线性拟合关系分别为 $y=0.2739x+0.0674$，$R^2=0.9947$，以及 $y=0.2479x+0.098$，$R^2=0.9937$。因此，式（7-12）可以进一步表示为

$$K = f(G, Q, A_w, h)f(\lambda, \rho, C_p) = f(G, Q, A_w, h)\left(\frac{1}{\sqrt{\lambda}}+m\right)\left(\frac{1}{\sqrt{\rho C_p}}+n\right) \qquad (7\text{-}15)$$

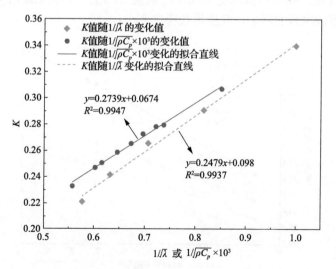

图 7.15　$K$ 值随 $1/\sqrt{\lambda}$ 和 $1/\sqrt{\rho C_p}\times10^3$ 的变化及拟合

（2）供风量

为了研究供风量对矿井避难硐室内传热特性的影响，分析了室内供风量分别为 300m³/h、450m³/h、600m³/h、900m³/h、1200m³/h 和 1500m³/h 共 6 种工况，其余参数保持一致，即 $\lambda$=2.0W/(m·K)、$\rho$=2400kg/m³、$C_p$=920J/(kg·K)、$A_w$=304m²、$Q$=6000W。

图 7.16 所示为在不同供风量下避难硐室平均空气温度在 96h 内随时间的变化曲线。可以看出，在不同供风量下，传热过程仍将在不到 0.5h 内进入缓慢升温期，但临界平衡温度随供风量的增大而减小。在缓慢升温期，随着供风量的增大，温度增长梯度变小。当供风量为 300m³/h 时，避难室内的气温在 96h 内未超过 35℃，即对于围岩类型为砂岩、初始围岩温度为 25℃的避难硐室，在室内人均供风量为 0.1m³/min 时将满足硐室环境温度控制要求，但避难期间室温将长期超过 32℃，热舒适性较差。当供风量超过 1200m³/h 时，96h 内气温不超过 32℃，此时室内环境具有良好的热舒适性。

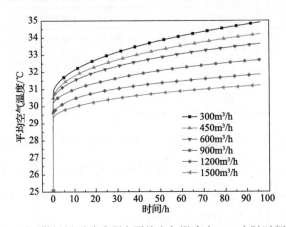

图 7.16　不同供风量下避难硐室平均空气温度在 96h 内随时间的变化

图 7.17 所示为不同供风量下避难硐室平均空气温度在 1～96h 随时间平方根的变化曲线。可以看出，在不同供风量工况下，硐室平均空气温度也随时间平方根呈近似线性增长。随着供风量的增加，温度增长梯度变小。

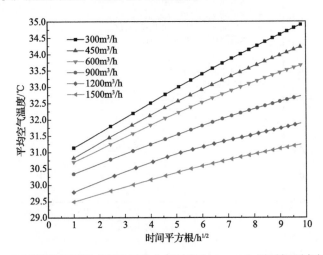

图 7.17　不同供风量下避难硐室平均空气温度在 1～96h 随时间平方根的变化

表 7.3 列出了不同供风量时硐室壁面平均对流换热系数和室温随时间平方根变化的线性拟合关系。同样可以发现，室温随时间平方根呈现良好的线性上升关系，$R^2 > 0.99$。随着供风量的增加，$K$ 值与 $B$ 值均减小。

表 7.3 不同供风量时硐室壁面平均对流换热系数和室温随时间平方根变化的线性拟合关系

| $A_w$/m² | $G$/ (m³/h) | $Q$/W | $\lambda$/ [W/(m·K)] | $\rho$/ (kg/m³) | $C_p$/ [J/(kg·K)] | $h$/ [W/(m²·K)] | 拟合公式 | $K$ | $B$ | $R^2$ |
|---|---|---|---|---|---|---|---|---|---|---|
| 304 | 300 | 6000 | 2 | 2400 | 920 | 5.48 | $y=0.4238x+30.815$ | 0.4238 | 5.815 | 0.9986 |
| 304 | 450 | 6000 | 2 | 2400 | 920 | 5.29 | $y=0.3755x+30.627$ | 0.3755 | 5.627 | 0.9971 |
| 304 | 600 | 6000 | 2 | 2400 | 920 | 5.15 | $y=0.3281x+30.517$ | 0.3281 | 5.517 | 0.9966 |
| 304 | 900 | 6000 | 2 | 2400 | 920 | 4.92 | $y=0.2625x+30.203$ | 0.2625 | 5.203 | 0.9956 |
| 304 | 1200 | 6000 | 2 | 2400 | 920 | 5.01 | $y=0.2263x+29.736$ | 0.2263 | 4.736 | 0.9974 |
| 304 | 1500 | 6000 | 2 | 2400 | 920 | 5.21 | $y=0.1925x+29.394$ | 0.1925 | 4.394 | 0.9958 |

图 7.18 分别绘制了 $K$ 值随 $\ln G$ 变化与 $B$ 值随 $G$ 变化的情况及拟合直线。可以看出，$K$ 值随 $\ln G$ 的增大而线性减小，线性拟合关系为 $y=-0.1465x+1.2637$，$R^2=0.9978$；$B$ 值随 $G$ 的增大而线性减小，线性拟合关系为 $y=-0.0012x+6.1973$，$R^2=0.9932$。因此有

$$K = f(G, Q, A_w, h)f(\lambda, \rho, C_p) \propto 1/\ln G \tag{7-16}$$

$$B = F(V, Q, A_w, h) \propto 1/G \tag{7-17}$$

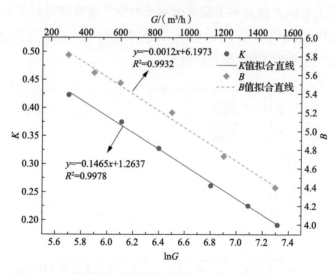

图 7.18 $K$ 值随 $\ln G$ 变化与 $B$ 值随 $G$ 变化的情况及拟合直线

（3）室内热源功率

为了研究人体热源产热功率对矿井避难硐室内传热特性的影响，分析了室内人体热源功率分别为 5000W、6000W、7000W、8000W 和 9000W 共 5 种工况，其他所有参数保持不变，即 $\lambda=2.0$W/(m·K)、$\rho=2400$kg/m³、$C_p=920$J/(kg·K)、$A_w=304$m²、$G=900$m³/h。

图 7.19 所示为不同产热功率下避难硐室平均空气温度在 96h 内随时间变化的曲线。可以发现，在不到 0.5h 内壁面与空气之间的传热过程进入了缓慢升温阶段。随着室内人体产热速率的增加，临界平衡温度越来越高，在缓慢升温期室温的增长速率也越来越大。当 $Q$=9000W 时，临界平衡温度超过 32℃，96h 平均空气温度超过 35℃；当 $Q$ 值为 7000～8000W 时，96h 时平均空气温度低于 35℃，但长期气温超过 32℃；当 $Q \leqslant$ 5000W 时，96h 时的平均空气温度低于 32℃。

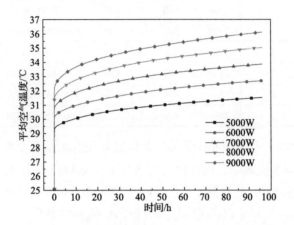

图 7.19　不同产热功率下避难硐室平均空气温度在 96h 内随时间的变化

图 7.20 所示为不同产热功率下避难硐室平均空气温度随时间平方根的变化曲线。可以看出，不同产热功率下，当 $t \geqslant$ 1h 时，硐室平均空气温度随 $\sqrt{\tau}$ 也呈近似线性增长，温度增长梯度随产热功率的增加而有所增大。

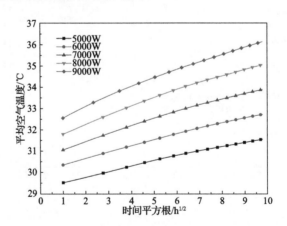

图 7.20　不同产热功率下避难硐室平均空气温度随时间平方根的变化

表 7.4 列出了不同产热功率下硐室壁面平均对流换热系数和室温随时间平方根变化的线性拟合关系。由表可以发现，硐室平均空气温度随时间平方根呈现良好的线性上升关系，$R^2$>0.99。随 $Q$ 值增大，$K$ 值与 $B$ 值均增大。

表 7.4 不同产热功率下硐室壁面平均对流换热系数和室温随时间平方根变化的线性拟合关系

| $A_w/m^2$ | $G/$ $(m^3/h)$ | $Q/W$ | $\lambda/$ $[W/(m \cdot K)]$ | $\rho/(kg/m^3)$ | $C_p/$ $[J/(kg \cdot K)]$ | $h/$ $[W/(m^2 \cdot K)]$ | 拟合公式 | $K$ | $B$ | $R^2$ |
|---|---|---|---|---|---|---|---|---|---|---|
| 304 | 900 | 5000 | 2 | 2400 | 920 | 5.1 | $y=0.2252x+29.387$ | 0.2252 | 4.387 | 0.9938 |
| 304 | 900 | 6000 | 2 | 2400 | 920 | 4.92 | $y=0.2625x+30.203$ | 0.2625 | 5.203 | 0.9956 |
| 304 | 900 | 7000 | 2 | 2400 | 920 | 4.96 | $y=0.3085x+30.956$ | 0.3085 | 5.956 | 0.9924 |
| 304 | 900 | 8000 | 2 | 2400 | 920 | 5.1 | $y=0.3501x+31.71$ | 0.3501 | 6.71 | 0.992 |
| 304 | 900 | 9000 | 2 | 2400 | 920 | 5.39 | $y=0.3953x+32.372$ | 0.3953 | 7.372 | 0.9935 |

图 7.21 分别绘制了 $K$ 值与 $B$ 值随 $Q$ 的变化情况及拟合直线。可以看出，$K$ 值随 $Q$ 的增大而线性增加，拟合关系为 $y=0.0425x+0.0118$，$R^2=0.9997$；$B$ 值同样随 $Q$ 的增大而线性增加，拟合关系为 $y=0.7477x+0.6917$，$R^2=0.9987$。因此有

$$K = f(G, Q, A_w, h)f(\lambda, \rho, C_p) \propto Q \qquad (7-18)$$

$$B = F(G, Q, A_w, \alpha) \propto Q \qquad (7-19)$$

因此，可以确定矿井避难硐室内的空气温度与室内热源功率成正比。

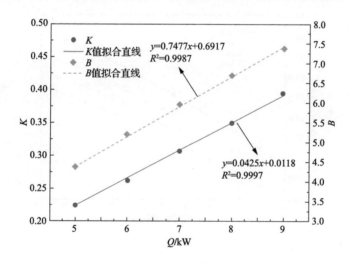

图 7.21 $K$ 值与 $B$ 值随 $Q$ 的变化情况及拟合直线

（4）硐室围岩面积

为了研究围岩面积对矿井避难硐室内传热特性的影响，分析了围岩面积分别为 220m²、248m²、276m² 和 304m² 的 4 种工况，其余参数保持不变，即 $\lambda=2.0W/(m \cdot K)$、$\rho=2400kg/m^3$、$C_p=920J/(kg \cdot K)$、$Q=6000W$、$G=900m^3/h$。

图 7.22 所示为不同围岩面积下避难硐室平均空气温度在 96h 内随时间变化的曲线。可以看出，在不同围岩面积下，传热过程同样在 0.5h 内进入缓慢升温期，临界平衡温度随围岩面积的增大而减小。在缓慢升温期内同一时刻，随着硐室围岩面积的增大，室内平均空气温度增长速率减小。由此可知，对于部分高温围岩的避难硐室，适当扩大硐室墙壁面积后利用压风仍可以满足硐室的控温要求。

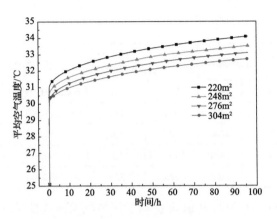

图 7.22　不同围岩面积下避难硐室平均空气温度在 96h 内随时间的变化

　　图 7.23 所示为在不同围岩面积下避难硐室平均空气温度随时间平方根的变化曲线。可以看出，在不同的围岩面积下，缓慢升温期空气温度也随 $\sqrt{\tau}$ 呈近似线性增长，但温度增长梯度随围岩面积的增大而减小。在 $\tau=1\mathrm{h}$ 时，空气温度随壁面面积的增大而减小，但未呈现线性增长关系。

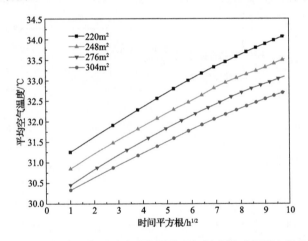

图 7.23　不同围岩面积下避难硐室平均空气温度随时间平方根的变化

　　表 7.5 所示为不同围岩面积下硐室壁面平均对流换热系数和室温随时间平方根变化的线性拟合关系。可以看出，壁面对流换热系数随围岩面积的增大而有所减小，平均空气温度随 $\sqrt{\tau}$ 呈良好的线性增长，$R^2>0.99$。$K$ 值和 $B$ 值均随围岩面积的增大而减小。

表 7.5　不同围岩面积下硐室壁面平均对流换热系数和室温随时间平方根变化的线性拟合关系

| $A_w/\mathrm{m}^2$ | $G/$ $(\mathrm{m}^3/\mathrm{h})$ | $Q/\mathrm{W}$ | $\lambda/$ $[\mathrm{W}/(\mathrm{m}\cdot\mathrm{K})]$ | $\rho/$ $(\mathrm{kg}/\mathrm{m}^3)$ | $C_p/$ $[\mathrm{J}/(\mathrm{kg}\cdot\mathrm{K})]$ | $h/$ $[\mathrm{W}/(\mathrm{m}^2\cdot\mathrm{K})]$ | 拟合公式 | $K$ | $B$ | $R^2$ |
|---|---|---|---|---|---|---|---|---|---|---|
| 220 | 900 | 6000 | 2 | 2400 | 920 | 5.63 | $y=0.3149x+31.101$ | 0.3149 | 6.085 | 0.9947 |
| 248 | 900 | 6000 | 2 | 2400 | 920 | 5.38 | $y=0.2959x+30.712$ | 0.2959 | 5.731 | 0.9949 |
| 276 | 900 | 6000 | 2 | 2400 | 920 | 5.27 | $y=0.2778x+30.362$ | 0.2778 | 5.362 | 0.9932 |
| 304 | 900 | 6000 | 2 | 2400 | 920 | 4.92 | $y=0.2625x+30.203$ | 0.2625 | 5.203 | 0.9956 |

图 7.24 分别绘制了 $K$ 值与 $B$ 值随 $hA_w$ 的变化情况及拟合直线。可以发现，$K$ 值随 $hA_w$ 值的增大而线性减小，拟合关系为 $y=-0.0002x+0.5228$，$R^2=0.9815$；$B$ 值同样随 $hA_w$ 值的增大而线性减小，拟合关系为 $y=-0.0034x+10.328$，$R^2=0.9975$。因此有

$$K = f(G, Q, \quad, h)f(\lambda, \rho, C) \propto \frac{}{hA} \qquad (7\text{-}20)$$

$$B = F(G, Q, A_w, h) \propto \frac{1}{hA_w} \qquad (7\text{-}21)$$

根据式（7-1）、式（7-10）和式（7-11），可以确定避难硐室的平均空气温度与墙体面积成反比。

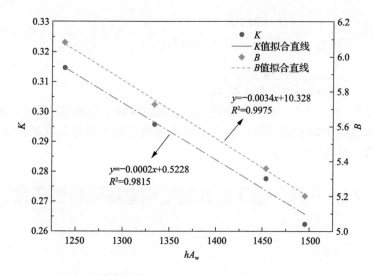

图 7.24　$K$ 值和 $B$ 值随 $hA_w$ 的变化情况及拟合直线

### 7.1.5　压风控温过程室温热工计算

上述分析结果表明，在通风温度与初始围岩温度相等时，矿井避难硐室内的空气温度与硐室内的产热率成正比，但与岩石的导热系数、密度、比热容、通风量及室内墙壁面积成反比。

根据式（7-12）、式（7-15）、式（7-16）、式（7-18）和式（7-20），$K$ 值计算式可假设如下：

$$K = \frac{Q+k}{ihA_w + j\ln\left(G\rho_a C_a\right) + l}\left(\frac{1}{\sqrt{\lambda}} + m\right)\left(\frac{1}{\sqrt{\rho C_p}} \times 10^3 + n\right) \qquad (7\text{-}22)$$

将表 7.2～表 7.5 中的相应数据代入式（7-22），通过回归分析可求解出 $k=-725.5$、$i=13.05$、$j=9870$、$l=-66871.4$、$m=0.32$、$n=0.4$，其中 $R^2>0.99$。因此，$K$ 值可计算如下：

$$K = \frac{Q-725.5}{13.05hA_w + 9870\ln\left(G\rho_a C_a\right) - 66871.4}\left(\frac{1}{\sqrt{\lambda}} + 0.32\right)\left(\frac{1}{\sqrt{\rho C_p}} \times 10^3 + 0.4\right) \qquad (7\text{-}23)$$

根据式（7-14）、式（7-17）、式（7-19）和式（7-21），$B$ 值计算式可假设如下：

$$B = \frac{kQ}{iG + jhA_w + l} \tag{7-24}$$

将表 7.3 ～ 表 7.5 中相应的数据代入式（7-24），通过回归分析可求解出 $i=0.93$、$j=1.62$、$k=0.776$、$l=25.82$，$R^2>0.99$。因此，$B$ 值可以计算如下：

$$B = \frac{0.776Q}{0.93G + 1.62hA_w + 25.82} \tag{7-25}$$

根据式（7-11）、式（7-23）和式（7-25），在压风状态下，当供风温度与初始围岩温度相等时，缓慢升温期的矿井避难硐室内平均空气温度可计算如下：

$$T(0, \tau) = \frac{(Q-726)\sqrt{\tau}}{13hA_w + 9870\ln(G\rho_a C_a) - 66871}\left(\frac{1}{\sqrt{\lambda}} + 0.32\right)\left(\frac{1}{\sqrt{\rho C_p}} \times 10^3 + 0.4\right)$$
$$+ \frac{0.78Q}{0.93G + 1.62hA_w + 25.82} + t_0 \tag{7-26}$$

应强调的是，式（7-26）仅适用于送风口送风温度等于初始围岩温度且时间 $\tau \leqslant 96h$ 时矿井避难硐室的平均室温计算。该方法的应用将有助于确定具有矿井压风条件的避难硐室是否满足硐室控温要求。

## 7.2　压风状态下矿井避难硐室除湿特性研究

### 7.2.1　压风除湿风量计算

在炎热夏季，正常人每天出汗量 0.8 ～ 1.2L，通过呼吸道丧失的水分有 0.2 ～ 0.4L。人员静坐或轻度劳动过程中，每天通过呼吸道和汗液蒸发散失的水蒸气量为 1 ～ 1.5L[8]。《暂行规定》中要求避难硐室内相对湿度不大于 85%，为保证人体正常代谢，应采取除湿措施使矿井避难硐室内尽可能维持环境相对湿度为 40% ～ 70%。

根据定义，相对湿度 $\varphi$ 的计算公式为

$$\varphi = \frac{\rho_w}{\rho_{w,max}} \times 100\% \tag{7-27}$$

式中，$\rho_w$——绝对湿度，$g/m^3$；

$\rho_{w,max}$——饱和绝对湿度，$g/m^3$。

根据物质守恒定律，则有

$$q\Delta\tau\rho_{wair} - q\Delta\tau\rho_w(\tau) + q_m\Delta\tau = V\rho_w(\tau+\Delta\tau) - V\rho_w(\tau) \tag{7-28}$$

式中，$q$——硐室总压风供风量，$m^3/h$；

$\tau$——压风供风时间，h；

$\rho_{wair}$——压风的绝对湿度，$g/m^3$；

$\rho_w(\tau)$——$\tau$ 时刻硐室内的绝对湿度，$g/m^3$；

$q_m$——硐室内总散湿速率，g/h；

$V$——硐室体积，$m^3$。

对式（7-28）微分，则有

$$q\rho_{wair} - q\rho_w(\tau) + q_m = V\rho_w'(\tau) \qquad (7\text{-}29)$$

通过求解一次微分方程可得

$$\rho_w(\tau) = \frac{q_m}{q} + \rho_{wair} - \left(\frac{q_m}{q} + \rho_{wair} - \rho_w(0)\right)e^{-\frac{q}{V}\tau} \qquad (7\text{-}30)$$

将式（7-30）代入式（7-28），则 $\tau$ 时刻硐室内的相对湿度为

$$\varphi(\tau) = \frac{\rho_w(\tau)}{\rho_{w,max}} = \frac{q_m}{q\rho_{w,max}} + \frac{\rho_{wair}}{\rho_{w,max}} - \frac{1}{\rho_{w,max}}\left(\frac{q_m}{q} + \rho_{wair} - \rho_w(0)\right)e^{-\frac{q}{V}\tau} \qquad (7\text{-}31)$$

$$\lim_{\tau\to\infty}\varphi(\tau) = \frac{q_m}{q\rho_{w,max}} + \varphi_{air} \qquad (7\text{-}32)$$

### 7.2.2 压风除湿性能试验研究

#### 1. 试验目的

通过避难硐室内供风量分别为 $200m^3/h$、$250m^3/h$、$300m^3/h$、$350m^3/h$ 和 $400m^3/h$ 共 5 种试验工况，分析满足避难硐室内湿度控制要求的压风供风量。

#### 2. 试验环境、测量仪器、数据采集

**（1）试验环境**

试验在山东国泰科技有限公司的避难硐室进行，室内放置一台散湿量为 1.8kg/h 的空气加湿机模拟 50 人避灾时的散湿，用风扇将加湿机散出的水蒸气吹散，如图 7.25 所示。生存室两侧各 3 个压风出口，试验时全部开启。使用温湿度传感器监测室内湿度的变化情况，如图 7.26 所示。

图 7.25　压风除湿试验场景　　　　　　图 7.26　温湿度传感器

**（2）数据测量及采集**

压风供风量及供风压力通过供风管路上的涡街流量计、调压阀读取；室内空气湿

度通过矿用温湿度传感器和机械温湿度表测量（反应缓慢，测量值作为参考），其中，温湿度传感器测量的湿度数据通过软件平台每隔 1min 记录保存 1 次。生存室温湿度传感器 1 台，位于硐室中央。

3．试验工况

通过 5 种不同供风量条件研究避难硐室压风除湿效果。试验工况如表 7.6 所示。

表 7.6　避难硐室压风除湿试验工况

| 工况 | 供风量 /(m³/h) | 室外温度 /℃ | 室外湿度 /℃ | 室内温度 /℃ |
|---|---|---|---|---|
| 1 | 200 | 27～29 | 74～80 | 27～29 |
| 2 | 250 | 27～29 | 74～80 | 27～28 |
| 3 | 300 | 27～29 | 74～80 | 27～29 |
| 4 | 350 | 27～29 | 74～80 | 27.5～28.5 |
| 5 | 400 | 27～29 | 74～80 | 28～29 |

4．试验过程

1）打开空气加湿机与风扇。

2）打开检测传感器电源，确保传感器读数稳定上传到监控系统平台。

3）打开涡街流量计电源开关，确保涡街流量计显示正确。

4）打开空压机，开启生存室内压风供气口开关。

5）确保压风供气管路上总阀门关闭的情况下，调节供气管路上的调压阀，使压力值显示为 0.3MPa。

6）打开供气管路上的总阀门，调节阀门位置，使供气流量为 200m³/h。

7）湿度在 80% 以下显示平稳或湿度在 80% 以上持续上升后结束试验，记录试验数据。

重复以上试验步骤，进行供气流量为 250m³/h、300m³/h、350m³/h 和 400m³/h 的 4 种工况试验。

5．试验数据分析

图 7.27 所示为避难硐室内不同供风量下相对湿度变化情况。可以看出，供风量 200m³/h 时，在不到 1h 时间内硐室内相对湿度从 73% 持续上升到 80% 以上，不能满足湿度控制需要；供风量 250m³/h（人均供风量 83L/min）时，室内湿度在约 1h 内从 88% 持续下降到 85% 后，基本维持相对稳定的湿度值，同样不能满足避难硐室内湿度控制需要；供风量 300m³/h（人均供风量 100L/min）及以上时，避难硐室内相对湿度在 1h 内从 80% 以上持续下降到 70% 以下，然后维持在一个相对稳定的湿度值，可满足硐室内湿度控制需要，当供风量为 350m³/h（即人均供风量 117L/min），可将湿度控制在 60% 以下。

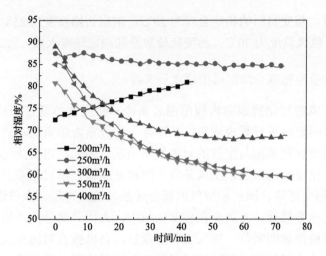

图 7.27　避难硐室内不同供风量下相对湿度变化情况

**6. 试验结论**

压风湿度与空压机所处环境的湿度无关。避难硐室内人均供风量为 100L/min 时，可将硐室内湿度控制在 70%。随着供风量增加越大，室内相对湿度下降的速度越快，稳定后的湿度越低，除湿效果越好，适当增加供风量具有显著改善室内舒适性的效果。

## 7.3　压风和相变控温复合降温方法

对于矿井避难硐室，有时独立压风难以满足控温需求。本节基于第 5 章的研究成果，考虑将相变控温方法与硐室压风技术相结合，形成基于压风的相变控温综合环境保障技术。

### 7.3.1　压风和相变座椅耦合降温方法及系统

图 7.28 所示为压风和相变座椅耦合降温系统示意图。平时硐室内布置相变座椅，矿难发生后，风机持续地将地表空气送入避难硐室中，以满足避难硐室内空气净化、供氧和控温除湿的需求。但在部分地区，矿井避难硐室埋深较深，压风在垂直输送过程中与沿途岩土持续换热，温度逐渐升高，使其难以满足硐室内控温要求。因此，将相变蓄热技术与压风技术相结合，利用相变蓄热技术在硐室控温方面的优势弥补中高温矿井压风降温的缺点。避难硐室、室内热源参数参照 5.3.1 节，相变座椅参数参照

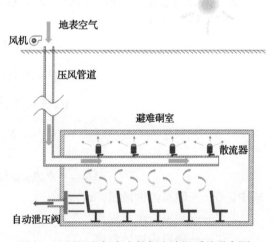

图 7.28　压风和相变座椅耦合降温系统示意图

5.3.2 节进行设置，相变材料的相变温度为 29℃。硐室初始温度为 25℃，初始压风量选取为 1200m³/h，供风温度为 30℃，相变座椅数量同额定避难人数一致。

### 7.3.2　压风和相变座椅耦合降温模型建立及求解

区别于无压风的封闭式硐室内应用围岩蓄冷－相变蓄热耦合降温系统进行控温，压风一方面能对硐室内进行置换通风，从而排出部分室内热负荷，另一方面也影响了围岩内壁面和相变装置表面与空气的对流换热情况。因此，需要建立数值模型描述压风条件下的相变座椅控温系统。压风条件下的相变座椅控温过程涉及硐室内热源（以人体为代表）、相变座椅、围岩和空气的耦合传热及流动过程。人员进入避难硐室后，相应设备开始起动并散热，人员坐在相变座椅上，人体一部分热量被空气吸收，一部分热量由相变座椅接触面吸收。空气吸收热量后，会以强迫对流形式将部分热量传递给围岩及相变座椅非接触面，同时以通风形式与外界进行热量交换。因此，室内热源产生的热量最终由通风、围岩及相变座椅共同承担。

压风条件下的相变座椅降温过程数学模型包括 3 个部分：围岩传热模型、相变座椅传热模型、空气流动及室内热源传热模型。由于相变座椅和围岩的传热模型并不受压风影响，这里仅介绍空气流动及室内热源数学传热模型的建立。

（1）空气流动及室内热源能量控制方程

人体散发的热量分别由空气通风、围岩内壁面、相变座椅的接触面和非接触面承担。因此，根据能量守恒原理，空气的能量控制方程可由式（7-33）表示。

$$C_a \rho_a V \frac{\partial T_f}{\partial \tau} = Q_p + Q + Q_w + Q_{cont} + Q_{non\text{-}c} \tag{7-33}$$

式中，$Q_p$——通风造成的硐室内空气能量变化，W；

$Q$——人员及设备散热，W；

$Q_{cont}$——相变座椅接触面的蓄热速率，W；

$Q_{non\text{-}c}$——相变座椅非接触面的蓄热速率，W。

式中其他符号意义同前。其中，$Q_p$、$Q$、$Q_w$、$Q_{cont}$ 以及 $Q_{non\text{-}c}$ 分别由式（7-34）～式（7-38）进行计算。

$$Q_p = GC_a \left(T_s - T_f\right) \tag{7-34}$$

$$Q = N_p \left(Q_p + Q_e\right) \tag{7-35}$$

$$Q_w = h_{fw} A_{i,w} \left(T_w - T_f\right) \tag{7-36}$$

$$Q_{cont} = -N_p \frac{A_{cont}}{A_p} Q_p \tag{7-37}$$

$$Q_{non\text{-}c} = N_p h_{fPCM} A_{non\text{-}c} \left(T_{non\text{-}c} - T_f\right) \tag{7-38}$$

式中，$G$——硐室内供风量，m²/s；

$T_s$——硐室内供风温度，℃；

$T_f$——硐室内排风温度，℃；

$A_{cont}$——相变座椅接触面的面积，$m^2$；

$A_p$——人体皮肤面积，$m^2$；

$h_{fw}$——围岩内壁面强迫对流换热系数，W/（$m^2 \cdot K$）；

$h_{fPCM}$——相变板外表面强迫对流换热系数，W/（$m^2 \cdot K$）；

$A_{non-c}$——相变座椅非接触面的面积，$m^2$。

式（7-36）和式（7-38）中，对流换热系数 $h_f$ 按照经验公式（7-39）进行计算[9]。

$$h = 6.76 \times v^{0.8} + 0.74 \tag{7-39}$$

式中，$v$——硐室内平均风速，m/s。

（2）压风和相变座椅耦合降温模型的求解

以 Fluent 为计算工具，计算相变座椅的对流、导热和熔化过程。计算采用熔化凝固模型，相变座椅内部考虑自然对流影响，密度计算采用 Boussinesq 假设。用 SIMPLE 算法计算速度－压力耦合，并用 PRESTO! 格式对压力项进行修正。座椅非接触面换热为第二类热流边界条件，热流量为 $Q_{non-c}$；与空气换热的非接触面采用对流换热边界条件，对流换热系数为 $h_{non-c}$，空气温度为 $T_f$，非接触面表面温度为 $T_{non-c}$。计算的时间步长为 1s，总步数为 345600 步，设置计算总时间 96h。以 ANSYS ICEM 为网格划分工具，对相变座椅进行网格划分，划分结果见 5.3.2 节。

压风和相变座椅耦合降温模型的求解思路具体如下：相变座椅内部存在复杂的对流、导热和熔化过程，外表面为复合换热边界条件，因此作为主模型进行计算。围岩、人体与设备，空气的流动与传热计算过程编制成相应的子程序进行计算。最后，以能量守恒定理为原则将各部分传热通过边界进行耦合迭代计算。

耦合系统计算程序流程图如图 7.29 所示。基于相变座椅耦合系统计算的思想与相变板类似，由于空气温度 $T_f$ 为联系所有部分的核心，采用试算法计算空气温度，当空气自身吸热 $Q_a$、风流带走能量 $Q_p$、围岩内壁面吸热 $Q_w$、相变座椅接触面吸热量 $Q_{non}$ 及相变座椅非接触面吸热量 $Q_{non-c}$ 之和等于室内热源产热量 $Q$ 时，空气温度为正解，否则继续试算。最终输出结果为相变板外边界的对流换热条件 $T_f$ 及 $h_{fPCM}$。主要计算过程分为以下几步。

1）输入初始参数，设定 $Q_a=0$，并从 Fluent 中读取相变座椅非接触面外表面温度 $T_{non-c}$。

2）设定 $\Delta Q=0.1$W 的增量，并增加空气的吸热量 $Q_a=Q_a+\Delta Q$。

3）根据 $Q_a$，可求得空气温度 $T_f$，再计算出对流换热系数 $h_{fPCM}$ 和 $h_{fw}$。根据空气温度 $T_f$ 和对流换热系数 $h_{fw}$ 可求得围岩的温度分布及围岩内壁面温度，并可计算出围岩蓄热量 $Q_w$ 及相变座椅非接触面蓄热量 $Q_{non-c}$。

4）判定 $Q_p+Q_a+Q_w+Q_{non}+Q_{non-c}$ 与 $Q$ 的大小关系，如果 $Q_p+Q_a+Q_w+Q_{non}+Q_{non-c}<Q$，说明此时空气温度值小于真实结果，则需要返回步骤 2），增大空气吸热量重新计算，直到 $Q_p+Q_a+Q_w+Q_{non}+Q_{non-c}>Q$ 停止计算。

5）保存此时计算出的空气温度 $T_f$ 及对流换热系数 $h_{fPCM}$，输出给 Fluent 作为相变座椅非接触面的外边界条件。

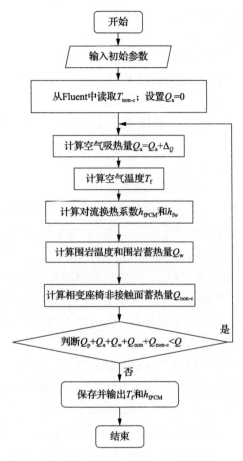

图 7.29　耦合系统计算程序流程图

### 7.3.3　压风和相变座椅耦合降温系统控温特性分析

通过编制相应程序并将参数代入，进行基于相变座椅的耦合降温系统的求解，得到相变座椅内部材料熔化及室内温度变化的计算结果。

图 7.30 所示为 96h 内相变材料液相分数及座椅非接触面热流变化曲线。从液相分数曲线可以看出，座椅内相变材料开始以近似线性的速率熔化，液相分数接近 0.9 时熔化速率才开始出现微弱的下降趋势，并在 70h 内完全熔化。座椅非接触面热流曲线反映的传热量由正值变化到负值，压风条件下的相变座椅非接触面的蓄能过程仅包含两个阶段，即稳定蓄热时期和过渡时期。具体而言，在稳定蓄热期，座椅非接触面在前 64h 内保持着 5W 左右的蓄热速率，再加上座椅接触面从人体接触导热吸收的 24W 热量，意味着每块相变座椅整体在前 64h 能够恒定吸收 29W 左右的室内散热量，占人体总散热量的 26%；在液相分数达到 0.95（63h）后，座椅非接触面的热流出现明显下降，相变座椅非接触面的蓄能过程进入过渡时期，并在 68h 后热流变为负值。

压风条件下的相变座椅非接触面在 96h 控温过程中未出现稳定放热时期的原因在于，在稳定蓄热期，压风作用室内温度控制在较低水平，相变座椅非接触面蓄热量大幅减少，熔化速率也大幅降低，使稳定蓄热期时间较封闭空间下延长了接近 100%，达到 64h。不仅如此，较低的室内温度也同样延长了过渡期的持续时间，因而在 96h 的控温过程中未出现稳定放热期。

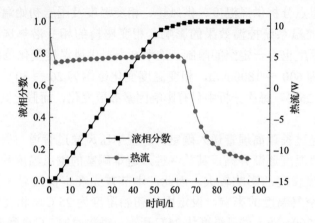

图 7.30　96h 内相变材料液相分数及座椅非接触面热流变化

　　图 7.31 所示为 96h 内避难硐室内空气温度的变化。在硐室压风与相变座椅蓄热的耦合作用下，可以看到室内温度实现了在 96h 内不超过 35℃ 的控制要求。由于压风作用，在前 0.3h，硐室内空气温度迅速从 25℃ 升高到 30.8℃；之后，由于相变座椅蓄热作用，空气的升温速度大幅减缓，并在 64h 之内保持在 33.3℃ 以下；随着相变座椅的熔化，

空气升温又经历了一小段加速期，此时与封闭硐室环境下的相变座椅控温效果相比，其温度降低了 5℃ 左右。压风条件下空气温度能够大幅降低的原因在于，一方面，压风延长了相变座椅的控温时间，使有效控温期达到 64h；另一方面，即使相变座椅完全熔化，压风换气的存在也使硐室内温度不会迅速上升，而是同样呈现缓慢升温状态，直至达到平衡。因此，压风条件下的围岩蓄冷 - 相变座椅蓄热耦合控温过程可分为 3 阶段：第一阶段为急速升温期，与隔绝状态下围岩蓄冷 -

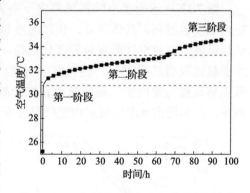

图 7.31　96h 内避难硐室内空气温度的变化

相变蓄热控温系统相比，表现出更为快速的升温速率；第二阶段为压风 - 相变耦合控温期，在压风和相变座椅蓄热的耦合作用下，室内温度实现了较长时期的温度控制；第三阶段为压风控温期，表现为相变材料完全熔化导致硐室内温度出现一个小幅上升，但由于压风作用效果，硐室内温度仍然处于受控制状态。

## 7.3.4　压风和相变座椅耦合降温系统影响因素分析

　　耦合降温系统中，压风、围岩初始温度及相变座椅是控制室内温度的关键。其中，压风参数中的供风温度和供风量是影响室内温度控制效果的主要因素；而在前面分析

的相变座椅厚度、相变材料导热及蓄热性能对封闭空间中运用围岩蓄冷‐相变蓄热耦合控温系统控温效果显示，增强相变材料蓄热性能及增大相变座椅厚度能够有效增强控温效果，相变材料的导热系数影响非常小，仅有相变温度对控温效果的影响是非线性的。因此本节重点分析供风温度、供风量、相变温度及围岩初始温度对于压风条件下相变座椅耦合控温系统控温效果的影响。相变座椅的相变潜热选取最大值 190kJ/kg，而相变座椅厚度也有一定空间限制，选取 8cm，供风温度变化范围为 26 ～ 34℃，供风量变化范围为 600 ～ 1800m³/h，相变温度变化范围为 26 ～ 30℃，围岩初始温度变化范围为 22 ～ 26℃。每次分析中只有影响因素参数变化，而假定其他参数不变。

（1）供风温度

地表压风会经过长距离埋管送入硐室，过程中压风通过管道与周围埋管环境发生热交换，导致供风温度逐渐升高，其最终进入避难硐室的供风温度受矿井埋深及当地岩土深度方向温度梯度的影响较大。因此，本节首先观察供风温度变化对相变座椅熔化过程及室内空气温度的影响。设定围岩初始温度为 25℃，相变座椅相变温度为 29℃，供风量为 1200m³/h，供风温度从 26℃ 开始，每次增加 2℃ 直到 34℃。

图 7.32 所示为不同供风温度下相变座椅的液相分数曲线。可以看出，供风温度越高，相变座椅的熔化速率越快。以 40h 为例，供风温度从 26℃ 变化到 34℃，相变座椅的液相分数分别为 0.67、0.71、0.74、0.77 和 0.80。这是由于供风温度直接影响了室内空气平均温度，供风温度越高，室内升温越快，同一时刻温度越高，导致相变座椅非接触面与空气的换热增加，因而增加了相变材料的熔化速率。

图 7.33 所示为了不同供风温度下室内空气升温变化。整体趋势为供风温度越高，室内温度也越高。具体而言，供风温度每降低 1℃，室内空气温度降低 0.5℃。根据该供风温度‐室内空气温度对应变化规律，可以估计供风温度在 31℃ 以上时，室内温度将会超过限制温度 35℃。供风温度对室内温度变化影响如此显著的原因在于，压风风流能够直接与室内空气混合从而直接影响室内空气温度，这一特征体现在整个 96h 过程中，从而使供风温度对室内空气温度变化的影响表现为迅速且恒定。

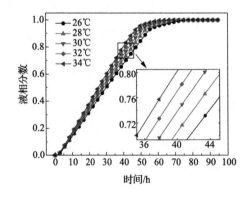

图 7.32　不同供风温度下相变座椅的液相分数

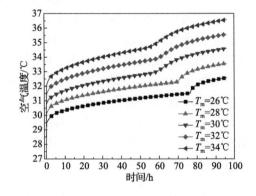

图 7.33　不同供风温度下的空气升温

（2）供风量

供风量也是压风参数中影响压风和相变耦合降温方法的重要参数之一。设定围岩初始温度为 25℃，相变座椅相变温度为 29℃，供风温度为 30℃，供风量从 600m³/h 开始，每次增加 300m³/h，直到 1800m³/h。

图 7.34 所示为不同供风量下相变座椅的液相分数曲线。供风量的增加使室内温度降低，会减缓相变座椅的熔化速率，但又由于供风量的增大略微增大了强迫对流换热系数，同时加上相变座椅蓄热量大部分来自人体接触导热，受相变温度影响较小，整体来看供风量对相变座椅熔化速率的影响较小。以熔化时间 40h 为例，供风量从 600m³/h 变化到 900m³/h，相变座椅的液相分数从 0.76 下降到 0.72，降幅为 0.04。

图 7.35 所示为不同供风量下空气升温曲线。图中规律反映出供风量的增大不会改变升温趋势，硐室升温仍然保持为三段式，但能够显著改善硐室内的温度环境。供风量为 600m³/h 时，最终室内温度为 36℃，未能控制在要求温度以内；随着供风量的增长，当供风量超过 1200m³/h 时，室内最终温度逐渐降低至 35℃ 以下；而当供风量增长为 1800m³/h 时，室内最终温度为 33.5℃。从降温幅度方面分析，增大相同风量，造成的室内温度下降幅度逐渐缩小，从最开始的增加 300m³/h 能降低室内温度 0.8℃，到最后的增加 300m³/h 仅能降低 0.4℃。这表明通过增加供风量控制室内温度是存在最优解的，因为增大风量意味着投资和矿难事故后电力供应的要求都会增加，然而获得的控温收益是逐渐降低的。因此增大压风量虽然能够降低室内温度，但仍然需要结合实际条件具体设置压风参数。

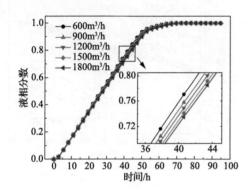

图 7.34　不同供风量下相变座椅的液相分数

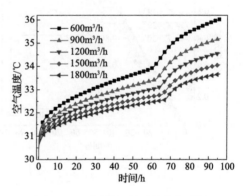

图 7.35　不同供风量下的空气升温

（3）相变温度

相变材料中的相变温度是影响相变座椅蓄热性能的重要参数之一。设定围岩初始温度为 25℃，供风温度为 30℃，压风量为 1200m³/h，相变温度分别选取 26℃、27℃、28℃、29℃ 和 30℃ 进行计算。

图 7.36 所示为不同相变温度下相变座椅的液相分数曲线。区别于供风量对相变座椅熔化速率的影响，相变温度对相变座椅熔化速率的改变非常明显，相变温度越高，相变座椅开始熔化的时间越晚，熔化速率越低，熔化时间也有一定的延长。相变温度从 26℃ 增长到 30℃，相应的完全熔化时间分别为 53h、56h、61h、64h 及 69h。这是由于相变板熔化蓄热需要外界温度达到相变温度之上，且相变座椅的熔化速率与外界温度和相变温度之差呈正相关。增大相变座椅的相变温度，使室内温度升高到相变温度

所需的时间延长,同时降低了外界温度与相变温度之间的温差,出现起始熔化时间推迟、熔化速率减缓的现象。

从图 7.37 可以看出,相变座椅相变温度的变化对硐室内温度影响较小,增加相变温度虽然会轻微增加压风 - 相变耦合控温期硐室内的平均温度,但能延长耦合控温期的控温时间。具体而言,相变温度从 26℃ 逐步增长到 30℃,硐室内压风 - 相变耦合控温期的平均温度分别为 32.2℃、32.3℃、32.4℃、32.5℃ 和 32.6℃,耦合控温期的持续时间则与相变座椅的完全熔化时间一致。因而相变温度每增加 1℃,耦合控温期的平均温度仅增加 0.1℃,而持续时间能延长 3 ~ 5h。相变温度变化对硐室内控温效果影响极小的原因在于,硐室内温度受三方面影响,相变座椅的蓄热量仅占 26%,其中主要来源于人体接触传热,与相变温度无关,相变温度影响的仅仅是相变座椅非接触面附近部分相变材料的熔化速率,这部分材料蓄热对硐室内温度的影响小于 4%,因而相变温度对于硐室空气温度的影响较小。但是,相变温度的改变能够直接影响相变座椅中相变材料的熔化时间,即压风 - 相变耦合控温期时间,因而适当增大相变材料的相变温度可以在几乎不影响硐室内控温效果的前提下略微改善耦合控温期的控温时间。

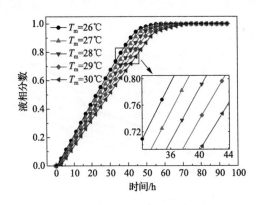
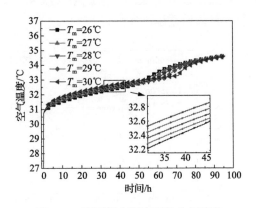

图 7.36　不同相变温度下相变座椅的液相分数　　　图 7.37　不同相变温度下的空气升温

（4）围岩初始温度

围岩初始温度是影响控温期围岩蓄热特性的关键参数,同时也会间接影响相变座椅的蓄热性能。设定相变温度为 29℃,供风温度为 30℃,压风量为 1200m³/h,围岩初始温度分别选取 22℃、23℃、24℃、25℃ 和 26℃ 进行计算。

图 7.38 所示为不同围岩初始温度下相变座椅的液相分数曲线。可以看出,围岩初始温度越低,相变座椅的熔化开始时间越迟,熔化速率越慢,其作用规律类似于相变温度,但相变座椅熔化速率受围岩初始温度变化的影响小于相变温度变化造成的影响。围岩初始温度从 26℃ 降低到 22℃,相应的完全熔化时间分别为 61h、64h、67h、70h 及 73h,即围岩初始温度每降低 1℃,相变座椅的熔化时间延长 3h。前面提到过,相变座椅蓄热主要依赖于座椅接触面的导热,而非接触面蓄热所占的比例较小,降低围岩初始温度使空气温度与相变座椅非接触面之间的温差下降,因此会使相变座椅的熔化

速率减缓，但幅度小于相变温度造成的影响。

图 7.39 所示为不同围岩初始温度下的空气升温曲线。可以看出，不同围岩初始温度下的空气升温具有相同的趋势，围岩初始温度越高，压风－相变耦合控温期持续时间越短，同一时间内室内温度也越高，而当围岩初始温度为 26℃时室内空气在 91h 超出了 35℃的控制温度。其原因在于相同热流密度热源条件下，围岩初始温度越高，同一时间室内温度也越高。然而由于相变座椅及围岩的蓄热作用，围岩初始温度上升导致的室内空气温度上升值要小于围岩初始温度上升值。具体而言，围岩初始温度每升高 1℃，室内空气温度升高 0.4～0.5℃。

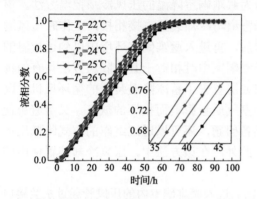
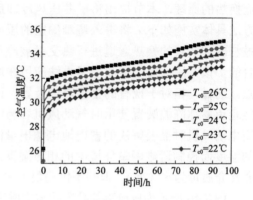

图 7.38　不同围岩初始温度下相变座椅的　　　图 7.39　不同围岩初始温度下的空气升温
液相分数

总体而言，通过适当的参数设置，压风－相变座椅耦合控温系统可以满足中高温矿井硐室内的控温需求。对于一个给定环境（包括硐室埋深、结构、初始温度、额定避难人数等）的矿井避难硐室，通过上述影响因素分析可知，供风温度、供风量和围岩初始温度是在设计压风－相变耦合控温系统时最应关注的设计参数。其中，供风温度主要受矿井周围自然环境的影响而难以改变，在能够配置制冷设备的条件下应尽量对地表风流进行降温，以降低对应硐室入口风温，从而大幅改善室内温度环境；供风量取值不宜过大，一方面是由于施工和现场条件难以达到，另一方面是由于对控温效果的提升逐渐降低。相比而言，结合第 5 章研究内容可知，总体上相变装置参数变化对硐室内温度影响较小，但适当的优化设计也可以小幅度改善室内温度环境。例如相变材料导热系数在 0.6W/(m·K) 左右，相变潜热应选择最大值，相变温度取值最好为 28～29℃，过小和过大的相变温度都不利于长时期控温。

## 7.4　压风冷却控温方法及传热特性

### 7.4.1　压风冷却控温方法

由 7.1 节分析可知，对于位于砂岩中的矿井避难硐室，当初始围岩温度大于 27℃

时，采用人均供风量为 0.3m³/min 的原始矿井压风不能满足室温控制要求。在高温矿井避难硐室中，相变降温材料工作温度区间较窄，因此极大地降低了相变控温效果。目前，在工程应用中，针对高温矿井避难硐室控温常用的有效方法为蓄冰降温。但蓄冰降温装置运行时，需要使用硐室内储备的蓄电池电源或高压（>0.1MPa）气源为降温装置的循环风机提供动力。在平时需要反复运行制冷压缩机蓄冰并反复为蓄电池充电，以保证工作时具有足够的冷量与电量。不难发现，现在使用的蓄冰降温方法对进入避难硐室的矿井压风的应用不够充分。

为了充分利用矿井压风为高温避难硐室降温，结合蓄冰降温装置换热管道强制对流换热的原理，本节提出将矿井压风冷却后为避难硐室降温的压风冷却控温方法。该方法具体实施如下：将进入避难硐室的压风管道与冷却装置直接相接，工作时压风通过与冷却装置的换热通道进行热交换被冷却后，再进入避难硐室环境中以到达控温的目的。该方法保留了蓄冰降温方法应用在避难硐室中时相对于其他降温方法具有的优点。同时，相对于现有的蓄冰降温装置，该方法省去了蓄冰降温装置的循环风机，既能避免蓄冰降温装置使用时气动风机容易因空气质量影响而损坏的缺点，又可避免使用电动风机时需要解决的蓄电池电源电量储备问题，还可以通过结露的方式降低压风的湿度而控制避难硐室环境中的相对湿度。此外，在该方法中，压风冷却装置使用的蓄冷介质可为水（冰），但却不仅局限于水（冰）。

图 7.40 所示为压风冷却装置的结构原理图。进入避难硐室内的压风管通过法兰接口与压风冷却装置连接，通过冷凝管冷却后的低温压风可直接从装置出风口流入硐室生存环境中，如图 7.40（a）所示，也可与生存室的供风管路连接 [图 7.40（b）] 后通过分布在生存室内的管道供风口释放冷风。

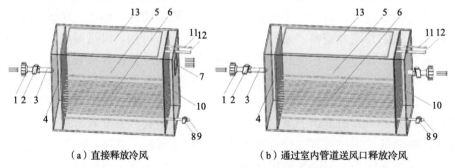

　　（a）直接释放冷风　　　　　　　　　　　　（b）通过室内管道送风口释放冷风

1—法兰接口；2—阀门；3—供风管；4—入口集气腔室；5—蓄冷箱；6—冷凝管；7—出风口；8—单向放水阀；

9—排水管；10—出口集气腔室；11—入水管；12—排气管；13—盖板。

图 7.40　压风冷却装置的结构原理图

### 7.4.2　避难硐室内压风冷却方法

（1）方法与原理

考虑到蓄冷介质的存储、安全性与经济性，对于矿井避难硐室压风冷却装置，可供使用的蓄冷介质目前主要有水（冰）、相变材料、固体化学制冷剂。其中，前两种均是利用蓄冷介质从固态变为液态而释放冷量，而固体化学制冷是利用易溶于水的无机盐（溶质盐）溶于另一种带结晶水的无机盐（溶剂盐）结晶水中时，吸收周围环境或物体的热量，实现制冷的目的[10]。

对图 7.40 中设计的压风冷却装置，当采用水（冰）作为蓄冷介质时，由于高温环境中冰易于融化而不利于长期保存，需要为冷却装置配备制冷压缩机，平时利用井下供电系统进行制冰而保证避难时有充足的冷量。当采用相变材料作为蓄冷介质时，相变材料的相变温度一般应高于硐室内初始环境温度并与硐室目标温度具有尽可能大的温差。目前，常见的相变材料不宜作为压风冷却装置的冷媒，因为在压风冷却装置内相变材料的相变温度与供风温度差值较小，且在压风装置内相变材料与压风冷凝管的接触面积很小，难以起到良好的压风冷却效果。

避难硐室压风冷却装置采用固体化学制冷剂作为冷媒时，只需将足够量的溶质盐和溶剂盐封装存放于避难硐室内，避灾过程中当室内环境温度过高时，直接将溶质盐与溶剂盐混合放入蓄冷箱内即可发生吸热的溶解反应而实现硐室压风冷却控温。Kubota 等[11]通过对近 40 种结晶水合物化学蓄热反应的评价研究发现，$LiOH \cdot H_2O$、$Ba(OH)_2 \cdot 8H_2O$ 和 $Na_3PO_4 \cdot 12H_2O$ 具有非常高的蓄热性能，其储能密度均在 1000kJ/kg 以上，明显优于冰溶解时的储能密度（337kJ/kg）。通过添加 $MgCl_2$、$CaCl_2$、$LiCl$ 等高吸湿材料，可提高结晶水合物在低温环境中的水合反应速率而释放冷量[12-14]。邓建成等[15]通过试验发现在常温环境下，90g 的 $NH_4NO_3$ 溶解于 100g 的 $Na_2HPO_4 \cdot 12H_2O$ 时，混合溶解反应最低温度可达 $-8.5℃$，且制冷剂的量越多，制冷效果越好。洪万亿等[16]通过试验测试表明，$KNO_3$、$NH_4NO_3$、$Na_2CO_3 \cdot 10H_2O$ 按质量 5.5 : 40 : 50 混合溶解制冷时，与试验环境温差可达 34℃，且制冷效果比相同质量的冰或雪的制冷效果提高 35.6% 以上，温差维持在 20℃ 以上时间可达 6h 之久。由此可见，若固体化学制冷剂选择恰当，其对矿井压风的冷却效果将优于采用水（冰）作为冷媒时的效果。

与采用水（冰）作为冷媒相比，采用固体化学制冷剂作为冷媒时压风冷却装置可以不用配备需消耗电力的制冷压缩机为装置制冰，从而减少了装置的成本与平时蓄冰的维护成本。因此，针对高温矿井避难硐室控温，采用固体化学制冷剂冷却避难硐室内的管道压风具有较好的应用潜力。

（2）固体化学制冷剂的选择

在选择固体化学制冷剂时，不仅需考虑制冷剂的溶解吸热值、安全性与经济成本，还应结合避难硐室环境选择存储方便与稳定的固体化学制冷剂。选择溶剂盐时，通常选用含结晶水较多且有较高溶解吸热值的无机结晶水合盐，如 $Na_2CO_3 \cdot 10H_2O$、$Na_2HPO_4 \cdot 12H_2O$ 等。同时，还应考虑结晶水合盐长期存放在避难硐室温度环境中不会发生失水反应，且与溶质盐在常温情况下混合时容易发生溶解吸热反应。邓建成等[15]通过热分析试验得，$Na_2SO_4 \cdot 10H_2O$ 从 25℃ 开始失水，$Na_2HPO_4 \cdot 12H_2O$ 从 26℃ 开始失水，$Na_2CO_3 \cdot 10H_2O$ 从 71℃ 开始失水。因此，在围岩温度大于 27℃ 的硐室环境中，$Na_2CO_3 \cdot 10H_2O$ 可作为理想的溶剂盐。选择溶质盐时，通常选用溶解度大且溶解吸热的无机盐,如 $NH_4NO_3$、$KNO_3$、$CaCl_2$ 等。同时,应考虑溶质盐存放过程及混合反应时的安全性。当选用 $KNO_3$、$NH_4NO_3$ 等在极端环境下具有爆炸危险性的硝酸盐时,应适当加入抗爆剂,避免药品在运输、存放及使用过程中发生爆炸。

表 7.7 列出了常见溶质盐与溶剂盐溶解于水时的溶解吸热值与溶解度。可以看出,$NH_4NO_3$ 具有较大的溶解度与良好的溶解吸热能力,是较为理想的溶质盐。$Na_2CO_3 \cdot 10H_2O$ 等溶剂盐也具有一定的溶解能力,且具有较高的溶解吸热值。在压风冷却装置运行时,为了充分发挥固体化学制冷剂的制冷能力,可在固体混合溶解反应完成后,向蓄冷箱补充一定量的水,溶解未完全融化的固体化学制冷剂。

表 7.7　常见溶质盐与溶剂盐溶解于水时的溶解吸热值与溶解度

| 物性药品名 | 单位 | $KNO_3$ | $NH_4NO_3$ | $Na_2CO_3 \cdot 10H_2O$ | $Na_2HPO_4 \cdot 12H_2O$ | $Na_2SO_4 \cdot 10H_2O$ |
|---|---|---|---|---|---|---|
| 相对分子质量 | — | 101 | 80 | 286 | 385 | 322 |
| 密度 | g/cm³ | 2.11 | 1.72 | 1.44 | 1.52 | 1.48 |
| 溶解度 | g/g | 31.6 | 192 | 17.8 | 7.7 | 50 |
| 溶解吸热值 | kJ/mol | 35.65 | 26.44 | 65.46 | 92 | 78.5 |

（3）可行性试验分析

为了研究固体化学制冷剂应用于管道压风冷却降温的可行性,本节利用不锈钢钢板设计了一个长、宽、高分别为 1.2m、0.2m、0.25m 的简易凹形蓄冷槽,用一根内径为 30mm 的铜管作为冷凝管从槽内贯穿蓄冷槽两端,冷凝管的一端通过软管与经过水浴系统加热的风管连接。试验装置的出风口风速通过供风管道上安装的供气阀门调节,并由便携式电子风速表测定。用 3 个直插式热电偶分别测量冷凝管进、出口温度与蓄冷槽内固体化学制冷剂溶解反应的温度。测量温度值由热电偶测量系统自带的数显表盘观察读取,试验过程中每隔 5min 记录 1 次热电偶读数。利用固体化学制冷剂冷却管道流动空气的试验场景如图 7.41 所示。

图 7.41　利用固体化学制冷剂冷却管道流动空气的试验场景

试验时,将 $KNO_3$、$NH_4NO_3$、$Na_2CO_3 \cdot 10H_2O$ 按照质量比为 1 ∶ 8 ∶ 10 的比例混合并填满蓄冷槽。通过控制水浴系统的温度,使经水浴加热后的供风管内的空气温度为 35℃左右。结合避难硐室内压风入口的风速范围,从冷却槽出口流出的风速分别调节为 6m/s、8m/s 和 10m/s,每种工况进行 0.5h 测试。

图 7.42 所示为固体制冷剂混合溶解时通风管道进、出口流动空气温度和反应温度。可以看出，$KNO_3$、$NH_4NO_3$、$Na_2CO_3 \cdot 10H_2O$ 这 3 种固体材料按照 1∶8∶10 混合后溶解时反应温度达 -2℃，低于水冰的凝固点温度，因此，其对管道流动空气的冷却作用将优于冰块。当进风口温度为 35℃ 左右时，在风速分别为 6m/s、8m/s、10m/s 这 3 种不同风速下，通过装置的冷却作用后出口温度分别下降到 19℃、21℃、23℃，温差在 12℃ 以上。试验结果表明，采用固体化学制冷剂混合溶解制冷具备应用于高温矿井避难硐室内压风冷却的可行性。

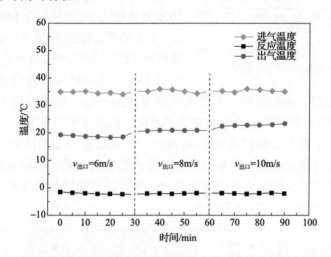

图 7.42　固体制冷剂混合溶解时通风管道进、出口流动空气温度和反应温度

根据以上分析与试验结果可知，固体化学制冷剂混合溶解时，具有反应速率快、制冷效果好的优点。总体而言，基于固体化学制冷原理的压风冷却方法，既具有制冷剂单位体积蓄冷量大、储存简单、使用方便、成本低等优点，又具有装置结构简单、运行可靠、使用维护成本低等优点。其在高温矿井避难硐室控温方面，具备一定的推广应用价值。

### 7.4.3　冷风控温过程影响因素分析

本节基于 7.1 节建立的 50 人型避难硐室数值模型，利用 Fluent 研究压风冷却后应用于高温矿井避难硐室的控温效果，重点分析初始围岩温度与供风温度对控温效果的影响。

（1）初始围岩温度

为了研究避难硐室初始围岩温度对压风冷却控温效果的影响，针对建造在砂岩中的 50 人型避难硐室，在室内人均产热功率为 120W、供风量为 0.3m³/min、供风温度为 20℃ 的条件下，分别对初始围岩温度为 25℃、26℃、28℃、30℃、32℃ 和 34℃ 的 6 种工况进行数值分析。

图 7.43 所示为不同初始围岩温度时避难硐室平均空气温度随时间变化的曲线。可以发现，初始围岩温度为 25 ～ 34℃ 的避难硐室内采用压风冷却控温时室温随时间单调递增。然而，随着初始围岩温度的增加，在缓慢升温期内室温上升趋势也越来越平缓。

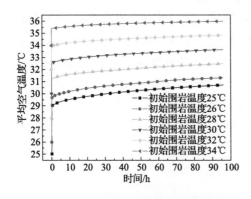

图 7.43　不同初始围岩温度时避难
硐室平均空气温度随时间变化的曲线

总体而言，在压风冷却控温作用下，硐室内的环境升温速率随围岩初始温度的上升而减小。其原因为随着围岩温度的增加，室内空气与壁面的温差越大，对流换热作用越强。在人均供风量为 0.3m³/min、供风温度为 20℃的压风控温条件下，当初始围岩温度在 26℃及以下时，硐室内环境温度在 96h 内在 32℃以下；当初始围岩温度为 28℃时，在 96h 内室温未超出 32.5℃；当围岩温度为 32℃时，硐室内室温很快超出 32℃，但在 96h 内室温为 34.86℃，未超出 35℃；当初始围岩温度达 34℃时，室内

温度很快超出 35℃。由此可知，人均供风量为 0.3m³/min、供风温度 20℃的矿井压风可满足初始围岩温度在 32℃及以下的矿井避难硐室的温度控制要求。

图 7.44 显示了在人均供风量为 0.3m³/min、供风温度 20℃的压风作用下，在 25h、50h、96h 等 3 个时刻避难硐室内室温与初始围岩温度的关系。可以看出，同一时刻在压风冷却控温的作用下硐室环境温度随着初始围岩温度的增加呈线性上升趋势，但随着时间的延长，温度增长梯度逐渐减小。

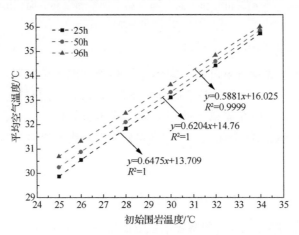

图 7.44　不同时刻避难硐室内室温与初始围岩温度的关系

（2）供风温度

为了研究供风温度的影响，对围岩类型为砂岩、初始围岩温度为 30℃的 50 人型避难硐室，在室内人均热功率为 120W、人均供风量为 0.3m³/min 的条件下，分别对供风温度为 16℃、18℃、20℃、22℃、24℃、26℃的 6 种工况进行分析。

图 7.45 显示了不同供风温度下 96h 内避难硐室平均空气温度随时间的变化曲线。可以看出，在供风温度为 16～26℃时，硐室平均空气温度在 96h 随时间单调上升。随着供风温度的上升，硐室平均空气温度的增长梯度越来越大。其原因为随着供风温度的上升，室内空气与壁面的温差变小，对流换热作用变弱。当供风温度为 16℃时，96h

内室温将控制在 32℃下，具有良好的舒适性；当供风温度为 18～22℃时，硐室室温很快达到 32℃，但在 96h 内室温未超出 35℃；当供风温度为 24℃时，56h 后室温达到 35℃。

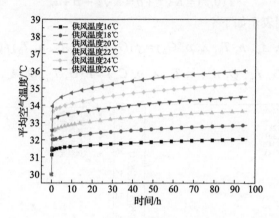

图 7.45　不同供风温度下 96h 内避难硐室平均空气温度随时间的变化

图 7.46 显示了在 25h、50h、96h 等 3 个时刻避难硐室环境温度与供风温度的关系曲线。可以看出，在不同时刻室内温度均随供风温度呈现明显的线性增长趋势。当供风温度在 23.3℃以下时，96h 内室温未超出 35℃。随着时间的增长，室内温度随供风温度变化的梯度值越来越大，表明随着供风温度的上升室内温度越来越高，温度上升趋势也越来越快。

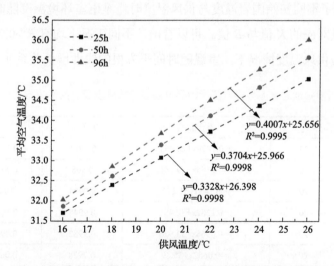

图 7.46　不同时刻避难硐室平均空气温度与供风温度的关系

### 7.4.4　冷风控温过程室温热工计算

图 7.47（a）与（b）分别绘制了不同初始围岩温度与不同供风温度条件下，硐室环境温度随时间平方根的变化曲线。可以看出，在缓慢升温期不同初始围岩温度与供

风温度时，均呈现出硐室环境温度随时间平方根近似直线上升的特性。即在不同初始围岩温度与供风温度时，硐室环境温度随时间的变化关系仍然可以表达为

$$T(0,\tau) = K\sqrt{\tau} + b = K\sqrt{\tau} + B + T_0 \tag{7-40}$$

式中，$K$ 与 $B$ 可分别表示如下：

$$K = f(G, T_{in}, Q, A_w, h, T_0, \lambda, \rho, C_p) = f(G, T_{in}, Q, A_w, h, T_0)f(\lambda, \rho, C_p) \tag{7-41}$$

$$B = F(G, T_{in}, Q, A_w, h, T_0, \lambda, \rho, C_p) = F(G, T_{in}, Q, A_w, h, T_0) \tag{7-42}$$

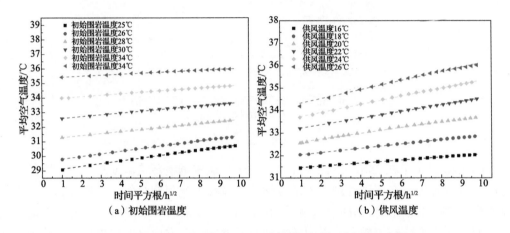

图 7.47　不同工况下硐室平均空气温度随时间平方根的变化

表 7.8 列出了不同初始围岩温度与供风温度时避难硐室环境温度随时间平方根变化的线性拟合式及对应的 $K$ 值与 $B$ 值。可以看出，不同工况下均有 $R^2>0.99$，表明在不同初始围岩温度与供风温度情况下，室温随时间平方根的线性增长关系非常显著。

表 7.8　不同初始围岩温度与供风温度时避难硐室环境温度随时间平方根变化的拟合关系

| $T_0$ | $T_{in}$ | 拟合公式 | 方差 $R^2$ | $K$ | $B$ |
|---|---|---|---|---|---|
| 25 | 20 | $y=0.1829x+28.963$ | 0.9981 | 0.1829 | 3.963 |
| 26 | 20 | $y=0.1765x+29.661$ | 0.998 | 0.1765 | 3.661 |
| 28 | 20 | $y=0.145x+31.172$ | 0.9994 | 0.145 | 3.172 |
| 30 | 20 | $y=0.1282x+32.481$ | 0.9948 | 0.1282 | 2.481 |
| 32 | 20 | $y=0.0968x+33.926$ | 0.9982 | 0.0968 | 1.926 |
| 34 | 20 | $y=0.0662x+35.39$ | 0.9928 | 0.0662 | 1.39 |
| 30 | 16 | $y=0.0665x+31.399$ | 0.9988 | 0.0665 | 1.399 |
| 30 | 18 | $y=0.0951x+31.956$ | 0.998 | 0.0951 | 1.956 |
| 30 | 22 | $y=0.147x+33.08$ | 0.9997 | 0.147 | 3.08 |
| 30 | 24 | $y=0.1795x+33.556$ | 0.9984 | 0.1795 | 3.556 |
| 30 | 26 | $y=0.2001x+34.135$ | 0.9935 | 0.2001 | 4.135 |

图 7.48（a）与（b）分别绘制了不同初始围岩温度与供风温度条件下的 $K$ 值、$B$ 值及对应的拟合直线。由图 7.48（a）可以看出，$K$ 值与 $B$ 值均随着初始围岩温度的增加而线性减小；而由图 7.48（b）可以看出随供风温度的增加，$K$ 值与 $B$ 值线性增大。因此，$K$ 值与 $B$ 值随初始围岩温度与供风温度的关系可进一步表示如下：

$$K = f(G, T_{in}, Q, A_w, h, T_0)f(\lambda, \rho, C_p) \propto T_{in} - T_0 \tag{7-43}$$

$$B = F(G, T_{in}, Q, A_w, h, T_0) \propto T_{in} - T_0 \tag{7-44}$$

结合本章 7.1 节中的数值分析研究结果，温度梯度 $K$ 的求解可进一步假设如下式：

$$K = \frac{(Q+k)\left[k_0(T_{in}-T_0)+l_0\right]}{ihA_w + j\ln(G\rho_a C_a) + l}\left(\frac{1}{\sqrt{\lambda}} + m\right)\left(\frac{1}{\sqrt{\rho C_p}} \times 10^3 + n\right) \tag{7-45}$$

式中，$\rho_a$=1.225；$C_a$=1.009。

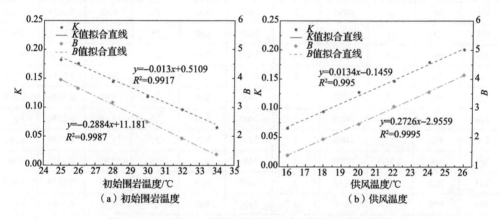

图 7.48 $K$ 值与 $B$ 值随初始围岩温度与供风温度的变化

表 7.9 列出了不同压风工况下避难硐室内围岩表面的对流换热系数 $h$、$K$ 值与 $B$ 值。

表 7.9 不同参数下对应的 $K$ 值与 $B$ 值

| $A_w$ | $G$ | $T_{in}$ | $Q$ | $\lambda$ | $\rho$ | $C_p$ | $T_0$ | $h$ | $K$ | $B$ |
|-------|-----|----------|-----|-----------|--------|-------|-------|------|--------|-------|
| 304 | 900 | 25 | 6000 | 1 | 2400 | 920 | 25 | 4.88 | 0.3397 | 5.42 |
| 304 | 900 | 25 | 6000 | 1.5 | 2400 | 920 | 25 | 4.92 | 0.2909 | 5.289 |
| 304 | 900 | 25 | 6000 | 2 | 2400 | 920 | 25 | 4.92 | 0.2625 | 5.203 |
| 304 | 900 | 25 | 6000 | 2.5 | 2400 | 920 | 25 | 4.94 | 0.2418 | 5.144 |
| 304 | 900 | 25 | 6000 | 3 | 2400 | 920 | 25 | 4.94 | 0.2212 | 5.124 |
| 304 | 900 | 25 | 6000 | 2 | 2400 | 800 | 25 | 4.92 | 0.2784 | 5.218 |
| 304 | 900 | 25 | 6000 | 2 | 2400 | 860 | 25 | 4.93 | 0.273 | 5.188 |
| 304 | 900 | 25 | 6000 | 2 | 2400 | 1000 | 25 | 4.95 | 0.2617 | 5.162 |
| 304 | 900 | 25 | 6000 | 2 | 2400 | 1100 | 25 | 4.93 | 0.2509 | 5.142 |
| 304 | 900 | 25 | 6000 | 2 | 1500 | 920 | 25 | 4.9 | 0.3055 | 5.314 |

| $A_w$ | $G$ | $T_{in}$ | $Q$ | $\lambda$ | $\rho$ | $C_p$ | $T_0$ | $h$ | $K$ | $B$ |
|---|---|---|---|---|---|---|---|---|---|---|
| 304 | 900 | 25 | 6000 | 2 | 2000 | 920 | 25 | 4.91 | 0.2797 | 5.241 |
| 304 | 900 | 25 | 6000 | 2 | 3000 | 920 | 25 | 4.94 | 0.2455 | 5.133 |
| 304 | 900 | 25 | 6000 | 2 | 3500 | 920 | 25 | 4.96 | 0.2261 | 5.112 |
| 304 | 300 | 25 | 6000 | 2 | 2400 | 920 | 25 | 5.48 | 0.4238 | 5.815 |
| 304 | 450 | 25 | 6000 | 2 | 2400 | 920 | 25 | 5.29 | 0.3755 | 5.627 |
| 304 | 600 | 25 | 6000 | 2 | 2400 | 920 | 25 | 5.15 | 0.3281 | 5.517 |
| 304 | 900 | 25 | 6000 | 2 | 2400 | 920 | 25 | 4.92 | 0.2625 | 5.203 |
| 304 | 1200 | 25 | 6000 | 2 | 2400 | 920 | 25 | 5.01 | 0.2263 | 4.736 |
| 304 | 1500 | 25 | 6000 | 2 | 2400 | 920 | 25 | 5.21 | 0.1925 | 4.394 |
| 304 | 900 | 25 | 5000 | 2 | 2400 | 920 | 25 | 5.1 | 0.2252 | 4.387 |
| 304 | 900 | 25 | 6000 | 2 | 2400 | 920 | 25 | 4.92 | 0.2625 | 5.203 |
| 304 | 900 | 25 | 7000 | 2 | 2400 | 920 | 25 | 4.96 | 0.3085 | 5.956 |
| 304 | 900 | 25 | 8000 | 2 | 2400 | 920 | 25 | 5.1 | 0.3501 | 6.71 |
| 304 | 900 | 25 | 9000 | 2 | 2400 | 920 | 25 | 5.39 | 0.3953 | 7.372 |
| 220 | 900 | 25 | 6000 | 2 | 2400 | 920 | 25 | 5.63 | 0.3149 | 6.085 |
| 248 | 900 | 25 | 6000 | 2 | 2400 | 920 | 25 | 5.38 | 0.2959 | 5.731 |
| 276 | 900 | 25 | 6000 | 2 | 2400 | 920 | 25 | 5.27 | 0.2778 | 5.362 |
| 304 | 900 | 25 | 6000 | 2 | 2400 | 920 | 25 | 4.92 | 0.2625 | 5.203 |
| 304 | 900 | 20 | 6000 | 2 | 2400 | 920 | 25 | 4.75 | 0.1829 | 3.963 |
| 304 | 900 | 20 | 6000 | 2 | 2400 | 920 | 26 | 4.72 | 0.1765 | 3.661 |
| 304 | 900 | 20 | 6000 | 2 | 2400 | 920 | 28 | 4.75 | 0.135 | 3.172 |
| 304 | 900 | 20 | 6000 | 2 | 2400 | 920 | 32 | 4.68 | 0.0968 | 1.926 |
| 304 | 900 | 20 | 6000 | 2 | 2400 | 920 | 34 | 4.68 | 0.0662 | 1.39 |
| 304 | 900 | 16 | 6000 | 2 | 2400 | 920 | 30 | 4.21 | 0.0665 | 1.399 |
| 304 | 900 | 18 | 6000 | 2 | 2400 | 920 | 30 | 4.35 | 0.0951 | 1.956 |
| 304 | 900 | 20 | 6000 | 2 | 2400 | 920 | 30 | 4.55 | 0.1282 | 2.481 |
| 304 | 900 | 22 | 6000 | 2 | 2400 | 920 | 30 | 4.58 | 0.147 | 3.08 |
| 304 | 900 | 24 | 6000 | 2 | 2400 | 920 | 30 | 4.76 | 0.1795 | 3.556 |
| 304 | 900 | 26 | 6000 | 2 | 2400 | 920 | 30 | 4.9 | 0.2001 | 4.135 |

　　取 $k$=-726，$i$=13，$j$=9870，$l$=-66871，$m$=0.32，$n$=0.4，并令 $l_0$=1，将表 7.9 中的相应数据代入式（7-45）中，通过回归分析可求解出 $k$=0.057。因此，$K$ 值可表达为

$$K = \frac{(Q-726)\left[0.057(T_{in}-T_0)+1\right]}{13hA_w+9870\ln(G\rho_aC_a)-66871}\left(\frac{1}{\sqrt{\lambda}}+0.32\right)\left(\frac{1}{\sqrt{\rho C_p}}\times10^3+0.4\right) \qquad （7-46）$$

同理，结合式（7-44），$B$ 值的计算表达式可假设如下：

$$B = \frac{k_0 Q\left[k_1\left(T_{in} - T_0\right) + l_1\right]}{iG + jhA_w + l} \tag{7-47}$$

为了与式（7-24）对应，取 $i$=0.93，$j$=1.62，$k_0$=0.776，$l$=25.82。将表 7.9 中的相应数据代入式（7-47）中，通过回归分析可求解出 $k_1$=0.2，$l_1$=3.69。因此，$B$ 值的计算可以表达为

$$B = \frac{0.776Q\left[0.2\left(T_{in} - T_0\right) + 3.69\right]}{0.93G + 1.62hA_w + 25.82} \tag{7-48}$$

根据式（7-40）、式（7-46）和式（7-48），压风冷却控温状态下，缓慢升温期的矿井避难硐室内平均环境温度可求解如下：

$$T(0,\tau) = \frac{(Q - 726)\left[0.057\left(T_{in} - T_0\right) + 1\right]\sqrt{\tau}}{13hA_w + 9870\ln\left(G\rho_a C_a\right) - 66871}\left(\frac{1}{\sqrt{\lambda}} + 0.32\right)\left(\frac{1}{\sqrt{\rho C_p}} \times 10^3 + 0.4\right)$$
$$+ \frac{0.776Q\left[0.2\left(T_{in} - T_0\right) + 3.69\right]}{0.93G + 1.62hA_w + 25.82} + t_0 \tag{7-49}$$

应强调的是，式（7-49）适用于时间限制在 $\tau \leqslant 96\text{h}$ 范围内的通风矿井避难硐室。该方法的应用将有助于确定压风冷却控温是否满足矿井避难硐室室温控制的条件。

# 7.5 围岩蓄冷－压风冷却复合控温方法及传热特性

## 7.5.1 复合控温方法

为了充分利用矿井压风与围岩的潜热蓄热能力，并充分发挥蓄冰降温的优点，使蓄冰降温与矿井压风、围岩蓄热能力更好地结合作用于矿井避难硐室降温，以达到无源、节能与稳定可靠的硐室控温目的，本节在压风冷却控温特性研究与围岩蓄冷特性研究的基础上，对蓄冰降温方法在避难硐室内的应用做出了如下改进。

1）将接入避难硐室生存室的压风与蓄冰降温装置的换热管道连接，使蓄冰降温装置直接冷却矿井压风，实现工作时期避难硐室内无电源的控温方法。

2）平时利用制冷压缩机给蓄冰柜制冰，并利用蓄冰降温装置冷却压风给硐室围岩降温蓄冷，使避难期间的硐室围岩承担部分室内热负荷，减少蓄冰降温装置的配置数量与储冰柜的体积；通过周期性运行蓄冰降温装置，克服制冷压缩机长期暴露于避难硐室高温潮湿环境中易损坏的缺点。

3）避难时利用蓄冰柜冷却矿井压风给避难硐室降温，若蓄冰柜中的冰不能满足96h 的应用，可将蓄冰柜中由冰融化的水放出，再添加固体化学制冷剂以保障 96h 内硐室压风冷却降温。

通过上述改进方案，本节发展了一种适用于高温矿井避难硐室的围岩蓄冷－压风冷却复合控温方法。该方法的基本原理如下：平时利用蓄冰降温装置冷却矿井压风后，再利用冷却的矿井压风预先对避难硐室围岩进行冷却；在避难时充分利用冷却压风和

蓄冷围岩的释冷能力进行控温，达到综合控制避难硐室环境温度的目的。

### 7.5.2　围岩蓄冷特性

为了分析冷风作用下避难硐室围岩的蓄冷特性，本节建立了墙体厚度为 8m 的 50 人型矿井避难硐室几何模型，模型中的其他几何参数与第 4 章中建立的硐室模型相同。考虑到常见的状况，围岩类型定义为砂岩。围岩蓄冷期间没有人员散热，人体表面的热流密度为 0W，硐室内经过压风冷却装置的矿井供风温度取 20℃、人均供风量为 $0.3m^3$/min。结合本章 7.1 节中的研究结果，对初始围岩温度为 32℃、34℃、36℃、38℃ 的 4 种工况进行数值分析。为了观察冷风作用下避难硐室围岩体内温度随时间的变化，在硐室中心截面一侧、距离室内地面高度为 1.5m 的水平线上，从围岩表面以里分别选取了 0.0m、0.5m、1.0m、1.5m、2.0m、2.5m、3.0m、4.0m、5.0m、6.0m、7.0m、8.0m 深度处的 12 个监测点。

图 7.49 显示了初始围岩温度分别为 32℃、34℃、36℃ 和 38℃ 的避难硐室在人均供风量为 $0.3m^3$/min、供风温度为 20℃ 的压风蓄冷条件下岩体内不同点温度随时间变化的曲线。可以看出，对初始围岩温度不同的高温矿井避难硐室，当采用冷却的矿井压风给围岩蓄冷时，在供风量为 $0.3m^3$/min、温度为 20℃ 的同等通风条件下，室内环境温度与围岩表面温度随时间单调递减。在同一时刻，随着初始围岩温度的升高，硐室环境温度越来越高。在围岩体内部，随着蓄冷时间的增加，岩体调热圈半径越来越大，在蓄冷 50d 后，可以观察到 8m 深度处的围岩温度开始轻微下降。在同一深度处，随着蓄冷时间的增长，围岩温度单调递减，但降温梯度逐渐减小。蓄冷前 30d 内在调热圈 1.5m 范围以内的围岩温度下降比较明显。在同一时刻，随着围岩深度的增加，围岩降温梯度减小。

由图 7.49（a）中的数据可知，初始围岩温度为 32℃ 的避难硐室在蓄冷 15d 后，围岩表面与 2m 深度处的围岩温度分别下降到 28.58℃ 和 31.48℃，此时在 2m 深度范围以内的围岩平均温度小于 30℃。由图 7.49（b）中的数据可知，初始围岩温度为 34℃ 的硐室在蓄冷 15d 后，围岩表面与 2m 深度处的围岩温度分别下降到 30.02℃ 和 33.39℃，在 2m 深度范围以内的围岩平均温度小于 32℃。由图 7.49（c）与（d）中的数据可知，初始围岩温度为 36℃ 的避难硐室在蓄冷 40d 后调热圈 2m 范围以内的平均围岩温度小于 32℃，初始围岩温度为 38℃ 的避难硐室蓄冷 100d 后调热圈 2m 范围以内的平均围岩温度小于 32℃。

图 7.50 绘制了在供风量为 $0.3m^3$/min、温度为 20℃ 的冷风作用下，不同初始围岩温度的避难硐室蓄冷 100d 时围岩内部不同点处的温差分布。可以看出，对高温围岩蓄冷后，随围岩深度的增加，温差值单调下降，且下降的梯度逐渐减小。其中，在深度 1.5m 的范围内，围岩温度的变化值随深度呈近似线性减小。在相同的蓄冷工况条件下，随着围岩初始温度的升高，围岩温差值随深度变化的梯度值越来越大。其原因为随初始围岩温度的升高，室内空气与围岩表面的温差越来越大，对流换热能力越来越强。

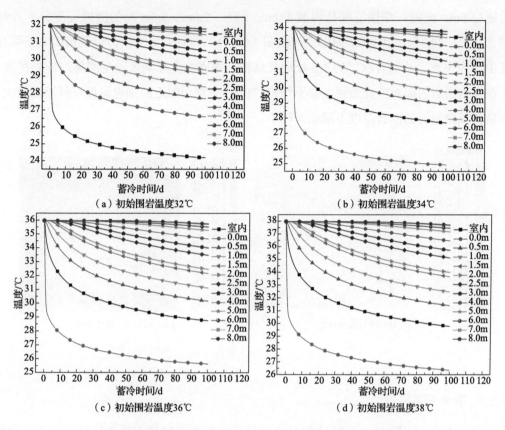

图 7.49　蓄冷期硐室围岩体内不同点温度随时间的变化曲线

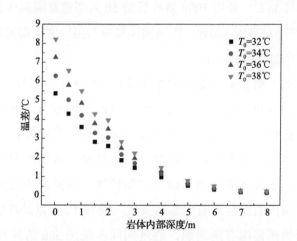

图 7.50　蓄冷 100d 时围岩温差随深度的变化

图 7.51 显示了初始围岩温度分别为 34℃、38℃的避难硐室在人均供风量为 0.3m³/min、供风温度为 20℃的压风作用下连续蓄冷 100d 后的围岩温度分布。由图 7.51（a）可以明显观察出，初始围岩温度为 34℃的避难硐室在蓄冷 100d 后围岩内部温度影响范

围超过 6m。此时，在围岩深处温度 1.0m、1.5m、2.0m、2.5m 处的围岩温度分别冷却
到 28.5℃、29.3℃、29.6℃、30.5℃。由图 7.51（b）可以明显看出，以避难硐室断面几
何中心为中点，从围岩深度约 1m 处向外延伸，围岩温度影响范围呈圆周形向外扩展。
但在室内围岩表面对流换热强度并不均匀，在上、下壁面附近的围岩温度下降幅度较大，
而两侧墙壁附近的围岩温度下降相对较小。

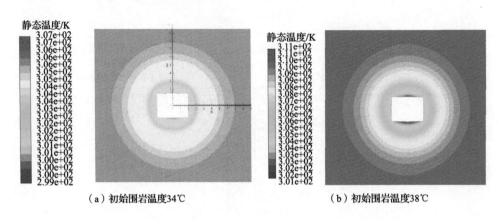

（a）初始围岩温度34℃　　　　　　　　（b）初始围岩温度38℃

图 7.51　不同初始温度的硐室围岩蓄冷 100d 后的围岩温度分布

### 7.5.3　复合控温特性

为了分析围岩蓄冷－压风冷却复合控温方法在避难时期的控温特性，分别选取初
始围岩温度为 34℃与 38℃、经历 100d 蓄冷后的 50 人型避难硐室作为分析对象。在避
难期间，室内人均产热功率为 120W，压风供风参数与围岩蓄冷期间相同，即人均供风
量为 0.3m³/min、供风温度为 20℃。

图 7.52 分别显示了初始围岩温度分别为 34℃与 38℃的避难硐室经历 100d 蓄冷
后在避难期间复合控温 96h 时室内环境与围岩内部温度分布。可以看出，硐室环境
温度分布不均匀。就整体空间而言，在硐室顶部的温度普遍较高，而在硐室底部温
度普遍较低，其原因为在浮力作用下热空气向上流动；就局部空间而言，在冷风射
流影响区温度较低，在人体散热边界附近温度较高。就围岩内部温度变化而言，在
1.2m 深度以内的硐室围岩温度具有明显的变化，而在 1.5m 以外深度处围岩温度变化
不显著，但围岩调热圈范围有所增加。避难期间在经历 96h 的复合控温后，在 1.2m
深度处以内的围岩温度未呈现随调热圈均匀变化。可以发现，在硐室墙壁两侧上方
的围岩温度恢复较快，而底部围岩温度恢复较慢，其原因为室内温度分布不均（顶
部温度高、底部温度低），与壁面对流换热系数不均（竖直壁面＞顶部壁面＞底部
壁面）。

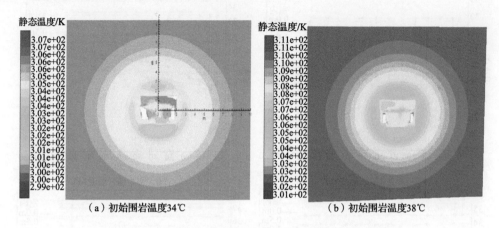

（a）初始围岩温度34℃    （b）初始围岩温度38℃

图 7.52  复合控温 96h 时避难硐室围岩与环境温度场分布

由图 7.52（a）可以看出，平时利用人均供风量为 0.3m³/min、供风温度为 20℃的压风给初始围岩温度为 34℃的矿井避难硐室蓄冷 100d 后，避难时 96h 后相同供风条件可将硐室环境温度总体控制在 35℃以下，在室内 1.8m 以下的人体活动区域温度在 33℃以下。硐室两侧与顶部的围岩温度恢复较快，底部围岩温度恢复较慢，因此围岩温度由表向里先逐渐降低，再逐渐升高。

由图 7.52（b）可以看出，在复合控温作用下初始围岩温度为 38℃的避难硐室平时利用冷却的压风给围岩蓄冷 100d 后，避难期间利用冷却的压风控温 96h 时，硐室环境温度总体控制在 36℃以下。在室内 1.8m 以下的人体活动区域温度在 35℃以下。壁面两侧 0～1.5m 深度处的围岩温度基本分布在 32.5～33.5℃。从壁面以里，围岩温度呈现先由高到低，再由低到高的现象。

图 7.53 显示了初始围岩温度分别 32℃、34℃、36℃和 38℃的避难硐室经历 100d 蓄冷后，在复合控温作用下 96h 内围岩与室温随时间的变化情况。由图 7.53（a）～（d）可以看出，在避难时期 96h 内，蓄冷后的避难硐室环境温度随时间单调递增。在复合控温作用下，初始围岩温度为 32℃、34℃、36℃和 38℃的避难硐室经历 100d 蓄冷后，避难期间 96h 内平均室温分别被控制在 32.3℃、33.2℃、33.9℃和 34.6℃以下，这表明围岩蓄冷－压风冷却复合控温方法可作为高温避难硐室控温的有效解决办法。避难时期蓄冷后的避难硐室围岩表面温度随时间单调递增。在 1.5m 深度以内，随着控温时间的增长，围岩温度的影响范围越来越大，受影响区温度逐渐上升。但在同一时刻，随着深度的增加，温度增长速率越来越慢。同时，可以发现，在 96h 内深度 1.5m 以外的围岩温度没有显著变化。

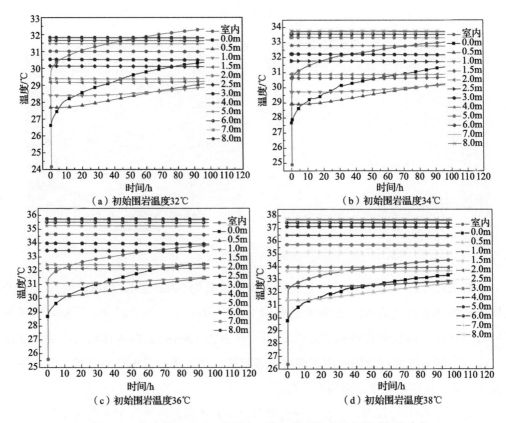

图 7.53　复合控温时 96h 内硐室环境与蓄冷围岩温度随时间的变化

### 7.5.4　室温预测

采用围岩蓄冷－通风复合控温方法时，由于蓄冷后硐室围岩内部温度分布不均，不能直接利用式（7-49）预测避难时硐室内环境温度，也难以通过解析计算方法求解。然而，由图 7.53 中的结果可知，蓄冷后在避难期间 96h 内温度受影响的围岩范围主要为 1.5m 以内，因而不妨将避难前 1.5m 范围以内蓄冷围岩的平均温度等效为未采取蓄冷措施时的初始围岩温度，再利用式（7-49）预测硐室环境温度。

由图 7.50 可知，1.5m 深度范围内蓄冷围岩的温度随深度近似线性变换，因而可取围岩表面温度与 1.5m 深度处围岩温度的平均值作为 1.5m 范围内围岩平均温度。本书第 3 章 3.3 节通过理论分析，推导出了蓄冷期间围岩内部不同深度处岩体温度的解析计算方法。在利用冷却压风为避难硐室围岩蓄冷期间，可参照该解析计算方法近似预测围岩内部不同深度处的温度。

初始围岩温度为 32℃的避难硐室蓄冷 100d 后，1.5m 范围内的平均温度值可近似计算为 (26.55℃ +29.15℃ )/2 ≈ 27.86℃。为了检验上述方法的合理性，将该工况与初始围岩温度为 28℃的避难硐室利用压风冷却控温时的工况进行比较。

　　图 7.54 比较了两种不同工况下避难硐室环境温度随时间的变化曲线。可以看出，初始围岩温度为 32℃的避难硐室的 1.5m 范围内围岩平均温度蓄冷到 27.86℃后与初始围岩温度为 28℃的避难硐室相比，在避难期间采用相同参数的冷风控温 96h 后硐室环境温度基本相等，温差约 0.2℃。但在避难初期，采用围岩蓄冷–压风冷却控温方法时室温比直接利用冷风控温时的低，其原因为蓄冷后的硐室围岩壁面及附近的温度低于等效温度，在避难初期壁面与空气温差相对较大，对流换热能力相对较强。因此，当避难硐室采用围岩蓄冷–压风冷却复合控温方法时，可将蓄冷后 1.5m 深度范围内的围岩平均温度等效为避难前初始围岩温度，再由式（7-49）预测避难期间 96h 时的硐室环境温度。

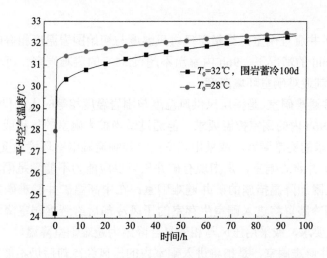

图 7.54　两种不同工况下避难硐室环境温度随时间的变化

# 7.6　避难硐室压风控温方案选取策略

## 7.6.1　压风控温方案

　　在避难硐室初始围岩温度、围岩热物性、室内压风量与供风温度、室内人员数量、硐室几何结构等影响因素分析的基础上，结合前面提出的通风降温、相变降温、压风冷却控温方法、围岩蓄冷–压风冷却复合控温方法及围岩蓄冷–相变蓄热复合控温方法，以满足避难硐室空气品质控制为基础，减少压风供风量与降低热负荷为目标，实现节能的避难硐室环境综合保障，本节将矿井避难硐室的围岩按照温度划分为低温、中低温、中温、中高温、高温共 5 个范围。针对 5 种不同温度范围的避难硐室提供差异化的降温方案。硐室围岩温度层次划分与控温方法如图 7.55 所示。

　　1）低温矿井避难硐室，是指在自然对流状态下 96 h 内室温不超出 35℃的避难硐室。在低温矿井避难硐室内，不需要采取任何附加降温措施。但为了保障室内供氧与空气品质，仍然需向硐室提供人均供风量为 0.1m³/min 的矿井压风。

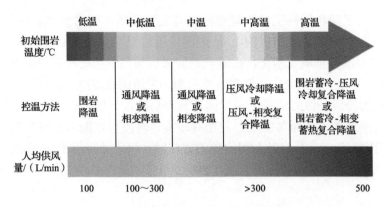

图 7.55　硐室围岩温度层次划分与控温方法

2）中低温矿井避难硐室，是指压风供风温度与初始围岩温度相等时在人均供风量为 $0.1 \sim 0.3\text{m}^3/\text{min}$ 的情况下，96h 内室温不超过 35℃的避难硐室，可单独采用通风降温或相变降温控制避难硐室环境温度。

3）中温矿井避难硐室，是指压风供风温度与围岩温度相等时人均供风量达到 $0.3\text{m}^3/\text{min}$ 时不能满足 96h 内的硐室控温要求，但通过适当扩大硐室的体积或增加供风量后可满足硐室控温要求的避难硐室，或采用相变降温控制避难硐室环境温度。

4）中高温矿井避难硐室，是指现有矿井压风供应能力不能满足硐室 96h 内的控温要求，需要采取附加降温措施的矿井避难硐室。在中高温矿井避难硐室中，可利用蓄冰装置或化学制冷装置将进入硐室生存室的压风冷却后给避难硐室降温，以满足硐室在 96h 内的控温要求，或采用压风与相变复合降温为避难硐室降温。

5）高温矿井避难硐室，是指将进入硐室内的压风经冷却后仍不能满足 96h 内硐室控温要求的避难硐室。对高温矿井避难硐室，可在平时利用冷风给硐室围岩蓄冷，在避难时再利用冷风或相变材料控制硐室温度环境，以达到硐室的控温要求。

### 7.6.2　控温方案选取策略

在矿井压风供应条件下，避难硐室环境控温方案选取策略如图 7.56 所示。

基于压风的避难硐室环境控温方法的选取策略是建立在硐室热环境形成机理、压风状态下硐室动态传热特性与影响因素分析、控温方法优化等研究的基础上的。通过试验与数值分析研究，揭示了自然对流状态下避难硐室内热环境的形成机理与压风状态下硐室环境温度变化特性及影响因素，建立了不同情况下的硐室环境温度热工计算方法，并针对中高温、高温矿井避难硐室，发展了压风冷却控温方法、压风－相变复合控温方法、围岩蓄冷－相变蓄热复合控温方法，以及围岩蓄冷－压风冷却复合控温方法。具体选择过程如下。

1）确定矿井避难硐室围岩参数、硐室几何参数及室内容纳人数，确定围岩的导热系数、密度、比热容、初始围岩温度、室内人体热源功率，将参数代入本书推荐的自然对流状态下硐室环境温度热工计算方法预测 96h 内环境温度变化，若 96h 时室内环境温度在 35℃以下，硐室将不用采取任何措施。此时，硐室内的压风量仅需满足室内

$CO_2$ 气体净化要求，即可满足室内空气品质控制与控温要求。

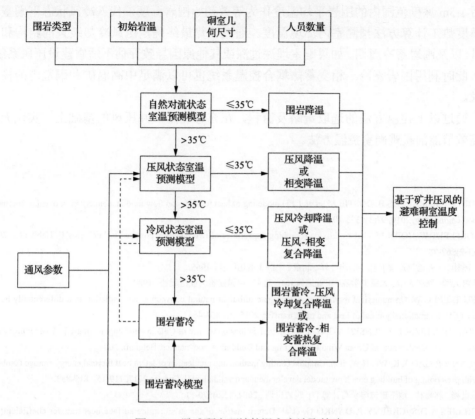

图 7.56　避难硐室环境控温方案选取策略

2）若自然对流状态下室内环境温度将在 96h 内超过 35℃，则考虑采用压风控制室内环境温度。为了降低供风难度，将满足室内空气品质控制的供风量作为控温的条件，将相关参数代入本书推荐的供风温度等于初始围岩温度时的硐室环境温度热工计算方法预测硐室环境温度，若 96h 时室温未超出 35℃，则室内压风供风量按人均 100L/min 设计；若超出 35℃，则增大风量再次预测室内温度，当通风量达到人均 300L/min 时仍不能满足室温要求，可在人均 500L/min 以内适当增加供风量或适当增大硐室面积以达到室温控制的目的，此时的供风量以满足 96h 时室温控制在 35℃以内为准。

3）在供风温度与围岩初始温度相等的前提下，当室内供风量达到人均 300L/min 仍不能满足硐室温度控制要求时，可考虑将矿井压风接入压风冷却装置（冷媒可为冰或固体化学制冷剂），通过热交换冷却压风后给硐室降温。将相关的参数代入本书推荐的冷风状态下硐室环境温度热工计算方法预测室内环境温度，判断是否满足硐室控温要求。若不能满足，可适当增加通风量或降低送风温度。不仅如此，基于相变蓄冷技术，利用压风－相变耦合控温系统也可以满足该条件下的控温需求。

4）对于中高温矿井避难硐室，在采用矿井压风冷却控温时，在室内供风量达到人均 300L/min 条件下室内需存储大量体积的冷媒才能满足控温要求时，为了减轻室内制冷负荷，结合避难硐室蓄冰降温方法，采用围岩蓄冷－压风冷却复合降温方法。在围岩蓄冷期间，围岩内部的温度可根据第 3 章 3.3 节蓄冷期的解析计算方法求解。可取蓄冷后 1.5m 深度范围内的围岩平均温度作为等效初始围岩温度，代入冷风状态下硐室环境温度热工计算方法预测室内环境温度。通过计算最终确定压风冷却装置的结构和蓄冰量，以及围岩蓄冷周期。如果硐室埋深过深或其他原因导致评估不适宜建设压风系统，那么此时利用围岩蓄冷－相变蓄热耦合控温系统也可以满足中高温矿井硐室内的控温需求。

通过以上控温方法的选取策略及流程，在充分利用矿井压风的基础上，实现无源与高效节能的避难硐室控温方法。

## 参 考 文 献

[1] BOULET M, MARCOS B, DOSTIE M, et al. CFD modeling of heat transfer and flow field in a bakery pilot oven[J]. Journal of food engineering, 2010, 97(3): 393-402.

[2] NORFLEET W, HORN W. Carbon dioxide scrubbing capabilities of two new non powered technologies[J]. Habitation, 2003, 9(1-2): 67-78.

[3] 巴图林. 工业通风原理 [M]. 刘永年，译. 北京：中国工业出版社，1965.

[4] 湖南大学，同济大学，太原工学院. 工业通风 [M]. 北京：中国建筑工业出版社，1980.

[5] WU T, LEI C W. On numerical modelling of conjugate turbulent natural convection and radiation in a differentially heated cavity[J]. International journal of heat and mass transfer, 2015, 91: 454-466.

[6] FRANKE J, HIRSCH C, JENSEN A G, et al. Recommendations on the use of CFD in wind engineering[C]// Proceedings of the International Conference on Urban Wind Engineering and Building Aerodynamics. Belgium: 2004.

[7] YUAN Y P, GAO X K, WU H W, et al. Coupled cooling method and application of latent heat thermal energy storage combined with pre-cooling of building envelope: model development and validation[J]. Energy, 2017, 119(15): 817-833.

[8] 耿世彬，郭海林. 地下建筑湿负荷计算 [J]. 暖通空调，2002, 32(6): 70-71.

[9] GILLIES A D S, CREEVY P, DANKO G, et al. Determination of the in situ mine surface heat transfer coefficient[C]// Proceedings of Fifth US Mine Ventilation Symposium. 1991: 288-298.

[10] 焦小浣，陈玲，胡文旭，等. 无机溶盐化学制冷剂的研究 [J]. 陕西师范大学学报（自然科学版），1998, 26(4): 51-54.

[11] KUBOTA M, HORIE N, TOGARI H. Improvement of hydration rate of LiOH/LiOH·H$_2$O reaction for low-temperature thermal energy storage[C]// 2013 annual meeting of Japan society of refrigerating and air conditioning engineers. Tokai University, Japan, 2013.

[12] POSERN K, KAPS C. Calorimetric studies of thermochemical heat storage materials based on mixtures of MgSO$_4$ and MgCl$_2$[J]. Thermochimica acta, 2010, 502(1-2): 73-76.

[13] KIM S T, RYU J, KATO Y. Reactivity enhancement of chemical materials used in packed bed reactor of chemical heat pump[J]. Progress in nuclear energy, 2011, 53(7): 1027-1033.

[14] HAMDAN M A, ROSSIDES S D, KHALIL R H. Thermal energy storage using thermo-chemical heat pump[J]. Energy conversion and management, 2013, 65: 721-724.

[15] 邓建成，舒阶茂，王辉娜，等. 化学制冷剂的研究 [J]. 湘潭大学自然科学学报，1996, 18(1): 58-62.

[16] 洪万亿，蔡荣秋，陈聪，等. 固态制冷剂的性能研究 [J]. 制冷，2006, 25(2): 7-11.